沙质海岸防护林体系构建技术研究

许景伟　李传荣　等编著

中国林業出版社

图书在版编目（CIP）数据

沙质海岸防护林体系构建技术研究/许景伟，李传荣等编著．—北京：中国林业出版社，2009.1

ISBN 978-7-5038-5397-5

Ⅰ．沙…　Ⅱ．①许…②李…　Ⅲ．沙质海岸－海岸防护林－造林－研究－山东省　Ⅳ．S727.26

中国版本图书馆 CIP 数据核字（2008）第 202338 号

出　版：中国林业出版社（100009　北京西城区刘海胡同 7 号）
网　址：www.cfph.com.cn
E-mail：forestbook@163.com　电话：（010）83222880
发　行：中国林业出版社
印　刷　北京林业大学印刷厂
版　次：2009 年 1 月第 1 版
印　次：2009 年 1 月第 1 次
开　本：787mm×1092mm　1/16
印　张：12.25
字　数：306 千字
定　价：46.00 元

《沙质海岸防护林体系构建技术研究》

作者名单

编 著 者： 许景伟　李传荣

参加人员： 许景伟　李传荣　王卫东
王月海　乔勇进　胡丁猛

序

沿海防护林体系是沿海地区生态建设的重要组成部分，在消浪、护岸、保持水土、防风固沙、生物多样性保护等方面起着不可替代的重要作用，对抵御沿海地区重大自然灾害、维护沿海地区生态安全和促进社会经济可持续发展具有极其重要的意义。

我国大陆海岸线总长度18340km，其中沙质海岸长度11410km，沙质海岸防护林体系在我国沿海防护林建设中具有举足轻重的地位。由于受沿海地区气候条件和沙质海岸地形地貌与土壤条件的影响，沙质海岸海风、海潮、海雾等自然灾害比较严重，同时还会发生大面积风沙侵蚀和水土流失等问题，阻碍了沿海地区生态环境建设和社会经济的可持续发展。以往，我国在沙质海岸防护林营造技术、林分结构和防护功能等方面开展了不少研究工作，积累了数据资料，也取得一些科研成果。但是，与建设高标准沿海防护林体系的要求相比，仍存在理论体系不够完善、营造林技术不配套等问题，影响了沿海防护林建设的成效。

为了加深沿海防护林的科研工作，提高沿海防护林工程造林技术水平，山东省林业科学研究院和山东农业大学林学院的科研教学人员开展了长期的沿海防护林研究，特别是通过实施国家“九五”、“十五”、“十一五”科技攻关课题，以及省部级重点科研课题研究，以山东沿海沙质海岸防护林为对象，采用科研与生产相结合、定位试验与调查研究相结合、试验示范与推广应用相结合的方法，针对生产中存在的土壤干旱瘠薄、造林树种单一、结构布局不合理、更新改造困难等突出问题，在深入研究防护林体系构建理论的基础上，全面、系统地开展了沙质海岸防护林立地质量评价、主要造林树种选择、困难立地造林、瘠薄沙地土壤改良、低效林更新改造、体系结构优化布局等关键技术的研究，取得重要研究进展和科技成果，若推广应用于我国沿海防护林体系工程建设，必将产生良好的生态、经济、社会效益。

在总结多年科学研究成果和生产实践经验的基础上，作者主要是以山东沿海防护林体系的科研和建设为例，撰写了《沙质海岸防护林体系构建技术研究》一书。该书在沿海防护林的功能作用、立地质量评价、树种选择、育苗技术、造林密度、林型结构、抚育管理、更新改造、土壤改良、林地生产力提高及小气候变化等方面进行了全面阐述，是一本较为系统的沿海防护林研究专著，具有较强的科学性和实用性。对提高我国沿海防护林科研水平，完善我国防护林领域学术理论，指导我国沿海防护林工程造林实践具有重要意义。也为林业科研、教学人员提供了一本有价值的科研、教学用书，望能发挥其交流和参考的作用，达到推进学术发展的目的。

特书此为序。

中国工程院院士
北京林业大学校长

2008年12月8日

前　言

沿海防护林是沿海地区的生态屏障，在改善区域生态环境，抵御台风、海潮、海雾等自然灾害，保护工农业稳产高产，促进区域绿化美化，保护生物多样性等方面具有举足轻重的地位，对于维护沿海地区国土安全、促进经济社会可持续发展具有十分重要作用。全国大陆海岸线总长度18340km，其中沙质海岸线长度11410km，占大陆海岸线长的62.2%，是沿海防护林体系的重要组成部分。其地形地貌特点是由沙砾物质构成的海滩和流动沙地，有的在风力的作用下发育为流动沙丘，流动沙地的宽度多为几公里至几十公里，岸线比较平直开阔。由于受沿海地区特殊气候条件和沙质海岸特有地形地貌和土壤条件的影响，该岸段风沙、暴潮、海雾等自然灾害比较严重，土地沙化和水土流失加剧，严重制约和影响了当地社会经济与环境可持续发展。

本研究紧紧围绕沙质海岸防护林体系构建这一主线，以尚未研究或沿海防护林体系工程建设亟待解决的关键技术为突破口，针对山东省沙质海岸防护林目前存在的土壤干旱瘠薄、造林树种单一、结构模式简单、林种布局不合理、更新改造困难、生物多样性差、整体防护功能低等一系列重大技术难题，采用科研与生产相结合、定位试验与调查研究相结合、试验示范与推广应用相结合的方法，在山东省的青岛、胶南、日照、烟台、龙口、莱州、招远、威海、荣成等地沿海地区设置50多处试验基地，全面、深入、系统地开展沙质海岸防护林体系构建技术研究与示范。本研究先后获得国家“九五”科技攻关“沿海沙质岸防护林体系综合配套技术（96-007-03-02）”、“海岸带防护林更新改造技术研究（96-007-03-06）”和国家“十五”科技攻关“中国森林生态网络体系‘线’的研究与示范（2002BA516A16）”、国家“十一五”科技支撑“沿海防护林体系构建技术试验示范（2006BAD03A14）”国家自然科学基金“沿海黑松结构筑型的可塑性及其调控技术研究（30872070）”和山东省十大可持续发展科技示范工程“沿海防护林体系建设及更新改造技术的研究与示范”等课题资助，历时15年之久，现已圆满完成了预期的目标任务，取得了丰硕的研究成果，为我国沿海防护林体系工程建设提供理论依据和科技支撑。

全书内容丰富，共分十七章。第一章，对国内外沿海防护林的立地类型划分、造林树种选育、营造林技术、群落结构模式、更新改造技术等方面研究进行了较为全面的综述；全面系统地阐述了沿海防护林体系基本概念、构建的基础理论，分析了未来防护林发展趋势；第二章，主要介绍了研究区域的自然社会经济概况、沿海防护林发展现状和存在问题，以及本研究的技术路线与研究方法；第三章，系统地介绍了沙质海岸黑松防护林立地质量数量化评价方法，并进行了林分生长预测和立地类型划分；第四章，主要介绍了筛选出适宜沙质海岸防护林营造的主要树种，并对主要树种的生理特性进行了系统研究；第五章和第六章分别介绍了沙质海岸“风蚀地、风口处”等困难立地造林新技术和瘠薄沙地土壤改良技术；第七章，主要介绍了沙质海岸防护林主要树种的生物生产力，详细探讨了提高林地生产力的途径和措施；第八章和第十一章分别介绍了沙质海岸防护林植物群落类型、分布、结构等特征，论述了不同类型防护林群落对土壤肥力、水源涵养功能和小气候效应等环境效应的影响；第九章、第十三章和第十四章分别介绍了沙质海岸黑松人工林经营数表的研制过程、方法，黑松防护林防护成熟期、更新采伐年龄和沿海防护林综合效益评价指标体系确定的原则和依据；第十章，详细地介绍了沙质海岸黑松低效林的林分类型、形成原因，以及适宜不同类型低效林的更新方式和抚育改造技术；第十二章，系统地介绍了群落多样性测度方法，探讨了沙质海岸植物群落多样性与林木更新和林内小气候的关系；第十五章至第十七章，以胶南市为例，介绍了沿海防护林体系结构优化与布局方法和沿海防护林资源管理信息系统的研制技术。

本研究在试验和调研过程中，得到国家林业局科学技术司、中国林业科学研究院、山东省科技厅、山东省林业局等单位的指导和关怀，受到山东农业大学林学院、日照市林业局、威海市林业局、烟台市林业局、青岛市林业局、胶南市林业局、荣成市林业局、莱州市林业局、烟台市林业科学研究所、胶南市环海林场、日照市大沙洼林场、荣成市成山林场、莱州市过西林场、龙口市龙口林场等单位的大力支持，谨此一并致谢。在写作过程中，主要汇集了本书作者的研究成果，山东省林业科学研究院张敦论研究员提供了部分资料，同时参考了国内外大量相关领域的文献和资料，分别列于各章正文之后，在此向文献作者和关心支持课题研究和本书出版的领导、同志们致以真诚谢意。尤其是中国工程院院士、北京林业大学校长尹伟伦教授在百忙之中审阅了书稿，并为本书作序，在此表示衷心的感谢。

本研究是一项新的探索，其研究成果逐步在生产实践中不断接受检验，其方法和技术也需不断予以修正和完善，以便更好地为沿海防护林体系工程建设服务。由于作者水平有限，书中错误及疏漏之处在所难免，敬请批评指正。

编著者

2008 年 12 月

目　录

1 绪 论

1.1 沿海防护林体系建设的意义

沿海防护林体系是我国林业生态建设的重要内容，是沿海地区的重要生态屏障。沿海防护林体系不仅具有防风固沙、保持水土、涵养水源的功能，而且具有抵御海啸和风暴潮危害、美化人居环境的作用，对于维护沿海地区生态安全、人民生命财产安全、工农业生产安全具有重要意义。

我国是海岸线很长的国家，北起辽宁的鸭绿江口，南至广西的北仑河口，大陆海岸线长达18340km。沿海地区是我国经济最发达、城市化进程最快、人口最稠密的地区，在国民经济和社会发展的全局中具有举足轻重的地位和作用。同时，这一地区由于特殊的地理位置以及气候条件影响，也是台风、洪涝、泥石流、灾害性海浪、赤潮等自然灾害多发的区域，而且一直面临着海啸的威胁和风暴潮的危害。从1949~2004年的历史资料看，平均每年有6.9次台风登陆，每隔3~4年就发生一次特大风暴潮，给人民的生命财产造成了极大危害。据统计，1990~1999年的10年期间，沿海地区因风暴潮等自然灾害造成的直接经济损失高达2134亿元，近几年每年所造成的直接经济损失都超过100亿元，呈现出灾害发生频率越来越高、损失越来越大的趋势。因此，加强沿海防护林体系建设是促进经济社会可持续发展的需要，是构建社会主义和谐社会的一个重要保证。

沿海地区经济社会发达、科教文化进步、人才资源丰富，并且人们的生态意识、环保意识有了很大提高，对生态文明的追求也越来越强烈，为该区域在全国率先实现林业现代化奠定了很好的基础。沿海防护林体系建设工程是新时期实现林业跨越式发展的骨干工程，更是带动沿海地区林业走向现代化的基础工程。加强沿海防护林体系建设，针对沿海不同地区的实际和特点，构建绿色生态屏障，发展林业产业，这是沿海地区率先实现林业现代化重要载体，也是沿海地区加快林业发展的重大机遇。

沿海地区是我国改革开放的对外窗口，集中体现了我国经济社会发展的辉煌成就。加强沿海防护林体系建设，可以进一步改善沿海地区的生态状况、美化人居条件、优化投资环境，树立良好的国际形象，促进对外交流和扩大开放。同时，沿海地区也是我国重要的军事要地和战略前沿，地理位置非常重要，加强沿海防护林体系建设，对巩固国防具有重要的战略意义。

党中央、国务院借鉴印度洋海啸的教训，高度重视沿海防护林体系建设。温家宝总理和回良玉副总理做出重要批示，指出沿海防护林建设是我国生态建设的重要内容，是沿海地区防灾减灾体系建设的重要组成部分，要采取有力措施，切实把沿海的绿色屏障建设好。国家林业局在充分调研的基础上，对沿海防护林的建设内容、功能和作用重新进行了界定，把湿地保护、城乡绿化一体化纳入了沿海防护林体系建设，并制定出《全国沿海防护林体系建设工程规划(2006~2015年)》。随着沿海地区经济社会迅速发展，对生态环境建设提出了更高的要求，亟需进一步加快沿海防护林体系建设步伐，扩大建设规模，提高建设标准和质量。

加强沿海防护林体系构建技术研究，对于科学指导沿海防护林体系工程建设，增强防护林防灾减灾能力，提高防护林质量和经营水平具有重要作用。

目前，我国沿海防护林体系建设工程的框架基本形成，初步发挥了防风固沙、保持水土、涵养水源、调节气候、净化空气、绿化美化环境等功能作用，取得了显著的生态、社会和经济效益。但仍存在体系结构不合理，目标定位不高、资源总量不足、防护功能低下，尚未形成健全的防护林体系。一方面难以满足抗御台风、暴潮和海啸等重大自然灾害的需求，另一方面区域内森林资源质量下降、物种多样性减少、水土流失加剧等一系列的生态问题，使得沿海区域环境趋于恶化，生态系统稳定性差，抗灾减灾功能非常薄弱。因此，在沿海地区建成多林种、多树种有机结合的结构稳定、功能完善的沿海防护林体系，构筑确保国土生态安全的绿色屏障是极为必要的，对不断地提升和维持沿海防护林体系的防御功能，提高经营管理水平，充分发挥沿海防护林的生态防护作用，实现沿海地区社会经济可持续发展具有重要作用。

1.2 国内外沿海防护林研究概况

1.2.1 立地类型划分

我国沿海属海洋性季风气候区，光照充足，雨量充沛，但海岸带的立地条件有其特殊性，存在着某些限制森林生长的因素。因此，为做到因地制宜、适地适树，必须掌握海岸带森林生长条件的特殊性，对沿海造林地进行立地类型划分和评价。我国海岸带森林的立地分类是在海岸的自然地理背景、地域分异特点以及自然区划理论的基础上，找出各种不同尺度海岸立地的地域分异规律，从多种立地因子中确定影响林木生长的主导因子，采取逐级区分的方法，将树种选择和造林技术影响立地因子的界线区分开来，进而将其基本一致的地段归在一起，对海岸造林地进行立地分类，按带(亚带)、区、级、组、型 5 个等级。其中，带(亚带)和区属于大尺度的区划，级、组和型属中、小尺度的区划(林文棣，1988)。通过对青岛市基岩质海岸宜林地立地条件和林木生长的分析，选择中地貌、坡位、坡向、土壤厚度和石砾含量作为划分立地类型的主要因子，并结合实践经验，划分成 2 个立地类型区、7 个立地类型组、24 个立地类型(王德安等，1996)。通过对浙江岩质海岸树木生长与立地因子的关系分析，确定影响树木生长的主导因子是大地貌(不同类型的岩质海岸)、坡位、土层厚度和石砾含量，共划分成 4 种立地类型区、7 个立地类型组和 26 个立地类型(陶吉兴等，1994)。又有学者将浙江岩质海岸宜林地划分为 3 个立地类型区、9 个立地类型组、30 个立地类型(高智慧等，1997)。在江苏沿海地区，对海岸带造林地立地类型进行过划分，并对其作了分析评价(胡海波，1994；张金池，1994)。这些都为沿海防护林体系建设提供了可靠依据，使林业生态工程建立在切实可行的基础上。

1.2.2 造林树种选育

为了提高沿海防护林的稳定性和生物多样性，改变沿海地区造林树种单一的现状，国内外学者在造林树种选择方面进行了深入研究。例如，美国南部筛选出沿海抗盐碱树种 baldcypress(*Taxodium distichum*)(William，2005)。香樟、湿地松、柏木 3 个树种在浙江省舟山群岛生长良好，年生长量均大于马尾松及黑松，林分生产力较高(高智慧等，1994)。唐正良等(1995)针对园林栽培中普遍偏重外来植物，绿化效果不良、难以体现海岛特色的问题，在植物资源调查基础上，筛选出了浙江海岛观赏植物1149种，根据植物习性进行分类，并分别阐述了资源现状、观赏特性和园林用途，提出了开发利用意见。在泥质海岸带防护林树种选择的研究中，李绍忠(1996)认为在辽河三角洲土壤含盐量0.7%~1.1%的重盐碱地上，理想的造林树种是柽柳，在干渠轻盐碱地粉沙壤土上，可栽植群众杨、新疆杨、三北1号杨、中林46杨，在水肥充足土壤上可栽植鲁×山杂交杨。通过树种分布、生长过程、生长量的分析，筛选出湿地松、木麻黄、桉树、香樟、枫香、柏木6个适宜浙江岩质海岸造林树种，生长表现良好，林分生产力大(蒋妙定等，1995)。林武星等(2001)在福建东山县海岸后沿沙地引种厚荚相思、马占相思、大叶相思、刚果12#桉、木麻黄、湿地松等9个树种开展木麻黄基干林带下套种更新、风口沙地造林和带状采伐更新试验，结果表明：在海岸前沿风口沙地厚荚相思造林成活率高，受风害轻微，对沙荒风口不良生境适应力强；在海岸木麻黄基干林带更新中，厚荚相思保存率高，生长迅速；在林带后沿沙地厚荚相思成活率和保存率高于其他相思类树种，树高、直径及材积生长量最大，降低风速明显，林内凋落物多，提高土壤肥力显著。龚旁初等(1997)筛选出锥栗、香椿、长瓣短柱茶等多个优良生态经济树种和良种，在生产上得到了广泛应用，取得良好效果。山东省青岛市于1974~1988年，先后3次对火炬松进行引种驯化试验，包括种子育苗、田间造林等，19年生火炬松林分树高、胸径和材积年平均生长量分别为同龄日本黑松的177.8%、196.7%和829.4%，且未发现松干蚧危害。陈艳珍等从1970年开始在沿海河滩地上引种日本黑松，经过多年的育苗、移栽及造林试验，至1995年底发现，日本黑松在造林成活率、年生长量和适应沿海地理环境方面均相当或优于油松和樟子松。为了绿化沿海滩涂，增加沿海防护林第一道防线的种质资源，提高林分质量和防风防浪效能，沿海地区人民及有关部门还对红树林引种驯化进行了尝试和实践。1957年浙江省瑞安市从福建引种秋茄获得成功；进入80年代后，我国先后在海南、广东、广西和福建沿海成立了7个红树林自然保护区；90年代以来，红树林引种驯化研究被列入国家攻关计划。廖宝文等(2003)把无瓣海桑、海桑、海莲、红海榄、水椰、木果楝等嗜热树种引种至广东的廉江、深圳、珠海、汕头和福建的龙海等地，并对树种的物候期、采种、种实贮藏、育苗、造林等配套技术进行研究，取得了较好的效果。

1.2.3 造林、营林技术

福建省在重盐碱地上采用造林前(3~5个月)整地，选择抗盐碱的粗枝木麻黄容器育苗造林，并采用浅植高培土造林和保护幼林地杂草植被等抚育技术，使土壤含盐量下降50%~68.7%，造林成活率由8%提高到85%~88.5%(杨运立等，1994)。在福建长乐、平潭两地采用速生、抗病木麻黄优树水培苗造林表明，幼林阶段优树水培苗比实生苗造林成活率提高14.3%~34.5%，树高增长75.7%~88.4%(柯玉铸等，1996)。岩质海岸湿地松造林主要采用挖穴造林、适当密植、掌握时机、深栽紧打等技术措施(蒋妙定等，1996)。岩质海岸防护林造林采用阔叶树以60cm×60cm、针叶树以30cm×30cm的穴状整地，落叶阔叶树截干、ABT蘸根造林，针叶树磷肥蘸根集团造林，以及容器苗造林等造林配套技术，确保造林保存率达90%以上(陈顺伟等，2001)。泥质海岸通过人工开沟、自然播种、植苗、插条等方法，在光板盐碱地上营造柽柳林，生长表现良好，已摸索出一整套重盐碱地造林新方法(皮宝柱，1999)。在基干林带前沿风口干旱沙地采用深挖整地、放客土、拌泥浆、提早造林季节、大苗深栽等抗旱造林配套技术以及旱季培土抚育保墒、浇水保苗和筑沙堤设风障防潮防风工程措施相结合的方法造林，木麻黄保存率提高到80%~90%(张水松等，2000)。针对泥质海岸的特点，许基全等(1998)提出了筑堤围涂、开挖河渠、合理规划、适地适树、引种驯化、壮苗培育、合理整地、适时造林、适当浅栽、抚育管护等10项造林措施。黑松人工林抚育间伐能显著促进林木生长，林分蓄积量提高12%~28%，以间伐强度为20%和25%的效果较好；间伐使林分结构改善，林内幼苗、幼树的生长也明显优于不间伐林分(钟鼎谋等，1996)。

1.2.4 群落结构模式

防护林防护效益的大小，很大程度上取决于林带的结构。国外注重于不同土地利用类型(包括作物种植类型)的土壤侵蚀量和适宜植物栽培的配置方式，将农林业用于水土保持(斯里兰卡、肯尼亚、埃塞俄比亚等)。印度根据不同地力，评价不同土地利用类型下适生的植物种，提出了不同地区、不同地类保护陡坡、侵蚀地、多石地和土层瘠薄地等非农地上适宜的树种、草种和乔木、灌木配置方式(蒋丽娟，2000)。在法国沙质海岸区，将椰树与固氮树种混交，不仅提高了土壤肥力，还起到了阻挡盐雾的作用，保护了林内椰树的正常生长(Mailly，1998)。在岛国海地沿海地区，进行了形式多样的林农间作和农林复合等结构模式的研究，在保护林内农作物生长，提高作物产量等方面均取得良好效果。国内近年来特别注重林分结构和结构模式的组建，根据因害设防、合理配置的原则，建立了以防护林为主实行防护林、用材林、薪炭林、经济林相结合，林带、林网和成片林相结合的防护林体系。如福建省在滨海盐碱地上建立了桉树混交林的栽培模式，并开展了生态效益的研究(洪顺山等，1995)。在滨海沙地木麻黄防护林带内混交榕树造林试验，结果表明榕树适应性强，胸径生长比木麻黄提高89.5%，林木盖度达135%，平均寿命长10倍，达到改变沿海防护林带树种结构单一，提高林带防护效能的目的(陈建星，2000)。江苏北部沿海4种防护林模式的研究表明，单位面积地上部分生物量年平均增长量以杨树林最大，水杉林、柳杉林次之，刺槐林最低；林分生长量大小顺序：杨树>水杉>柳杉>刺槐；4种模式防护林对各林地土壤的改良表现出林龄大的较林龄小的强，刺槐为豆科乔木树种，对土壤性状的改良效应明显较水杉和杨树强(万福绪等，2004)。刘启慎(1995)通过典型调查，研究了太行山主要植被的水保功能，并提出了侧柏—草类—黄芩林药间作等8个水保林模式。袁正科等(1996)对浙江省紫色土区生态经济型防护林林分结构、护坡用材型林分结构、草带经济型林分结构以及林分结构模式的效益进行了研究，取得重要研究成果。

1.2.5 生物量和生产力

前苏联学者ДВЕТКОВВ等对库利斯克半岛松树针叶生物量的结构和贮藏量进行了研究，测定了树高、叶面积、生物量等指标。结果表明，针叶变异在林木和枝条上都很大，针叶量的年龄分配与立木年龄和林分密度密切相关，其光合产物比南部地区的松树要低。在印度Sundarbans红树林内，Chakrabarti在不同立地类型上分别计算了立木密度、主干、皮、根、枝丫等部分的生物量。结果表明，Sundarbans红树林总生物量为9.5~212.5t/hm^2。在美国西海湾地区，Michael(2001)发现火炬松林生物量因立地条件和地理位置不同而异，建立了该地区火炬松林生物量预测方程，并进行实践应用。除地上部分外，Chidumago(1998)研究了泰国南部红树林地下部分生物量，利用沟槽法挖掘根系，对根系冲洗、分级、称重，求出了不同根径的生物量，给出了单位面积上根生物量的预测方程。在马来西亚沿海丘陵地区，White 等(1999)对龙脑香林凋落物产量和分解进行了研究，结果是沿海丘陵龙脑香林产量为 7.45t/(hm^2·年)，其中叶占 72%，14 个月后枯枝落叶失重 60%~76%；林分枯落物的年转换率是叶的 172%，是总枯落物的 153%。此外，还研究了林分现存生物量与枯落物之间的动态关系。在西班牙南部地中海地区，Gallardo(1997)等用网袋法对 9 个乔灌木树种枯落物量和分解速率的关系进行了研究，计算了枯落物重量损失和主要有机、无机成分及重量损失和落叶坚韧度间的线性和非线性关系。Pillers 等(2003)分别采用埋袋法和重量平衡法，研究了北美红杉 *Seguoiasem pervirens* 凋落物的积累和分解。除凋落物分解外，Bas Van Wesemael 还在地中海地区研究了凋落物中 N、P、S、Ca 等营养元素随其分解的变化情况。在巴西里约热内卢 Sepetiba 海湾地区，测定了红树林中金属的贮藏情况，发现林中沉积物(由枯落物形成)是金属的主要贮藏部分。沉积物中 Mn、Cr、Fe、Zn、Cu、Pb、Cd 等占其总贮量的 99%~100%。因而，在热带海岸环境中红树起到了金属捕捉器的作用。

1.2.6 更新改造技术

为了提高防护林的综合功能和生产力，达到持续、稳定协调发挥生态经济效益的目的，一般是按不同类型，采取不同的经营方式，定向培育，分类经营。如水源保护林体系的重点区域，实行保护性近自然经营，促进天然更新，保护管理等，使之逐渐演变成稳定的复合群体。如德国为了使位于海拔 330~670m 的防护林发展成近天然林结构，进行了促进水青冈、云杉、冷杉的天然更新，扩大营养面积的幼林抚育，尽早进行主伐木选择和对林木价值生长进行模拟估测等经营措施(蒋丽娟，2000)。为了使防护林和自然保护功能统一起来，Hildebrandt 等对德国巴伐利亚州阿尔卑斯山松树防护林进行了各项措施的改造，如控制野生动物促进天然更新，补植和树种选择。俄罗斯对海滨区林分进行强度择伐、有条件皆伐和多次营林用火等改造措施，使之成为复层异龄的针阔叶混交林，以保持水源涵养及其他生态效益。林承超等(1995)对福州琅岐岛朴树群落进行了全面调查，分析了朴树群落的种类组成、区系成分、群落结构和生活型组成等群落特征，并将琅岐岛朴树群落下土壤性质与平潭县芦洋农场木麻黄林下土壤性质作了比较分析，提出了福建沿海防护林更新与改造的具体意见，即朴树在福建滨海风沙土上种植是可行的，朴树与木麻黄混交种植将会减轻木麻黄的病虫害，提高木麻黄林下土壤有机质，改善土壤结构。国内对防护林经营管理的研究主要依据经营目标、林分起源、树种组成、林分生长与结构、立地条件等进行合理经营，主要包括：幼林补植、封山育林、林分结构调整与优化、低产林分改造、病虫害防治，防护林的成熟与更新、防护林立地类型划分与质量评价、次生林的超短期轮伐和伐后抚育等研究(杨玉坡等，1993；康立新等，1994)。

1.2.7 功能与环境效应

1.2.7.1 生理生态

从 20 世纪 60 年代开始，苏联科学院的 Чершымев 研究了沿海地区木本植物蒸腾作用的特征。用快速称重法测出了林木的蒸腾量，发现针叶树蒸腾强度很小，引种植物比本地植物的蒸腾强度大，并在针叶树叶中确定了水分吸附作用的因子。在地中海地区，Rhizorponlon

等对4种硬阔叶树阴生叶和阳生叶的水分状况进行了比较(任勇等，1996)。结果表明，幼龄期阴生叶比阳生叶具有较高的气孔导度、膨压、叶绿素和脯氨酸，随着叶片的发育这种差异逐渐消失，直至没有明显差别。为了解叶子水分及其影响，Fangul(2002)在墨西哥西海岸阔叶林中测定了各种植物叶的水分状况和动态变化，发现常绿树种和湿生落叶树种对水分压力的耐性要高于旱生落叶树种。在哥伦比亚瓜西拉半岛，Cavelier等(1992)研究了高山矮曲云雾林和干旱落叶林的土壤呼吸，指出雨季云雾林土壤的呼吸作用显著高于干旱落叶林，这是因为前者土壤温度(24℃)和含水量(31%)高以及蚯蚓较多的缘故。Merila(1998)在该地的研究结果是，北美黄杉天然林分的平均材积和增长率与夏季高温呈负相关，而与非生长季的高温呈正相关。因此，冷湿的夏季和温暖的冬季可使该地针叶林具有较高的生产力。

陈顺伟等(2001)研究了杜英等7个树种对盐雾胁迫的反应及其生理特性。通过模拟盐雾胁迫观察及结合叶片叶绿素含量、游离脯氨酸含量、SOD活性、MDA含量等生理指标的测定，指出不同组织耐盐雾性强弱分别为成熟叶>嫩叶>芽，7个参试树种的耐盐雾性强弱综合排序为杨梅、木荷、杜英、二次结实板栗、湿地松、枫香、马尾松。木麻黄和夹竹桃为高抗风性树种，粗枝木麻黄、细枝木麻黄和湿地松属中抗风性树种，山地木麻黄抗性较差(冯泽幸等，1996)。木麻黄的抗盐能力及滨海盐碱地的降盐技术研究表明，1年生木麻黄在土壤含盐量为0.6%时，造林成活率可达60%以上；最大抗盐量为0.767%，木麻黄成林最高抗盐量为3.141%；抗盐锻炼等因素可提高木麻黄的抗盐能力；大畦深沟、开沟起垅、高堆法等整地方式可使含盐量下降50%~68.7%(苏祖荣，1999)。

1.2.7.2 调节小气候

森林具有显著的生态功能，主要表现在降低风速、调节气温和提高空气湿度等方面。Silva等(1998)研究森林对大气中各种离子沉降的影响时发现，海洋上形成的Cl^-、Na^+、Mg^{2+}的沉降量在林缘5倍树高距离内最明显，越靠近林缘沉降量越大，是林中的5倍。日本对森林的防雾、防潮、防止飞沙的机能，防止盐风害也有报道(石川政幸，1992)。广东省在东海岸林场和港口林场对海岸防护林带的防风效应的测定，结果是林内风速显著低于林外，防风效能达40%以上。海岸防护林还有调节小气候的功能，林内气温比林外裸地低，最大温差出现在午后13~14时，9年生林分温差达4.2~5℃。林内空气湿度和土壤湿度比林外高，林带附近高于空旷地沙滩。在江苏北部沿海地区对防护林区域的月蒸发量时、空对比分析，得出苏北沿海防护林体系调节气候的效应随林木的生长成林其作用明显加大(董晓敏等，1994)。对广西北热带山口林场1.5年和4.5年生窿缘桉防护林内及空旷地的主要气象要素进行定位对比观测，结果表明两种林龄的防护林防风效果显著，并都有一定的降温增湿作用(黄承标等，1999)。在沿海围涂果园开展的浙东南沿海防护林效益研究，表明采用“窄带小网型”防护林营建技术，能降低风速36.8%~68.5%，减少落果38.2%~62.5%，提高空气湿度1%~3%，减少蒸发量13.8%，显著改善果园生态环境，促进果树生长，可提高产量11.7%~19.3%(何小广等，2004)。

1.2.7.3 改善土壤环境

沿海防护林不仅能起到涵养水源、调节气候等作用，而且还能提高土壤肥力，改善土壤物理、化学性质。国外对塞内加尔沿海木麻黄林分进行了研究，发现土壤pH值由7.3降至6.5，凋落物厚度由4.2增至8.0cm，Ca、Al、Mg、Fe、K和P分别增加6.9，3.7，1.8，1.3，0.49和0.25kg/(hm^2·年)。随着年龄的增长，全P和交换性Ca下降，N和有机质分别增加 30 和 61.5 kg/(hm^2 · 年)(Mailly，1998)。Zn、Mn、Fe 这 3 种重金属元素在巴西东南红树林森林生态系统中的循环研究表明，红树林生态系统作为一个热带沿海地区有效的生物屏障，能够减少重金属进入土壤和海洋的数量，并对红树林生态系统内循环的重金属进行了量化(Silva，1998)。梁珍海等(1994)以苏北沿海主要防护林树种刺槐和水杉为研究对象，以农田和滩涂作对照，从土壤盐分含量及其时空分布规律等方面，揭示了苏北沿海防护林对土壤脱盐及其脱盐稳定性的影响，表明在具备一定水利设施基础上，造林和农业耕作都能加速土壤脱盐过程，但在稳定脱盐效果，防止旱季"返盐"等方面，林业措施更为有效。胡海波等(1994)从土壤物理和化学性状两方面对江苏中部沿海泥质海岸防护林改良土壤的功能进行了探讨，结果表明，防护林能减少土壤容重，增大孔隙，显著提高含水量，促进土壤形成良好的团粒结构且林分年龄越大的结构性越好，同时它也能提高土壤肥力，加快土壤熟化。在辽河三角洲对海堤重盐土柽柳防护林定位观测研究表明，柽柳林具有改善土壤理化性能效应，不仅能降盐碱，而且能改善土壤养分，主要根系层土壤容重降低，孔隙度和田间持水量显著增加(于雷等，1998)。防护林能有效改善土壤理化性质，在 0～60cm 内，湿地松、马尾松、日本扁柏、毛竹 4 种林分土壤容重分别降低 0.037、0.067、0.082 和 0.103g/cm^3，非毛管孔隙度提高 0.88%、1.68%、2.59% 和 2.85%，总孔隙度提高 1.36%、2.56%、3.86% 和 3.87%(张金池等，2001)。对木麻黄连栽对沿海沙地土壤养分及酶活性的影响试验表明，沙地土壤中脲酶的活性没有明显的变化，而磷酸酶、多酚氧化酶和过氧化物酶的活性则随代数的增加而降低(谭芳林等，2003)。

1.2.7.4 涵养水源和保持水土

森林植被不仅能减小暴雨对地表的冲击，而且雨水大部分迅速渗入土壤，使林地土层中涵蓄的水分大大高于无林地。据富春江畔的建德林场研究，若以裸露土地 20cm 土壤水分含量为 1，相比之下，阔叶林地为 2.62，杉木林地为 2.42，松林地为 2.25，草地为 1.81。亚热带岩质海岸不同森林植被类型，即使处在幼龄阶段，土壤含水量也比对照提高 17.94%，并通过设立径流小区和多元回归分析方法，对不同植被类型的水土保持效益进行了对比研究，结果表明即使林分处于幼龄阶段，不同植被类型的地表径流也比对照低 9.05%，侵蚀模数比对照低 32.29%(高智慧等，1999)。为揭示森林防蚀固土的机理，张金池等(1996)研究了苏北海堤刺槐、水杉和柳杉防护林的防护效益，认为森林植被可有效地减低地表径流，主要表现在减洪和滞洪方面；其防蚀能力为柳杉林 = 水杉林 > 刺槐林 > 无林区，土壤侵蚀模数分别为 922.29、1231.28 和 2608.45t/(km^2 · 年)。张金池等(2001)研究了细根生物量、年生长量、年死亡分解量和细根周转的变化，测定树木根系对土壤抗冲、抗蚀和渗透性的强化作用以及水土保持效益，筛选出了既适合当地立地条件，又具有较强水土保持功能的树种。海南岛西南部落叶季雨林，刀耕火种当年土壤流失量为 364.4t/(hm^2 · 年)，为林地的 20 多倍，在多雨地区更为严重，为林地的 1400～8000 倍。森林植被可显著减轻甚至避免土壤侵蚀，从而改善生态环境(张光灿等，1999)。福建省同安县汀溪水库周围的丘陵山地，经多年造林已形成茂密的森林，其涵养水源和保持水土的功能显著增强。水库有效库容仅 $3 \times 10^7 m^3$，而每年由水源涵养林流进库区的水量则达 $9 \times 10^7 m^3$，为有效库容的 3 倍，在灌溉、发电等方面发挥了巨大作用(胡海波等，2001)。

1.2.7.5 效益计量和评价

防护林综合效益研究的重点仍然是对防护林某个效能的计量和评价上，即森林的每种效能采用专门单独评价，其中又以对防护林的水文生态效益研究最为深入和全面。国外对其研究起步较早。日本对涵养水源效益，通过等效替代法计量评价，研究以森林土壤的非毛管孔隙度为基础，求得森林土壤对降水的贮存能力。以有林地和无林地地表侵蚀量的差值进行计量，以拦沙坝的修筑为基础进行评价；通过有林地与无林地的比较，将森林抑止崩塌和泥沙流失量换算为修筑拦蓄同等量泥沙的混凝土堰堤的所需费用进行计量，研究防护林防止泥沙崩塌效益。日本针对岛国特点，通过田间观测和风洞试验等手段，对海岸林的环境保护作用，诸如防风、防飞沙、防潮、防雾、防飞盐、防海岸侵蚀等各种防护机能，对景观保护机能等，作了较为全面和系统的研究，出版了《日本的海岸林》等著作。葡萄牙、意大利、前苏联等国也不同程度开展过海防林生态效益的研究。Acker 和 Steven(2000)对俄勒冈州 150 年云杉糖槭林的枯落物蓄积量进行了研究。Robert 和 Naiman(2000)对太平洋海岸雨林的环境效益进行了研究。美国提出了火炬松林流域的水文学模型，研究了各水文要素间的相互关系；新英格兰州森林皆伐对溪流动物的影响，印度尼西亚研究了 Pinial 亚流域天然林和农业区的水分释放特性(对洪峰、径流量)；灌丛和农林复合系统对降低径流和土壤侵蚀的作用。印度研究了蓝桉人工林对 Hilgir 亚流域水分过程的影响，韩国就森林对洪水的影响及小流域蒸散的估计进行了研究(蒋丽娟，2000)。

国内在防护林体系综合效益的研究方面也作了大量的工作，尤其是近 10 年来，林学、生态学、经济学等学者分别从生态环境、林业经营等多方面研究了防护林体系的综合效益计量评价，主要集中在对单项指标或单项内容的研究上，如林冠截留、效益计量、土壤调蓄贮存、植被类型与水分效益研究，以及径流、水分平衡、卫生效益和游憩效益的研究等(蒋丽娟，2000)。近年来由单项效益计量评价趋向于综合效益计量评价。徐孝庆等(1992)在湖南朱亭林区应用森林水文定位观测、动态监测及统计分析等途径和方法，从降水、贮水、蒸发等方面对杉木人工林为主的小流域，以水文为主的森林综合效益进行了研究；刘世荣等(1996)对地跨我国寒温带、温带、亚热带、热带的小集水区试验以及黄河流域、长江流域等较大集水区的研究做了比较全面细致的总结对比，提出保持水土效益采用价值替换法最好。王富炜(1998)将价值化防护效益与微观经济效益结合起来对以昕水河流域生态经济防护林进行了经济效益评价。但是这种评价是建立在小流域或森林类型的基础上。翟中齐等对农田防护林的增产效果和防护林本身在经营期内的收益进行了研究，建立数学模型。慕长龙等(1999)采用 FCHM 提出的两种森林水文效应评价指标——直接指标 Rg 和间接指标 Cg，SSM 软系统方法和综合集成法，对长江中上游防护林体系的综合效益进行评价研究。袁正科等(2002)对洞庭湖水系内的主要防护林类型从生产力到各种防护功能上的防护能力的防护林体系、森林的综合效益进行计量与评价研究。目前利用反映森林质量的指标(生物量或木材蓄积量)的变化来定量的研究亚流域的河流水文效应及各水文要素的动态变化模型的研究较少。

1.3 沿海防护林体系构建基础理论

1.3.1 沿海防护林体系的概念和内涵

沿海防护林体系建设是一项规模宏大、影响深远的生态经济工程，它的建成必将带来巨大的生态效益、经济效益和社会效益，促进沿海社会经济发展，造福子孙后代，因此既有重大的现实意义，又有长远的战略意义。近年来，沿海防护林体系建设已取得了很大的成就。但是，随着社会经济和生态建设理论的不断发展，人类对生存环境又提出了新的要求，沿海防护林作用不只是用于防风固沙、防潮防雾、水土保持等一般的自然灾害，还需要承担抵御海啸、台风、风暴潮等重大自然灾害的作用。沿海防护林建设目标和作用的变化，势必引起其概念和内涵的变化。因此，很有必要对过去沿海防护林体系存在的问题进行剖析，对现今沿海防护林体系概念和内涵加以阐述，以利于沿海防护林体系建设理论和技术的发展和完善。

目前，国内外尚未有关于沿海防护林体系概念的完整论述，我国早在1988年国务院正式批准了《沿海防护林体系建设总体规划》，把沿海防护林体系建设作为沿海经济发展战略的重要组成部分，并被列为全国重点工程。由林业部华东林业调查规划设计院编制了《全国沿海防护林体系建设可行性研究》报告，提出沿海防护林体系作为一个生态系统，在维持生态平衡时，需要由多层次的结构和一定数量群体组成，起着调节气候、涵养水源、保持水土等作用，同时又提供一定的用材和薪材；沿海防护林体系建设的宏观布局是：分别以海岸和地貌类型，各有侧重地建立一个以森林为主体的多林种、多层次、多功能的防护林体系。

根据经济社会发展的新形势和新要求，下一步沿海防护林体系建设的总体目标是：在生态功能上，实现从一般性生态防护功能，向抵御台风、风暴潮和海啸等重大自然灾害为重点的综合防护功能扩展，维护国土生态安全；在空间布局上，实现从结构相对单一的防护林体系，向“点、线、面”，“带、网、片”等有机配置的综合防护林体系扩展；在结构组成上，实现从单一防护林林种、树种营造，向以基干林带为主体，与水土保持林、水源涵养林、防风固沙林、村镇绿化、农田防护林等结合，乔灌草搭配方面扩展。逐步建设成以基干林带为主体，由海岸向内陆延伸的多林种、多树种、多层次、多功能结合的复合型防护林体系。因此，作者认为新时期沿海防护林体系的概念和内涵应是：在沿海地区，以一个自然地理单元(或一个行政单元)或一个流域、水系、山脉为单位，建设以沿海基干林带为主体，与农田林网、城乡绿化、纵深防护林、滨海湿地相结合，以改善生态环境，抵御海啸、台风、暴潮等重大自然灾害，维护国土安全为主要功能的多林种、多树种、多功能结合的复合型森林植被系统。它是由护堤护岸林、防风固沙林、水土保持林、水源涵养林、村镇绿化、农田防护林和其他防护林组成的总体，是构建沿海地区防灾减灾体系的重要生物措施。目前的沿海防护林体系是建立一个符合沿海地区自然条件和经济规律，集生态、经济和社会效益显著的自然和人工相结合，以木本植物为主体的生物群体。这个群体的结构，其外延包括农、林、牧、渔各行业之间的相互地位、相互关系，即相互协调与合理布局；其内涵包括内部各组成要素的相互联结和相互作用，即体系自身的格局、结构和效益。做到防护林与用材林、经济林等多林种布局，带、片、网等多种模式配置，乔、灌、草等多树种结合，从整体上形成一个因害设防、因地制宜的综合防护林体系。它又与传统的沿海防护林体系有本质区别：

(1)从建设对象看，过去的体系建设是以林地为对象，其目的是营建人工的或天然的森林生态系统；研究有林地上木本植物与环境的关系，以及林分的结构与功能(物流与能流)。而现代的体系建设以包含多种地类的区域(或流域)为对象，其目的在于营建某一区域(或流域)的人工复合生态系统，例如林农复合生态系统、林牧复合生态系统；研究整个区域人工复合生态系统的结构、功能(物流与能流)。

(2)从防护功能看，过去的体系建设主要强调单一林种的经营，主要功能是简单防护，改善区域农田气候条件，为社会提供多种林副产品，实现森林资源的可持续利用。而现代的体系建设主要是多林种、多效益的经营，其功能在于充分发挥防护林体系的整体防护功能，强调在保持生物多样性和生态完整性的基础上，来发挥防护林系统的多功能性。

(3)从建设目标看，过去对体系建设的防护要求较低，主要是防风固沙、防潮防雾、保持水土、涵养水源等，保障工农业稳产高产。而现代的体系建设目标和要求越来越高，不只是一般性自然灾害的防护，更重要的是增强抗御台风、海啸、暴潮等重大自然灾害能力，维护国土生态安全。

(4)从经营管理看，过去在营建和调控防护林的过程中，只考虑在林地上采用综合技术管理措施，提高森林资源蓄积生长量，忽视森林生态系统自身的生命过程的完整性，造成体系物种单一、结构单调，失去了生态系统的自然属性。而现代的防护林体系不仅考虑在各类土地上采用综合抚育措施，而且还从宏观尺度上考虑系统的整体管理，强调采用维持一个完整的、功能良好的生态系统复杂过程的技术和途径。

1.3.2 沿海防护林体系建设基础理论

1.3.2.1 景观生态学理论

景观生态学是生态系统之上的一个等级。该理论认为，空间格局和生态过程的相互作用存在于多个等级和尺度上，不同等级的格局与过程关系能化解不同类型、规模和强度的干扰。体系的结构决定体系的功能，景观空间格局及其变化对生物种的分布、运动和持久性具有直接的影响。因此，防护林体系建设在空间上要树立景观生态建设思想，只有从大的尺度上即在景观尺度上构建防护林体系，才能最大限度地发挥其抵御重大自然灾害能力，防护林体系建设才有更突出的意义。此外，作为防护林生态系统，那些能够化解各种干扰的生物过程也只能存在于不同的系统层次上。所以，沿海防护林体系必须是一个多尺度和多等级的生态系统，要维持整个系统稳定性和持续性，一方面要注重防护林体系景观尺度上的建设，同时还应该考虑一些小尺度结构如群落、种群等格局与过程，二者相互依赖，互为一体。因此，沿海防护林体系建设要考虑3个等级水平的问题：一是景观结构层次上的建设，注重景观的要素(森林、农耕地、果园、道路等)的种类、大小、形状、数目和它们的空间配置和组成，以及它们在时间和空间上的格局与过程的变化，在高层次上确立和构建“点线面、带网片”结合的防护林网络体系，使防护林生态系统的效应空间最大化。这种景观生态格局的形成是标志沿海防护林体系建设达到可持续性的一个重要方面。二是生态系统(林种)结构层次上的建设，即核心框架建设。包括海岸基干林带、城乡防护林网、滨海湿地保护和恢复、荒山绿化、农田防护林和其他防护林等防护林生态工程的建设，这一层次的生态建设主要是防风固沙、保持水土、涵养水源、改善小气候环境等。三是群落(林分)结构层次上的建设，注重乔灌草多树种结合，调整树种比例，优化群落结构，营建复层、针阔混交林，提高林分生物多样性和生态过程完整性。逐步把沿海防护林建设成多林种、多层次、多功能的复合型防护林体系。

1.3.2.2 生态系统经营理论

生态系统经营，就是把森林作为生物有机体和非生物环境组成的等级组织和复杂系统来看待，是一种用开放的复杂的大系统来经营森林资源，是以人为主体的、由人类参与经营活动的复合生态系统。强调的是一个系统的整体管理，即找到一条能维持完整的、功能良好的生态系统复杂过程和途径，是森林资源经营的一条生态系统途径。目前，我国沿海防护林体系建设长期以来以工农业的安全为唯一目标，形成了一种片面的生态价值观，而对保持森林多种功能、社会经济长期发展，维持生物多样性等森林可持续性问题重视不够，从而造成防护林体系建设目的“近视性”，系统功能的“单一性”和生态基础的“脆弱性”。依据新的目标，未来沿海防护林体系建设必须树立生态系统经营思想，采用“适应性经营”技术，把单纯的防护林经营转变到生态系统经营上来，要从被动的防护体系建设，转变到主动的生态系统调整和完善。建立防护林体系不仅仅要注意到防护功能，更重要的是保持防护系统内的生物多样性和生态系统稳定性，增强防护林体系抗干扰能力和恢复能力，实现沿海防护林经营“整体效益大于各个部分之和”这一核心目标。例如：当前的各大林业生态工程、林农复合经营系统以及各种类型自然保护区等都是在人为参与经营管理下定向培育成有自然抗性的森林生态系统，符合生态系统经营规律，达到了森林生态系统间相对平衡有序，体现了森林经营中的生态系统观念及其经营的思想。

1.3.2.3 生态演替理论

演替理论是退化生态系统恢复最重要的理论基础，按演替方向可分为进展演替和逆行演替。生态系统的退化实质上是一个系统各种干扰下发生逆行演替的动态过程，主要表现为生物多样性下降，生物生产力降低，系统结构和功能退化。群落生态演替理论认为，生物群落更替是一种渐进的、有序的变化过程，是生物群落与环境相互作用的结果。我国沿海地区许多稀疏和残次的森林植被、灌丛甚至裸地，是森林群落的退化和逆行演替的结果。因而恢复和重建森林植被时，必须树立植被生态恢复理念，以生态演替理论为指导，依据退化阶段，循序渐进，分步骤、分阶段地加速进展演替进程，重建其结构，恢复其功能，而不能急于求成，“拔苗助长”。例如，要恢复某一极端退化的裸荒地，首先应注重先锋植物的引入，在先锋植物改善土壤肥力条件并达到一定覆盖度以后，才可考虑草本、灌木等植物的加入，最后才是乔木树种的引种栽培，最终达到沿海森林生态植被恢复和重建的目的。山东文登市通过封山育林在瘠薄荒山上恢复和重建的森林植被，就是成功地运用生态演替理论进行人工植被恢复的一个典范。山东寿光渤海岸滩，解放初期，其自然植被随土壤含盐量升高、地下水位上升而产生逆行演替，由乔木林变成耐盐灌木群落，进一步变成黄须菜或马绊草群落，在涝洼积水地变为芦苇和白茅群落。1960 年以后，研究人员在本底调查基础上，采取以生物措施为主，工程措施与生物措施相结合的综合治理方法，大大降低了土壤含盐量(0.3% 以下)和地下潜水埋深度(大于 2m)，消除干扰和破坏，并用乡土树种如柽柳、白榆、旱柳、刺槐等造林，将植被恢复和重建建立在进展演替的基础上，从而加速沿海防护林植被生态恢复进程。

1.3.2.4 生物多样性保护理论

生物多样性是生态系统安全、稳定和持续的生物基础。而生物多样性又是建立在树种多样性的基础之上的。目前沿海防护林体系是长期大规模建造受自然因素强烈影响的人工植被生态系统，自然植被生态系统已从防护林景观中萎缩和消失，造成系统内生物种类单一，生物多样性降低，并使系统完全失去或大部分失去了自我调节能力。因此，要建立稳定、持续的沿海防护林体系，必须树立生物多样性保护的理念，从保护和维持生物多样性入手，根据当地植物群落演替规律，充分考虑群落中物种间的相互作用和影响，来构建沿海森林植物群落。如在防护林营造的一开始就进行多树种、多林种的合理搭配，应用生态位原理，因地制宜采用针阔混交、乔灌草结合方法，建造高效、稳定的防护林复合经营模式，提高群落生产力，增加生物多样性，促进系统的稳定。例如，最近十几年来胶东半岛和辽东半岛松干蚧活动猖獗，大发生时可引起黑松林和赤松林大面积死亡，而在同一地带针阔叶多树种混交林，由于群落结构复杂、丰富了物种多样性，松树却生长旺盛，其抗性远远高于纯林。山东昆嵛山林场20世纪70年代起，封造管并举，引入多个乔、灌木树种，对赤松次生林进行林分改造后，由于群落生物多样性丰富，林相整齐，不但提高林分生产力，而且使全林场20余年未使用化学农药，实现了有虫不成灾。

1.3.2.5 森林健康经营理论

森林健康理论是由于传统森林经营面临种种问题，在生态系统健康理论基础上提出，是生态系统健康理论在森林资源可持续经营中的具体应用。森林健康就是森林生态系统能够维持其多样性和稳定性，同时又能持续满足人类对森林的自然、社会和经济需求的一种状态，是实现人与自然和谐相处的必要途径。这一理念是20世纪80年代末和90年代初美国提出的新理念，目前受到世界范围内的理解和承认。我国从2002年与美国合作，在国内开展森林健康的试验和示范的研究。按照该理念，干扰和胁迫是影响森林健康的关键因子，健康的生态系统并非没有病虫害、枯立木等，而是强调受到干扰和胁迫后，该系统能较快的恢复各种功能，从而保证系统的稳定和自我维持。因此，沿海防护林体系要持久地发挥其生态服务功能，必须开展森林健康经营。

1.3.2.6 生态经济学理论

沿海防护林体系是涉及自然、经济和社会多方面的复杂系统工程，以单纯追求生态效益观点为指导，是不可能取得工程建设成功的。我国沿海许多地区经济尚不发达，人口压力严重，土地资源有限，防护林体系建设受到一定限制。近些年，我国政府花了巨大人力、财力发展沿海防护林，但至今有些沿海省份森林覆盖率仍不足10%，防护林体系发展缓慢，且现存的防护林多表现出结构不合理、功能衰退、生态经济效益较差等诸多退化症状。究其主要原因，一方面在于对自然条件认识不足，未能很好遵循生态学原理，造林方法不当以及缺乏科学的管理措施；另一方面在于未能与我国社会、经济的持续发展联系起来，没有充分考虑地方群众脱贫致富的经济需求，没有经济上的利益，就无法调动广大群众的积极性。从我国过去的沿海防护林建设的历史来看，要么发展防风固沙、水土保持等生态防护林，要么建立经济林(或果园)、速生丰产林等经济型植被，结果造成生态环境建设与社会经济发展的对立，沿海防护林体系建设很难有突破性进展。总结以往50多年的历史经验，沿海防护林体系建设必须在考虑改善生态环境同时，还要考虑农民发展经济、增加收入的强烈愿望的现实，因此，必须坚持生态经济效益兼顾的理念来指导沿海防护林体系的建设，否则将难以达到预期效果。

1.4 沿海防护林体系建设发展趋势

进入20世纪80年代以后，尤其是1988年启动了沿海防护林体系工程后，我国沿海防护林建设迈入稳步发展的轨道。国外沿海防护林体系工程建设也发生了新的变化，呈现向综合型、高效型发展的趋势。具体表现在：

(1)从单一的防护林种建设向多林种结合的复合型防护林体系发展。过去的沿海防护林多以营建防护林为主，造林分散、零星，多条、块形式配置，形不成网络或体系。未来防护林体系建设要从宏观尺度考虑防护林体系向生态多样性的方向转变，形成林种配置和空间布局合理的多维森林生态网络体系。

(2)从单一生态型防护林建设向多功能型综合防护林体系发展。过去沿海营造防护林，与当地经济发展、群众致富结合得不够紧密，大多只注重其生态效益，对经济效益重视不够，防护林体系建设缺乏营造、巩固和提高的经济启动力。

(3)从单一层次的乔木纯林建设走向多树种、多层次的复层混交林发展。过去沿海防护林多采用单一乔木树种造林，北方主要是黑松、刺槐等，南方主要是木麻黄、湿地松等的乔木树种造林，森林群落层次单一，结构简单，不能很好地发挥其生态效益，而且经济效益也很低。

(4)从单一发展林业的模式向林、农、牧、渔相结合的综合治理模式发展。沿海防护林体系建设是一项复杂的系统工程，单一发展林业，是难以达到稳固发展林业的目的，因为农、林、牧各业之间存在着彼此依存、相互制约、相互促进的客观规律，若发展单一的林业经济结构，不仅导致了掠夺性的经营方式，带来了生态性灾难，而且越垦越穷，阻碍着农村经济协调发展。

(5)由单一的防护林经营向森林生态系统经营发展。过去沿海防护林的营造只注重了防护林的防护功能，采取一切措施都以扩大这一功能为目标，忽视该林种多功能、多效益性，从而造成了防护林系统生态功能的缺损，一旦重大灾害发生时，生态系统没有足够的抵抗力。未来沿海防护林体系建设不单纯是一般的防护作用，更重要的是抵御重大自然灾害，发挥多种效益，因此在经营管理上要改变过去传统“防护林体系”经营为“生态系统”经营。

参考文献

[1] David A P. 生态系统概念和森林经营的当代趋势. 薛秀康，译. 林业科技通讯，1990，(11)：27~31

[2] 包维楷，陈庆恒. 退化山地植被恢复和重建的基本理论和方法. 长江流域资源与环境，1998，7(4)：370~376

[3] 陈林武，朱志芳，王鹏. 川江流域生态林可持续经营对策. 森林生态学论坛，1999

[4] 崔武社，王红春. 我国防护林更新改造技术研究综述. 山西林业科技，2000，2：1~4

[5] 邓华锋. 森林生态系统经营综述. 世界林业研究，1998(4)：6~9

[6] 范志平，曾德慧，冀晓燕，等. 农田防护林生态系统经营管理研究. 北京林业大学学报，2004，26(4)：81~84

[7] 高智慧，张金池，陈顺伟，等. 岩质海岸防护林——理论与实践. 北京：中国林业出版社，2001：192~225

[8] 国家林业局华东林业调查规划设计院. 全国沿海防护林体系二期工程建设规划，2000：24~39

[9] 贺庆棠，陆鼎煌. 我国沿海防护林体系建设的构想. 世界林业研究，1991(4)：77~82

[10] 贺庆棠，等. 国内外防护林学科的现状及发展. //中国黄土高原治山技术培训项目合作研究论文集. 北京：中国林业出版社，1994

[11] 侯平，马金明. 新疆高标准防护林体系建设的理论和技术取向. 干旱区资源与环境，2001，15(1)：84~90

[12] 侯元兆. 林业可持续发展和森林可持续经营的框架理论. 世界林业研究，2003，16(2)：1~6

[13] 胡海波，康立新. 国外沿海防护林生态及其效益研究进展. 世界林业研究，1998，11(2)：18~25

[14] 姜凤岐. 林带经营技术与理论基础. 北京：中国林业出版社，1992

[15] 姜凤岐. 现有防护林合理经营与改造技术研究. 北京：中国林业出版社，1996
[16] 姜景民，刘昭息，吕本树. 火炬松种源遗传变异分析和适宜种源(区)的确定. 林业科学研究，1999，12(5)：485~492
[17] 蒋丽娟. 国内外防护林的研究综述. 湖南林业科技，2000，27(3)：21~27
[18] 康立新. 沿海防护林体系功能及其效益. 北京：科学技术文献出版社，1994
[19] 李洪建，王孟本，柴宝峰. 北京杨水分生理生态特性研究. 生态学报，2000，20(3)：417~422
[20] 李荣锦，仇才楼. 沿海防护林体系对农业环境的保护功能及效益. 江苏林业科技，2000，27(6)：44~47
[21] 李绍忠，赵雅君. 辽宁泥质海岸防护林的树种选择. 防护林科技，1996(2)：46
[22] 李绍忠. 北方泥质海岸防护林生态工程的研究. 应用生态学报，1996，7(2)：122~128
[23] 林文棣. 中国海岸带林业. 北京：海洋出版社，1993
[24] 刘世荣，温远光，等. 中国森林生态系统水文生态功能规律. 北京：中国林业出版社，1996
[25] 山东省科学技术委员会. 山东海岸带和海涂资源综合调查报告. 北京：中国科学技术出版社，1990
[26] 中国林学会森林经理分会. 森林可持续经营探索与实践. 北京：中国林业出版社，2006
[27] 邵仁杰. 论沿海综合防护林体系建设的有关问题. 山东林业科技，1988
[28] 石川政幸. 森林的防雾、防潮、防止飞沙的机能. 赵萍舒，等，译. 海口：南海出版公司，1982：52~59.
[29] 宋兆民. 黄淮海平原综合防护林体系配套技术研究. 北京：气象出版社，1991
[30] 田兴军. 生物多样性及其保护生物学. 北京：化学工业出版社，2005
[31] 王礼先，王斌瑞，朱金兆，等. 林业生态工程学. 北京：中国林业出版社，2000
[32] 文建林，尹小华，鲁遐龄. 湖南省森林资源可持续经营的思考. 湖南林业科技，2003，2：74~76
[33] 邬建国. 景观生态学——格局、过程、尺度与等级. 北京：高等教育出版社，2000
[34] 徐国祯. 生态问题与森林生态系统管理. 中南林业调查规划，2004，23(1)：1~5
[35] 徐国祯，等. 森林生态系统经营与整体管理. 林业与社会(增)：1994：73~79
[36] 许基全，唐奇峰. 综合型高效益沿海防护林体系建设. 科学中国人，1999(8)：31~32
[37] 许景伟，王清彬，靳萍. 加快林业工程建设 构筑绿色"生态山东". //山东生态省建设研究. 北京：中国科技出版社，2004
[38] 杨运立，李样贵，任恢忠，等. 滨海重盐碱地造林技术试验. 福建林业科技，1994，21(1)：72~75
[39] 叶功富，张水松，徐俊森，等. 沿海木麻黄防护林更新改造技术试验研究. 防护林科技，1996(专辑)：1~12
[40] 张纪林，康立新，季永华. 沿海防护林体系的结构与功能及发展趋向. 世界林业研究，1998，11(1)：50~55
[41] 张水松，叶功富，徐俊森，等. 海岸带木麻黄防护林更新改造技术研究. 防护林科技，2000(专刊)
[42] 张水松，叶功富，徐俊森，等. 木麻黄基干林带类型划分和更新造林关键技术研究. 林业科学，2002，38(2)：44~53
[43] 张水松，叶功富，等. 海岸带防护林更新改造技术研究. 防护林科技，2000(专刊)
[44] 张志达，等. 全国十大林业生态建设工程. 北京：中国林业出版社，1995
[45] 郑景明，潘文利，李绍忠. 北方沿海地区生态林业工程建设现状及展望. 防护林科技，1998(2)：32~34
[46] 周生贤. 中国林业的历史性转变. 北京：中国林业出版社，2002：135~137
[47] 周重光. 浙江沿海防护林生态系统及其发展中的若干技术路线问题. 浙江林业科技，1987，7(6)：1~4
[48] 张金池，卢义山，康立新. 苏北海堤主要防护林类型的防护效益研究. 土壤侵蚀与水土保持学报，1996，2(4)：41~47

[49]张金池，康立新，卢义山，等．苏北海堤主要防护林糊弄防蚀功能研究．南京林业大学学报，1996，20(3)：11～14

[50]张金池，臧廷亮，曾锋．岩质海岸防护林树木根系对土壤抗冲性的强化效应．南京林业大学学报，2001，25(1)：9～12

[51]张金池，康立新，卢义山，等．苏北海堤林带树木根系固土功能研究．水土保持学报，1994，8(2)：43～47

[52] 朱廷曜，等．农牧防护林网区域性防风效应及评价模型．林业科学，1993，29(6)：509～512

[53] 祝列克，智信．森林可持续经营．北京：中国林业出版社，2001

[54]Acker, Steven A, et al. Biomass accumulation over the first 150 years in coastal Oregon *Picea Tsuga* forest. Journal of Vegetation Science, 2000, 11(5): 725～738

[55]Anna K, Bandick, Richard P Dick. Field management effects on soil enzyme activities. Soil Biology and Biochemistry, 1999(31): 1471～1479

[56]Bellot J, et al. Chemical characteristics and temporal variations of nutrients in throng fall and stem flow of three species in mediterranean holm oak forest. Forest Ecology and Management, 1991, 41(1/2): 125～135

[57]Bradley B Walters. Local management of mangrove forests in the Philip pines: Successful conservation or efficient resource exploitation? Human Ecology, 2004, 32(2): 177～195

[58]C A R Silva, L D Lacerda, A R Ovalle, C E Rezende. The dynamics of heavy metals through litter fall and decomposition in a red mangrove forest. Mangroves and Salt Marshes, 1998, 2: 149～157

[59] Cecilia Luttrell. Institutional change and natural resource use in coastal Vietnam. Geo Journal, 2002, 54: 529～540

[60] Clinton Dawes, Katherine Siar, Donald Marlett. Mangrove structure, litter and macroalgal productivity in a northernmost forest of Florida. Mangroves and Salt Marshes, 1999, 3: 259～26.

[61] Deanna H McCay. Effects of Chronic Human Activities on Invasion of Longleaf Pine Forests by Sand Pine. Ecosystems, 2000, 3: 283～29?

[62]Elba Maria Nogueira Ferraz, Elcida de Lima Ara jo, Suzene Iz dio da Silva. Floristic similarities between lowland and montane areas of Atlantic Coastal Forest in Northeastern Brazil. Plant Ecology, 2004, 174: 59～70

[63]Elijah W Ramsey, Gene A Nelson, Sijan K Sapkota. Classifying coastal resources by integrating optical and radar imagery and color infrared photography. Mangroves and Salt Marshes, 1998, 2: 109～119

[64]Erin Stewart Lindquist, C Ronald Carroll. Differential seed and seedling predation by crabs: impacts on tropical coastal forest composition. Oecologial, 2004, 41: 661～671

[65]F Blasco, M Aizpuru, C Gers. Depletion of the mangroves of Continental Asia. Wetlands Ecology and Management, 2001, 9: 245～256

[66]FAO. Sustainable Development and Environment. FAO polities and Action, 1992

[67]H A Ajwa, et al. Changes in enzyme activities and microbial biomass of tall-grass prarie soil as related to burning and nitrogen fertilization. Soil Biology and Biochemistry, 1999(31): 769～777

[68]Hame T, Salli A, et al. New methodology for the estimation of biomass of conifer dominated boreal forest using NOAAAVHRR data. International Journal of Remote Sensing, 1997, 18(5): 3211～3243

[69]Kvalseth T O. Note on biological diversity, evenness, and homogeneity measures. Oikos, 1991, 62 (1): 123～127

[70]Mailly D, et al. Forest floor and mineral soil development in *casuarinas equisetifolia*plantations on the coastal sand dunes of Senegal. Forest Ecology and Management, 1998, 55 (1/4): 259～278

[71]Marianne K Burke, Jim L Chambers. Root dynamics in bottomland hardwood forests of the Southeastern United States Coastal Plain. Plant and Soil, 2003, 250: 141～153

[72] Marszalek T. A point method for determining the multiple value of forest units. Las Polskil, 1988, 119 : 121 ~ 131

[73] Michael C Wimberly, Thomas A Spies. Influences of environment and disturbance on forest patterns in coastal Oregon watersheds. Ecology, 2001, 82(5): 1443 ~ 1459

[74] Michael D Cain, Michael G Shelton. Secondary forest succession following reproduction cutting on the Upper Coastal Plain of southeastern Arkansas. Forest Ecology and Management, 2001, 146(13): 223 ~ 238

[75] Michael L, Wells, John F O'Leary, Janet Franklin, et al. Variations in a regional fire regime related to vegetation type in San Diego County, California (USA). Landscape Ecology, 2004, 19: 139 152

[76] Michael S Ross, Pablo L Ruiz, Guy J Telesnicki, John F Meeder. Estimating aboveground biomass and production in mangrove communities of Biscayne National Park, Florida (USA). Wetlands Ecology and Management, 2001, 9: 27 ~ 37

[77] Neil Burgess, Wolfgang Ku Per, Jens Mutke. Major gaps in the distribution of protected areas for threatened and narrow range Afrotropical plants. Biodiversity and Conservation, 2005, 14: 1877 ~ 1894

[78] Peter B McQuillan. An overview of the Tasmanian geometrid moth fauna (Lepidoptera: Geometridae) and its conservation status. Journal of Insect Conservation, 2004, 8: 209 ~ 220

[79] Thomas Duncan, Timothy J Show. The Mobility of Rare Earth Elements and Redox Sensitive Elements in the Groundwater/ Seawater Mixing Zone of a Shallow Coastal Aquifer. Aquatic Geochemistry, 2004, 9: 233 ~ 255

[80] Viola Clausnitzer. Dragonfly communities in coastal habitats of Kenya: indication of biotope quality and the need of conservation measures. Biodiversity and Conservation, 2003, 12: 333 ~ 356

[81] White Alan S, et al. Relationship between plant species richness and biomass in a coastal Maine *Quercus Pinus*forest. Journal of Vegetation Science, 1999, 10(5): 755 ~ 762

[82] Yoshihiro Mazda, Michimasa Magi, Hitonori Nanao. Coastal erosion due to long term human impact on mangrove forests. Wetlands Ecology and Management, 2002, 10: 1 ~ 9

2 研究区域概况与研究方法

2.1 研究区域概况

2.1.1 地理位置

研究区位于 N36°35′~38°24′，E117°42′~122°42′，陆岸从胶莱河口的虎头崖起向东绕胶东半岛至日照市的锈针河口段，全长 2473km，除部分河流入海口形成小面积泥滩外，绝大部分属于基岩海岸和山前平原冲积形成的沙质海岸，占山东省海岸线总长的 80% 以上。海岸范围以潮间带向内陆延伸，地势较平坦，海拔较低(一般在 10~300m)。基干林带带宽数十米至数十公里，岸线涉及烟台、威海、青岛、日照 4 地(市)的 18 个县(市)。

2.1.2 类型及分布

试验区沙质海岸带属于基岩港湾沙砾质类型和沙质海滩，海滩因其滨海沙土成因不同可分为 2 种类型：①潮积沙质岸段类型，主要分布在胶东半岛南部，从威海的荣成市成山头至日照市锈针河口，以及胶东半岛北部部分岸段靠海的外缘，形成狭窄的冲积滩。其特点是沙土质地多为粗沙质、粗砾质，地下水位较浅(多 1m 左右)，风沙流、海潮、海雾、暴风较频繁，防护林生长较差。②风积沙质岸段类型，主要分布在山东半岛的北部海岸潮积沙土的内缘，即离海稍远的滩地，自莱州市虎头崖至荣成市成山头，大多形成宽达数公里的风积海滩。其特点是沙土质地多为细沙质或粗沙质，少部分粗砾质、贝壳质，地下水位较深(多为 1m 以上)，一般呈中性反应，黑松林生长较好。

2.1.3 自然条件

2.1.3.1 气　候

山东省海岸带属暖温带季风气候区，气温与降水自北向南、自西向东递增。年平均气温 11.1~12.6℃，1 月平均气温 -3.0~1.0℃，8 月份最热，平均气温为 24.5~25.8℃，年平均降水量 620~950mm，相对湿度为 70% 左右，≥0℃的积温 4200~4600℃，≥10℃的积温为 3800~4200℃，日照时数为 2400~2650 小时。四季分明，雨热同季，但由于降水过于集中，年内分布不匀，大风、暴雨、台风、海潮、海雾、干旱、低温等自然灾害频繁。春季风多雨少，夏季降雨集中，约占全年 60% 以上，秋季大风较多，冬季大风强盛，大风日数占全年的 30%。年平均风速为 4.6m/s，最大为 40m/s，风力达 12 级以上的记录有龙口、长岛、成山头、石岛、乳山等地，其余地方一般为 9 级左右，干旱和风沙是制约本区林业生产的主要气象因子。与我国同纬度内陆相比，该区具有气候温和、温度适中、雨量充沛的特点，有利于多种农作物和林木生长。

2.1.3.2 土　壤

该区防护林分布的滨海沙滩是在海流、潮溪和波浪的作用下形成的沙砾堆积物，经风力搬运而成的沉积带。土壤属滨海沙土、森林土和褐土等，其基质多为疏松的中、粗沙组成，凝聚力小，降水易渗透，所以含水量极小，在阳光中受热迅速，风盛行时，即起干化作用，沙地干旱并含有少量的盐分，腐殖质来源少，分解消失快，土壤异常瘠薄。

2.1.3.3 植 被

该区位于我国东部暖温带落叶阔叶林区，植物资源比较丰富。研究区内植物种类较多，有1000余种，其中木本植物400余种。果树(栽培及野生种)有百余种，中药材植物资源也很丰富。虽然区系组成比较复杂，但森林群落的建群种或共建种则只有其中的十几种，代表性乔木树种有黑松 *Pinus thunbergii*、赤松 *P. dessiflora*、火炬松 *P. taeda*、栎类 *Quercus*、刺槐 *Robina pseudoacacia*、柳树 *Salix matsudana*、杨类 *Populus*、绒毛白蜡 *Fraxinus velutina*、苹果 *Malus pumila*、山楂、梨、杏、桃 *Prunus persica*、枣 *Ziziphus jujuba*、桑 *Morus alba* 等；灌木主要有紫穗槐 *Amorpha fruticosa*、柽柳 *Tamarix chinensis* 等，主要草本植物有筛草 *Carex kobomugii*、鸭跖草 *Commelima communis*、羊胡子草 *Ganex nigescens*、结缕草 *Zoysia japonica*、白茅 *Imperata koenigii*、狗尾草 *Setaria viridis* 等。其植被分布有以下特点：

(1)种类组成单一。据调查统计，组成该区沙质海岸植被的种子植物有68种(包括变种)，分属于22科55属。其中禾本科有13属15种，菊科有7属8种，藜科有6属8种，豆科有6属6种。其种类组成贫乏，群落中主要优势草本植物有10多种。常见的有：砂钻苔草 *Carex cabomugi*、矮生苔草 *C. pumila*、砂引草 *Messerschimidia sibilica*、肾叶打碗花 *Calystegia soldanella*、匍匐苦卖菜 *Ixeris repens*、粗毛鸭嘴草 *Ischaemum barbatum*、白茅 *Imperata cylindrical* var. *major*、单叶蔓荆 *Vitex tirifolia* var. *simplicifolia*、珊瑚菜 *Glehnia littoralis* 等。

(2)群落类型少，结构简单。该区沙质海岸群落类型有14个，常见的4~5个，主要有黑松群落、刺槐群落、黑松刺槐群落、黑松紫穗槐群落、黑松麻栎群落等，群落层次简单、灌木和草本层贫乏。

(3)植物具有很强的抗旱、耐瘠薄能力。由于该区海岸生境严峻，具有沙粒粗糙松散，透水性强，保肥力差，养分含量极低；日照强烈，土温日差较大；大风日频，夏季台风多的特点。因此，沿海植被适应干旱瘠薄的生境，具有低矮、匍匐、具刺、肉质和根系特别发达等生物学和生态学特性。

(4)群落具有显著的镶嵌性。该区海岸带蜿蜒曲折、起伏不平，土壤水分、土壤质地也相应发生变化，沙粒松散，沙丘、沙垅流动，群落随小环境的变化而发生变化，在大面积群落中形成许多小群落，显示出群落复合体的特点。

2.1.4 社会经济条件

该地区社会经济比较发达，拥有青岛、烟台、威海三个开放城市，是山东半岛经济最发达地区，是全省对外开放的窗口、文化科学和技术的中心，风景秀丽，气候适宜，又是旅游疗养圣地，并在水产养殖、海产品加工、农业垦殖等方面都具有很大的潜力。据统计，该区内共有人口2600余万人，其中农业人口1900万余人，占总人口的73%。全岸段共有男女劳动力1100万人，劳动力资源较充足。人均占地1.2亩左右。区内生产总值6990亿元，工业产值5445亿元，农业产值944亿元，林业产值40亿元，财政收入351亿元；平均人均年收入6500元。

该区交通发达，是全省交通运输的枢纽，也是连接东西南北和京津地区的通道。海运有青岛、烟台、威海、龙口、石臼所、石岛等对外港口；铁路有胶济、兰烟、东张、衮石等四条干线，可通往沿海和省内外各经济腹地，通车里程约占全省通车里程的1/2。公路四通八达，空运也较发达。从整体上看，由于山东省地处祖国东缘，扼守京津门户，因此沿海防护林的发展在山东和全国国民经济发展和国防建设中都具有极其重要的战略地位。

2.1.5 沿海防护林建设现状及存在问题

山东省沿海防护林的发展是从20世纪50年代末开始，特别是"一松两槐"造林获得成功后，在沿海各地市广泛地推广造林经验，营造树种以黑松为主，次要树种为刺槐、紫穗槐的海岸带防护林。目前，该区内林地总面积172万hm^2，有林地面积121万hm^2，灌木林地17万hm^2，疏林地1.4万hm^2，未成林造林地5.4万hm^2，无林地0.9万hm^2，宜林地24万hm^2；基干林带总长1956.8km。基本形成了沿海防护林主体，并与滨海农田林网、梯田地堰和山丘岸段防护林相结合，形成沿海综合防护林体系，护卫着内陆农田和村庄免遭海潮、海雾、风沙等危害，成为工农业稳产高产，人民安居乐业的先决条件和国防重要屏障。沿海防护林经过几十年的建设和发展，取得了明显的生态、经济和社会效益，但仍存在一些问题：

(1)防护林体系结构不完善，风口、缺口尚还存在。沿海防护林虽经几十年的艰苦努力，大部分宜林滩地得到绿化，由于缺乏统一规划和综合调查设计，林种、树种布局不合理，比例失调，且仍有少量的近海沙滩、风蚀沙地、水蚀沙地、风口困难地等尚未绿化。

(2)防护林林分结构简单、类型单一，纯林、针叶林比重较大。现有基干林带主要是以黑松、刺槐为主(分别占到67%和19%)，林分中其他生物种类很少。林分结构简单，大多为单层、纯林，复层林、混交林极少，多数林地尚未形成枯枝落叶层。

(3)部分黑松防护林已进入过熟龄阶段，林木老化衰退现象严重。由于大多数黑松林为20世纪50至60年代营造的，现已呈老化状态，病虫害严重，林内透风度大，防护效能低。且防护林同龄化严重，因此更新的任务艰巨而迫切，短期内完成老林带更新和轮伐困难。

(4)部分地段立地条件差，造林难度大，建设任务重。目前，该区尚有2000多km的海岸线，面积约5000hm^2的基干林带需要新建、扩建和改建，有10万多hm^2的低效林需要更新改造。

(5)有些地区，因柴薪缺乏，扒取枯枝落叶，人为地破坏了生态系统的物质循环，有机质不能回归土壤，引起林地土壤供肥水平降低，持续生产力下降，林分防护效能下降，造成二代更新和生长困难。

(6)森林资源质量不高，森林蓄积量和生物多样性较低；由于经营管理粗放，拔大毛等不合理经营，现有防护林林相不整齐，层次性差，生物的生存环境脆弱，造成森林资源质量不高，防护林生态系统稳定性降低，生物多样性差。

2.2 研究方法

2.2.1 试验设计

2.2.1.1 造林树种选择

(1)造林试验。在山东省胶南市环海林场营造由黑松、火炬松、刚松、侧柏、刺槐(鲁刺10号、鲁刺13号)、绒毛白蜡6个树种组成的多树种试验林，采用随机区组试验设计，

40～80 株小区，4 次重复。2000 年春造林，株行距 2m×2m，造林面积为 2.0 hm^2，保存率 83%。该区属基干林带的前沿，距离海岸线 100m 左右，立地条件较差，风沙危害较重，土壤质地为粗沙质土。在山东省胶南市寨里乡营造由黑松、火炬松、刚火松、刺槐等组成的多树种对比试验林，采用随机区组试验设计，80 株小区，4 次重复。1998 年春造林，株行距 2m×3m，造林面积为 1.5hm^2，保存率 88%。该区属基干林带的后沿，距离海岸线 800m 左右，立地条件较好，风沙危害较轻，土壤质地为细沙和沙壤质土。

(2)盆栽试验。在山东省胶南市环海林场对刺槐无性系(鲁刺 13 号)、紫穗槐、火炬树、绒毛白蜡、单叶蔓荆、黑松、火炬松和侧柏苗木进行盆栽造林试验，并测定 3 年生林木在水分胁迫下的光合速率、呼吸和蒸腾速率及土壤含水量。光合、呼吸、蒸腾速率随土壤含水量的变化过程用 Logistic 方程拟合，即 $y = K/(1 + me^{-Rx})$（式中 y 分别代表光合、呼吸、蒸腾速率；x 为土壤体积含水量；K、R、m 为式中待求常数）。通过对方程求导可求得光合速率由平缓到急速下降的拐点处土壤含水量，即 $X = 1/R\ln(m/0.26795)$。

2.2.1.2 困难立地造林技术

(1)容器苗造林试验。试验地设在山东省胶南市环海林场的滨海沙滩地和大珠山镇的瘠薄荒山地。沙滩地土壤干旱瘠薄，风沙危害较严重，土壤为粗沙质土；荒山地土壤干旱瘠薄，土壤为山地棕壤。2002 年春季进行黑松容器苗和裸根苗造林，造林时均采用穴状整地，穴的规格为 0.5m×0.5m×0.4m。将苗木连同容器一并植于造林穴内，分层埋土踩实，栽后及时浇水 1 次。栽植株行距为 1m×2m。试验设计采用随机区组排列设计，60 株小区，4 次重复。黑松裸根苗为 1 年生，平均苗高 25cm，主根长 3～5cm，侧根 3～6 条；黑松容器苗为 1 年生，平均苗高 32cm，容器为直径 10cm、高 15cm 的塑料薄膜袋。

(2)深栽、客土造林试验。试验设在山东省胶南市环海林场的滨海沙滩上，土壤干旱瘠薄，风沙危害较严重，土壤质地为粗沙质土。采用穴状整地，规格为 0.6m×0.6m×0.6m。栽后分层埋土踩实，及时浇水 1 次。①深埋造林试验：栽植深度设深埋苗高的 1/2、1/3、一般深度 3 个处理；②黄泥客土造林试验：每造林穴加 15kg、10kg 较黏重的黄泥客土和对照 3 个处理造林。试验采用随机区组排列，40 株小区，4 次重复。参试树种为黑松，苗高 50～60cm。

(3)高分子吸水剂施用试验。试验设在山东省胶南市环海林场的干旱瘠薄滨海沙滩地。2002 年春进行盆栽造林试验。高分子吸水剂产品系青岛开达实业(集团)有限公司研制生产的 KD-1 型高分子吸水性树脂。试验选用大泥炭盆，每盆装土 0.01m^3，土壤为滨海沙土，容重为 1.42g/cm^3，孔隙度 48.5%，最大持水量 35.4%，pH 值 6.5，分别掺入 KD-1 型高分子吸水性树脂 5g、10g、15g、20g、25g、30g、40g，以不施用高分子吸水剂的为对照。每处理 30 株，3 次重复。参试树种为黑松，苗高 50～60cm。KD-1 型高吸水性树脂用水浸泡 2 小时，充分吸胀后与土混合，采用环状施入法施入黑松苗根部，浇透水，并置于空旷地上。每日 17：00～17：30 时用 MP-406 型水分测定仪，测定土壤 0～30cm 土层土体含水量，每盆均匀测定 5 个样点，求平均值。

(4)根基覆盖处理试验。试验设在山东省胶南市环海林场基干林带试验示范林内，土壤干旱瘠薄，风沙危害较严重，土壤为海滩沉积的潮土类沙土，保水持水能力差。采用随机区组设计，50 株小区，三次重复。覆盖分覆膜、草+膜、覆草三种处理，参试树种为绒毛白蜡。浇水后 24 小时用土钻采集 0～15cm、30～45cm 土层样品，测定土壤含水率，作为基础土壤含水率。第一次采样后立即覆盖，以后在同一植株穴内分别在覆盖后 1d、2d、4d、7d、8d 用同样的方法采集土样并测定土壤含水率，计算公式为：

土壤含水率(%) = $(W_0 - W_i)/W_0 \times 100$

式中：W_0 为第一次测得的土壤含水量；W_i 为第 i 次测得的土壤含水量。

(5)设防沙屏障造林试验。试验地设在山东省荣成市成山林场，地处北纬 37°22′，东经 122°40′，面积为 4.5hm²。试验地在近海沙滩，土壤质地为细沙质。常年风大，当地曾进行过几次造林都未获得成功。本试验于 2003 年采取工程措施进行造林。试验林迎风面靠海前沿设一排树桩，树桩用长 200～250cm，粗 5～8cm，小头削尖打入沙地，地上部分留 150～200cm，每隔 2m 立一根桩，桩与桩之间分上、下两层用紫穗槐枝条联起来，两桩之间插树枝，并用尼龙绳固定树条上，形成透风度约 30%～40% 的防风屏障，从海边向内每隔 15m 设一条。试验采用随机区组排列，设 4 个重复。

2.2.1.3 瘠薄沙地土壤改良技术

(1)绿肥压青试验。在山东省胶南市环海林场黑松基干防护林带内开展绿肥压青试验，采用随机区组设计，40 株/小区，3 次重复。该区为滨海沙土，土壤质地为粗沙质。于 2003 年 6 月下旬和 2004 年 6 月下旬连续两年割条进行人工压埋，每穴压紫穗槐鲜嫩叶 2.5kg，压青深度 30cm。土壤养分、土壤酶测定采取按常规方法进行，土壤水分 105℃ 烘干法测定；pH 值水浸提后 pH-3 型数显酸度计测定。

(2)有机肥施用试验。试验地设在山东省胶南市环海林场基干林带黑松防护林内，19 年生黑松树高为 4.6m，平均胸径为 4.3cm。林地土壤为滨海沙土，质地为粗沙质。采用随机区组设计，40 株/小区，三次重复，施肥施入厩肥，每穴 1.0kg、2.0kg、3.0 kg 三处理。试验树种为绒毛白蜡。土壤养分和土壤酶活性的测定同上。

2.2.1.4 群落环境效应

在山东龙口市龙口林场滨海粗沙质土壤的基干防护林带内选择黑松 + 刺槐、黑松 + 麻栎、黑松 + 紫穗槐、黑松纯林 4 种典型的林分群落类型，在日照市大沙洼林场滨海细沙质土壤的基干防护林带内选择黑松 + 麻栎、黑松 + 刺槐、黑松 + 紫穗槐、黑松纯林、草甸 5 种典型群落类型，分别不同群落类型设置固定标准地，连续 3 年进行调查与观测。标准地面积 20m × 20m，每种群落 3 个重复。同时在每个标准地内设 3 个 1m × 1m 小样方，用来收集枯落物。调查和观测土壤因子有：土壤理化性状、土壤有机质含量、土壤微生物数量、土壤酶活性、土壤贮水性能、土壤渗透性、枯落物持水性能等指标；观测小气候因子有：光照强度、空气温度、相对湿度和风速。

2.2.1.5 低效林更新方式

(1)林冠下更新造林试验。在前沿基干带立地条件较差，林分郁闭较大，已达到成、过熟龄林分中，通过在林内砍伐枯死木、病腐木、生长不良树木和部分上层木等，调整林分郁闭度后，在保留木林冠下造林，待幼树生长稳定后，及时伐除保留木，栽植部分阔叶树，促进其形成针阔混交林。试验设在莱州市过西林场，位于基干林带前沿(距海岸线 60m)，土壤为滨海粗沙质土。29 年生，郁闭度 0.65，密度 836 株/hm²，平均胸径 7.2cm，平均树高 4.8m。1999 年春季通过渐伐调整郁闭度(0.0～0.7)后，林冠下采用黑松优良品系造林。5 种处理 3 次重复。苗木高度 50～60m，地径 0.8～1.0cm。

(2)伐桩萌芽更新试验。在前沿基干林带立地条件差、林木生长不良、林相不整齐的，但林下萌芽条较多的林分中，采用伐桩萌芽更新，即对长势衰弱根部有萌芽条的树木，按不同伐桩高度砍伐，培育萌条，促其根部萌芽条生长，待萌芽幼树生长成型后，及时伐除保留木，人工栽植阔叶树，促其形成针阔混交林。试验设在莱州市过西林场，位于基干林带前沿(距海岸线60m)，土壤为滨海粗沙质土。黑松纯林为26年生，郁闭度0.70，密度1865株/hm^2，平均树高4.6m，平均胸径6.4cm。1999年春进行砍伐，伐桩高度15cm、30cm、45cm和皆伐4种处理，3次重复。

(3)隔行更新造林试验。在前沿基干林带，立地条件较差，林相整齐，已达到成过熟龄，但不宜大面积采伐更新林分，通过隔行伐除林木，降低郁闭度后，在林内更新黑松优良品系，更新密度为1.5m×3m。待幼树生长稳定后，再分期分批伐除保留行树木，栽植刺槐、绒毛白蜡等阔叶树，促其形成复层林或针阔混交林。试验设在莱州市过西林场，位于基干林带前沿(距海岸线120m)，土壤为滨海粗沙质土。28年生黑松林，株行距1.5m×3m，平均胸径8.3cm，平均树高5.2m。1999年春季隔行伐除降低郁闭度(0.4~0.5)后，在林内采用黑松优良品系造林。4个处理3次重复。黑松苗高50~60m，地径0.8~1.0cm。

(4)带状更新造林试验。在基干林带后沿，立地条件较好、林相整齐，已达到成、过熟龄林分中按一定空间和时间顺序，进行带状采伐更新，待幼林生长稳定后，对保留带再行伐除，人工更新黑松优良品系或部分阔叶树，逐步完成其林分更新。试验设在荣成市成山林场，位于基干林带后沿(距海岸线280m)，土壤为滨海细沙质土。35年生，平均胸径13.8cm，平均树高7.4m，密度1015株/hm^2。1999年春带状采伐营造黑松优良品系，造林密度1m×2m。黑松苗高55~65m，地径0.8~1.1cm。设置窄带(采伐带宽30m，保留带宽60m)、等带(采伐带宽30m，保留带宽30m)、宽带(采伐带宽60m，保留带宽30m)3种处理3次重复。

(5)人工促进天然更新试验。在山东省招远市马埠林场和烟台市牟平区姜格庄镇分别选择不同郁闭度(0.3~0.8)的林分，调查黑松天然更新苗年龄、数量、生长状况等。每种郁闭度林分调查4~8块样地，样方面积为2m×2m。同时，对不同郁闭度林分小气候中的光照强度、温度、湿度等相关因子也进行观测。

2.2.1.6 低效林抚育改造

(1)疏林补植造林试验。对6~9年生黑松低效幼林，造林保存率低，郁闭度<0.3的疏林地，人工栽植刺槐、麻栎、紫穗槐等阔叶树种及黑松优良品系。设计4种处理3次重复。

(2)林地土壤培肥技术试验。对郁闭度>0.5的6~9年生黑松低效幼林，采取林下套种紫穗槐、松土施肥，保护枯落物等措施，以提高土壤肥力。设计4种处理3次重复。

(3)低效林修枝抚育试验。对株行距1.0m×1.5m的13年生黑松幼龄林，进行不同强度修枝试验，其修枝强度按冠高比分别为4:1、3:1、2:1。4种处理3次重复。

2.2.2 调查方法

2.2.2.1 标准地调查

(1)临时标准地。在山东省莱州、招远、龙口、威海、荣成、胶南等11个县(市、区)的沙质海岸，分别以不同立地条件、年龄阶段(5~46年)、生长状况等条件选择有代表性的黑松防护林林分，设置临时标准地进行典型样地调查。标准地面积600m^2。按常规方法进行每木调查，获得不同立地条件、年龄阶段(5~46年)、生长状况的黑松海防林调查标准地资料243份，树干解析木资料56份，平均标准木资料191份，生物量资料26份。调查测定因子有林分平均胸径、平均树高(平均木、优势木)、枝下高、冠幅、林分密度、郁闭度、林龄、林下植被等；同时每块标地选择5株优势木进行胸径、树高、冠幅等因子测定，记载有关造林历史和抚育管理情况，并收集当地有关林木生长、立地条件、气候因子等方面的技术资料。调查主要目的是进行黑松防护林立地质量评价、防护成熟期确定和经营数表编制。

(2)固定标准地。对设置的固定标准地每年或定期重复调查与观测。①林分生长情况：采用每木调查法，调查因子有树高、胸径、冠幅、枝下高、密度、郁闭度、风害程度等；②土壤因子：采用土壤剖面法，土壤取样采用每块标准地按“之”字形路线布点，多点采集混合样，采样深度0～40cm；对需测定土壤微生物和酶活性的样品，取样后及时冷藏保鲜和分析处理。分析指标有土壤理化性状、土壤微生物数量、土壤酶活性等；③林木生理指标采用平均标准木观测法，取样采集标准木树冠中部的南向标准枝进行观测，自早8：00时至18：00时每2小时测定一次，每次3个重复。一般在每年的7月下旬或8月上旬连续测定3天。④小气候因子：在标准地内选择有代表性测点，从早8：00时至18：00时，在距地面1.5m处每2小时测定一次，每次3个重复。测定因子有光照强度、空气温度、相对湿度和风速等。风速按对角线布点进行观测。

2.2.2.2　生物量调查

在山东省烟台市牟平区姜格庄镇、胶南市环海林场、日照市大沙洼林场等地分别立地类型、林分生长类型选择有代表性地块设置标准地，每块样地选取平均木2株，伐倒后采用径级标准木法测定黑松林木生物量。树干生物量采取分层切割法，按1m区分段测定各区分段鲜重；树干和叶果生物量是将枝条砍下，然后摘下针叶和果实，称叶果鲜重，则树枝重=带叶枝鲜重-叶果鲜重。树根生物量按0～20cm、21～40cm、41～60cm分3层挖出，称各层根系的鲜重，并按粗根、细根、须根分别称得其鲜重。对上述采集林木各组分(干、枝、叶果、根)分别取混合样约1kg，将样品置于烘箱中(105℃)烘干，求得其含水率，换算出各组分的干重，求算总生物量。

(1)乔木层生物量。样地设置30m×30m样方，对样地内立木进行每木检尺，用算术平均法求出平均树高和胸径，并按每1cm径阶选择标准木测定乔木层生物量。

树干生物量的测定：将样木齐地伐倒后，采用“分层切割法”测定树干生物量，树干以1m区分段进行截取称重，同时，在区分段两头分别抽取生物量盘，用作测定含水率，换算成干重后求出样木树干生物量。

枝条、叶果生物量的测定：枝条以截取的树干的每一段为单位称鲜重，从中抽取2个枝条作为标准枝，在现场立即摘叶并称量标准枝和叶果的鲜重，同时从中随机分别抽取少量样品称其鲜重后带回实验室，在85℃烘干箱内烘干至恒重，测定其含水率，求出枝和叶果的干物质重。

根系量的测定：采用“全挖法”进行根量测定。为了估测残留在土壤中的细根量，在挖掘的各土层取样称重，用以估算各土层的土壤重量。从各土层中随机抽取一定数量的土样，如此，一直挖到没有根系为止。分别层次将捡出根用水洗净泥土、晾干。将晾干的根系分为粗根(>2.0mm)和细根(≤2.0mm)，同时将土样称重，倒入铜筛淘洗，洗出细根晾干，经区分的根系分别测定鲜重，并取样测定含水率后，换算成根系的干物质重。

植株总量测定：各器官生物量总和。

(2)灌木层生物量。在标准地中随机设2m×2m样方4块，采用收获法测定灌木生物量。即分别割取灌木的地上部分，称得鲜重。然后取部分样品，在85℃的通风干燥箱内烘干至恒重，以求干重。推算出单位面积的生物量。由于人工林下木层植物种类很少(主要是紫穗槐、麻栎、黑松幼树等)，因此进行全面调查。

(3)草本及枯落物生物量。在样地内，随机选设1m×1m小样方4块，统计草本植物的种类、数量，分别种类称其鲜重，烘干至恒重，换算单位面积生物量。同时对枯枝落叶以同样方法进行测定。并取样(枯落物为当年现存量，因当地老百姓每年秋季均收拾枯落物)分枝、叶、果收集、称重，然后将上述各类样品取样在85℃的通风干燥箱内烘干至恒重，求出各器官含水率，再换算成干重。

2.2.2.3　生物多样性调查

采用典型取样法设置样地21块，在胶南市环海林场选择了13块样地，其中乔木类型8个、2个灌木类型和3个草本类型；在日照市大沙洼林场选择了8块样地，均为乔木类型。乔木样地样方为20m×20m，灌木和草本样地样方为10m×10m。在每块样地中设乔木样方4个，灌木样方4个，草本样方3~5个。各样地的基本情况见表2-1。

调查项目主要包括：①乔木：种类、高度、枝下高、胸径、冠幅；②灌木和草本：种类、高度、盖度、株数和物候期；③生境因子：海拔、坡向、坡度、土壤类型等；④小气候因子：1.5m处的气温、地表温度、1.5m处的风速和相对湿度。另外附加30个1m×1m的小样方，以作补充调查和更新调查，记录各样方中林下更新树种的种类、高度、年龄等。

表2-1　防护样地基本情况

研究地点	样地编号	类　型	郁闭度(盖度)	土壤类型	平均高(m)	平均胸径(cm)	海拔高度(m)
胶南	1	草　甸	0.6	沙　壤	0.60		2
	2	黑松纯林	0.7	棕　壤	3.50		300
	3	板栗纯林	0.9	棕　壤	8.00		260
	4	刺槐纯林	0.8	棕　壤	6.00		270
	5	草　甸	0.3	沙　壤	0.25		4.5
	6	草　甸	0.8	沙　壤	0.55		3.5
	7	黑松残次林	0.2	沙　壤	2.50		3.0
	8	刺槐纯林	0.8	沙　壤	1.50		3.5
	9	撂荒地	0.2	沙　壤	0.40		2.5
	10	紫穗槐林	0.9	沙　壤	1.25		3.0
	11	黑松纯林	0.8	沙　壤	4.50		7.5
	12	火炬松白蜡混交林	0.7	沙　壤	3.50		9.0
	13	火炬松白蜡混交林	0.8	棕　壤	5.00		180
日照	1	水杉纯林	0.9	沿海潮沙土	28.61	27.68	
	2	黑杨类纯林	0.9	沿海潮沙土	23.70	19.02	
	3	黑松纯林	0.6	山地棕壤	8.56	16.48	
	4	黑松纯林	0.3	沿海潮沙土	7.77	10.56	
	5	黑松纯林	0.3	沿海潮沙土	8.42	14.10	
	6	黑松纯林	0.2	沿海潮沙土	9.02	15.10	
	7	黑松麻栎混交林	0.4	沿海潮沙土	12.03	3.29	
	8	黑松火炬松旱柳林	0.4	沙　壤	9.55	10.30	

2.2.2.4　标准木调查

平均标准木主要测定各梢头、梢底直径、胸径、树高及0.0m、0.5m、1.0m、1.5m、2.0m、2.5m等树高处的直径。

标准木的计算采用1m区分段，量测标准木各区分段两端和中央的直径、根径、胸径、梢头长、梢底径、树高等，并对测得的数据进行整理，用区分段求积公式求出立木材积。为了精确起见，本研究采用3种区分求积公式，即牛顿区分求积式、平均断面区分求积式、中央断面区分求积式，分别进行立木材积计算(以下分别记为材积Ⅰ、材积Ⅱ、材积Ⅲ)。三种区分求积式如下：

$$\text{材积 Ⅰ}: V = l/6\left(g_0 + g_n + 4\sum_{i=1}^{n} r_i + 2\sum_{i=1}^{n-1} g_i\right) + 1/3 g_{\text{梢}}\, l'$$

$$\text{材积 Ⅱ}: V = \left[1/2(g_0 + g_n) + \sum_{i=1}^{n-1} g_i\right] + 1/3 g_{\text{梢}}\, l'$$

$$\begin{aligned}\text{材积 Ⅲ}: V &= v_1 + v_2 + v_3 + \cdots + v_n + v_{\text{梢}}\, l' \\ &= r_1 l + r_2 l + r_3 l + \cdots + r_n l + 1/3 g_{\text{梢}}\, l' \\ &= l\sum_{i=1}^{n} r_i + 1/3 g_{\text{梢}}\, l'\end{aligned}$$

式中：V——树干材积；　V_i——各区分段材积；

g_o——干基断面积；　g_n——梢底断面积；

g_i——各段之两端断面积；　r_i——第 i 个区分段的中央断面积；

l——区分段长度；　$g_{\text{梢}}$——梢头底断面积；

l'——梢头长；　n——区分段个数。

根据胸径、树高和材积的散点图趋势关系选择立木材积候选模型，并计算各模型参数。候选模型利用SPSS统计软件进行非线性回归分析，计算各自的(复)相关系数和残差平方和，由(复)相关系数和残差平方和确定立木材积最优模型，以减少材积方程异方差性的影响，提高立木材积方程的使用精度，编制实用性强的黑松立木材积表。

2.2.2.5　树干解析木调查

根据林分每木调查的结果，按不同立地类型、林分生长类型，选取样地，每块样地选取2株平均木，伐倒后按1m区分段截取圆盘做树干解析(与生物量测定结合进行)，解析木的最大林龄43年。

2.2.2.6　生理指标

蒸腾速率用江苏理化测试中心研制的ZHT型蒸腾测定仪和英国产PMR-3稳态气孔计测定。光合速率的测定用北京分析仪器厂生产的GXH-305型红外线CO_2分析仪。叶片水势采用美国产HR-33T露点水势仪测定。呼吸速率的测定与光合速率的方法相同。用ST-Ⅱ型照度计测定待测叶片的可见光强度。土壤体积含水量用澳大利亚ICP公司生产的MP-406型水分测定仪；叶面积用方格纸法求得，叶重用0.01g的电子天平称量。

2.2.2.7　小气候因子

小气候因子测定从8时到18时每2小时测1次。每次3个重复，最终取其平均值。风速按对角线布点进行观测。用通风干湿表测定气温和空气相对湿度；用轻便三杯风向风速表测定风速和风向；用TES数位式照度计测定1.5m处的光照强度。

2.2.3 土壤理化性质测定方法

（1）土壤物理性状。采用机械筛分法测定土壤的机械组成，105℃烘干法测土壤含水量；环刀法测土壤容重、孔隙及土壤水分物理性质；用双环法测定水分渗透速率。

（2）土壤养分含量。水浸提后 pH-3 型数显酸度计测定 pH 值；有机质采用 $K_2Cr_2O_7-H_2SO_4$消煮、$FeSO_4$容量法测定；全氮采用凯氏法测定；全磷采用 $H_2SO_4-HCLO_4$消煮、钼蓝比色法测定；有效氮用碱解扩散法测定；有效磷用 Olsen 法测定；有效钾用中性 NH_4AC 浸提、火焰光度法测定。

（3）土壤酶的活性。脲酶采用扩散法测定；过氧化氢酶用 Gohnson 和 Temple 法测定；转化酶用碘量法测定；磷酸酶用磷苯二钠比色法测定中性磷酸酶。

（4）土壤微生物数量。用牛肉膏蛋白胨培养基培养细菌；马铃薯蔗糖培养基培养真菌；淀粉铵盐培养基培养放线菌；赫奇培养基培养纤维素分解菌；瓦老斯曼培养自生固氮菌。并分别按一定的土壤悬液体积分数浓度进行严格无菌条件恒温培养。

（5）土壤贮水性能。在试验样地内随机抽取 3 个小样方，分 0～20cm、20～40cm 两个层次取土样，采用烘干法测土壤含水量，环刀法测土壤水分物理性质，环刀和浸水法测定土壤贮水性能测定。

用双环法测定水分渗透速率，即在不同土层上，将渗透筒插入土层 5cm 深，每次加入 100mL 水，记录入渗起止时间，等连续 3 次入渗所用时间基本相同时，表明已达该土层的土壤稳渗速率，从而可计算出土壤初渗和稳渗速率；每个层次内取土样 1kg 左右，带回实验室后采用机械筛分法测定土壤的机械组成。

（6）枯落物持水性能。在各标准地内选取 3 个典型的 1m×1m 的小样方，分别收集样方内全部未分解（A）、半分解（A_0）和已分解（A_{00}）枯落物，现场分别称取鲜重。然后利用枯落物风干后浸泡法测定其持水性能。本研究由于半分解层和已分解层不容易区分，故将两层合为一层。利用枯落物风干后用水浸泡法测定其持水性能。

（7）土壤呼吸速率。土壤呼吸速率测定是把土壤呼吸室接到 PMR-3 稳态气孔计上，将探针插入土壤中直接测定；用通风干湿表和三杯风速计分别测定距地面 1.5m 处的空气相对湿度和风速；地面温度用地面温度计测定；地温由地中温度计测地下 5cm、10cm 的温度。使用 SPSS 软件进行数据分析。

2.2.4 分析方法

2.2.4.1 结构优化分析

沿海防护林体系是由多因素之间的复杂关系构成的复杂系统，传统的主观分析方法不能对各种因素全面考虑，因此本研究根据山东胶南市沿海防护林的自然地理特点，选用了层次分析法（AHP）建立胶南沿海防护林效益评价指标层次结构模型，对胶南沿海防护林体系结构进行结构优化，进行林种和树种的优化配置，将定性分析和定量分析相结合，提出总的沿海防护林体系土地利用、林种、树种优化方案。

本研究以 2003 年作为基准年，首先是建立沿海防护林效益评价指标体系的框架并确定各组成因素，即将复杂的问题分解为各个组成因素，将这些因素按照支配关系、从属关系分组形成有序的递阶层次结构（图 2-1）。然后是构造两两比较判别矩阵，即通过德尔菲法（专家咨询法)对同一层次中的诸因素的相对重要性进行判断，处理后构建判别矩阵，由判别矩阵计算并比较各因素的相对权重。

最后由相对权重和各因素的得分逐层计算得到各层的综合得分，并进行一致性检验。根据综合得分即可获得各层次不同因素在结构优化中所占的比例。并对沿海防护林体系生态效益进行价值估算。

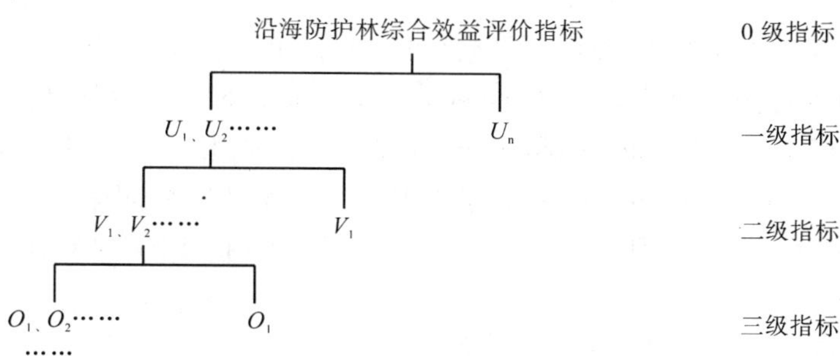

图 2-1 沿海防护林效益评价指标结构模型

2.2.4.2 群落多样性分析

2.2.4.2.1 α-多样性

(1)丰富度指数(S)。所测样地中植物物种数即丰富度，是植物多样性指数测量的最直观的指标。

(2)多样性指数：

① Simpson 指数：如果仅由 1 种构成，则 Simpson 指数为 0，最大为 1。Simpson 指数对稀有种反应的灵敏度较小。

$$D = 1 - \sum_{i=1}^{S} (P_i^2)$$

式中：i 为样地中的 i 物种；P_i为样本中属于 i 种所占的比例；S 为 Simpson 物种的总数；D 为指数。

② Shannon-Wiener 指数：对稀有种的反应比较敏感，被认为是代表一个群落的“不确定性”或“信息”，它的组成变化越大，它的指数值变化也越大(即更加不确定或不能预定)。

$$H = - \sum_{i=1}^{s} \log_2 P_i$$

式中：i 为样地中的 i 物种，P_i 为样本中属于 i 种所占的比例数，S 为物种的总数，H 为指数值。

(3)均匀度指数。均匀度可以定义为群落中不同物种的多度(生物量、盖度或其他指标)分布的均匀程度。

①Pielou 的均匀度指数(J_{sw}和 J_{si})：

$$J_{sw} = (- \sum_{i=1}^{s} P_i \ln P_i)/\ln S$$

$$J_{si} = (1 - \sum_{i=1}^{s} P_i^2)/(1 - 1/S)$$

J_{sw}指数反映了群落的实测多样性(H)与最大多样性(H_{max}即在给定物种数 S 下的完全均

匀群落的多样性)的比率。

②Alatalo 均匀度指数(E_u):

$$E_u = [1/(\sum_{i=1}^{s} P_i^2) - 1][\exp(-\sum_{i=1}^{s} P_i \ln P_i) - 1]$$

各参数的含义同上。

2.2.4.2.2 β-多样性

β-多样性是用来表示生物种类对环境异质性的反应，可定义为沿着某一环境梯度变化物种替代的程度，亦有人称为物种周转速率(species turnover rate)、物种替代速率(species replacement rate)和生物变化速率(rate of biotic change)。β-多样性有二元属性数据测度方法和数量数据测度方法。在众多的β-多样性测度方法中，二元属性数据测度方法的实用性最强。根据专家对β-多样性指数的综合研究，Cody 多样性指数(β_c)是反映群落β-多样性较好的方法。其计算公式如下：

Cody 多样性指数：$\beta_c = [g(H) + l(H)]/2$

式中：$g(H)$是沿生境梯度 H 增加的物种数目；$l(H)$是沿生境梯度失去的物种数目，即在上一个梯度中存在的而在下一个梯度中没有的物种数目。

2.2.4.3 防护成熟期确定

(1)立地类型划分：根据海防林的典型样地调查和抽样调查资料，应用数量化理论 I 的方法，建立数量化立地指数模型，根据数量化分析结果和以往研究资料及生产经验，筛选出影响黑松海防林生长的主导因子并进行立地类型划分。

(2)林分生长类型划分：根据立地类型划分结果，结合其林地土壤特点，由林木生长指标即立地指数值大小，采用系统聚类方法划分黑松海防林的林分生长类型。

(3)建立数学模型：分别林分生长类型建立林木生长模型。根据树干解析、生物量测定的资料，采用数学方法进行模拟，建立各种生长类型林分的平均木树高、胸径、生物量的数学生长模型。

树高、胸径采用的数学模型有 4 个，即：

① 幂函数：$y = ax^b$

② 指数函数：$y = a + be^{-cx}$

③ Richard 函数：$y = K(1 - e^{-rx})^m$

④ Logistic 函数：$y = k/[1 + me^{-rx}]$

式中：y 为林分平均木的树高、胸径；X 为林木年龄；K 为表征林木树高、胸径生长的特征参数；m 为反映立地条件的参数；r 为林木树高、胸径生长的内禀增长率；a、b、c 为待定系数。

生物量采用的数学模型有 5 个，即：① $W = a + bD$；② $W = aD^b$；③ $W = a + bD^2H$；④ $W = a(D^2H)^b$；⑤ $W = aD^bH^c$。

式中：W 为林分平均木生物量；D 为林分平均胸径；H 为林分平均树高；a、b、c 为待定系数。

(4)确定防护成熟期(PMP)：根据林分平均木树高和生物量两项指标，建立数学模型，结合林分生长状况及其对防护的要求进行综合确定。

初始防护成熟龄(IPMA)的确定主要是以林分平均木树高生长量为依据。即当树高生长加速度达到极小值时，树高生长基本进入稳定状态时的年龄，为初始防护成熟龄(姜凤岐等，1992)。

终止防护成熟龄(TPMA)主要是以林分平均木生物量指标为依据。即在林分平均木生物量生长曲线图上，标出初始防护成熟龄，以初始防护成熟龄对应的曲线上的点为始点，沿横坐标轴方向作平行线(防护成熟标准线 S)，标准线与生物量曲线相交的点所对应的年龄为终止防护成熟龄(姜凤岐等，1994)。

(5)确定更新期(RP)：以黑松海防林数量成熟龄即林分平均单株材积生长达到最大值时的年龄作为上限年龄，以林分生长达到终止防护成熟的年龄作为下限年龄，确定不同生长类型黑松海防林的更新期。

(6)确定防护林合理的更新年龄(RA)：防护林更新年龄的确定是以防护林的防护成熟期和数量成熟龄为理论依据，同时还要考虑林分的经营目标、生长状态及自然灾害的程度等进行综合分析确定。

2.2.4.4 生物量及生产力计算

林分生物量：是样地内各径阶林木平均木的器官生物量，再乘以该径阶株数得该径阶器官生物量，将各器官生物量累加，得到各径阶及林分生物量。

生产力计算：采用林分年平均净生产量作为净生产力的估测值。计算公式如下：

$$NPP = W/a$$

式中：NPP 为年平均林分或器官净生产力，W 为林分或器官生物量，a 为林分或器官年龄。

2.2.5 技术路线

本研究针对沿海地区沙质海岸海风强、飞沙大、海雾盐分高、沙地干旱瘠薄、造林困难等问题，根据新形势下沿海防护林体系建设的目标定位和技术需求，以森林生态学、森林经营学、生态经济学、系统工程学、可持续发展理论等理论为指导，坚持因地制宜、因害设防的原则，构建成以基干林带为主体的包括近海沙滩灌草带在内的多树种、多层次、配置合理的防护林体系，提高防护林体系的生态稳定性、生物多样性，增强其自我调控能力，为沙质海岸防护林体系建设和可持续发展提供理论依据、示范样板和适用配套技术。

本研究依据沙质海岸的自然环境、社会经济、防护要求和防护林建设现状和特点，采用资料收集——调查研究——试验示范——技术推广相结合的技术路线，开展沙质海岸防护林体系构建技术试验研究工作。在组织形式上，采用科研与生产、定位试验与调查研究、试验示范与推广应用的结合的方法，瞄准该研究领域的国内外学科前沿，实行多学科、多单位联合攻关，充分发挥各自的学科、人才、设备等资源优势；在总体思路上，按照立地质量评价——造林树种选择——困难立地造林——经营管理——更新改造——结构优化布局的研究程序，由微观到宏观，由点到面，由小尺度到中大尺度，全面系统地探讨防护林体系构建技术和方法；在分析方法上，采用野外调查与室内分析相结合、定量研究和定性研究相结合方法进行攻关，开展各项内容的试验研究工作。在试验研究的同时，紧密结合地方沿海防护林体系建设工程，既注重基础理论的指导应用，又注重技术的先进性、实用性和配套性。通过现有成熟技术的集成组装和发展完善，建立一批有代表性的不同类型试验示范区，提高科技成果示范效果和成熟度，使沿海防护林的防灾减灾效果和综合效益得到大幅度提高。通过多年试验研究，在沿海基干林带造林树种选择、困难立地造林、瘠薄沙地土壤改良、群落环境效应、低效林更新改造和体系优化布局等方面的理论和技术上有突破和创新，与国内外同类研究相比，内容全面系统，技术集成配套，其研究成果具有广阔的推广应用前景，特别是对于正在实施中的全国沿海防护林体系工程建设提供了配套技术和理论依据。研究其研究技术路线框架如图 2-2。

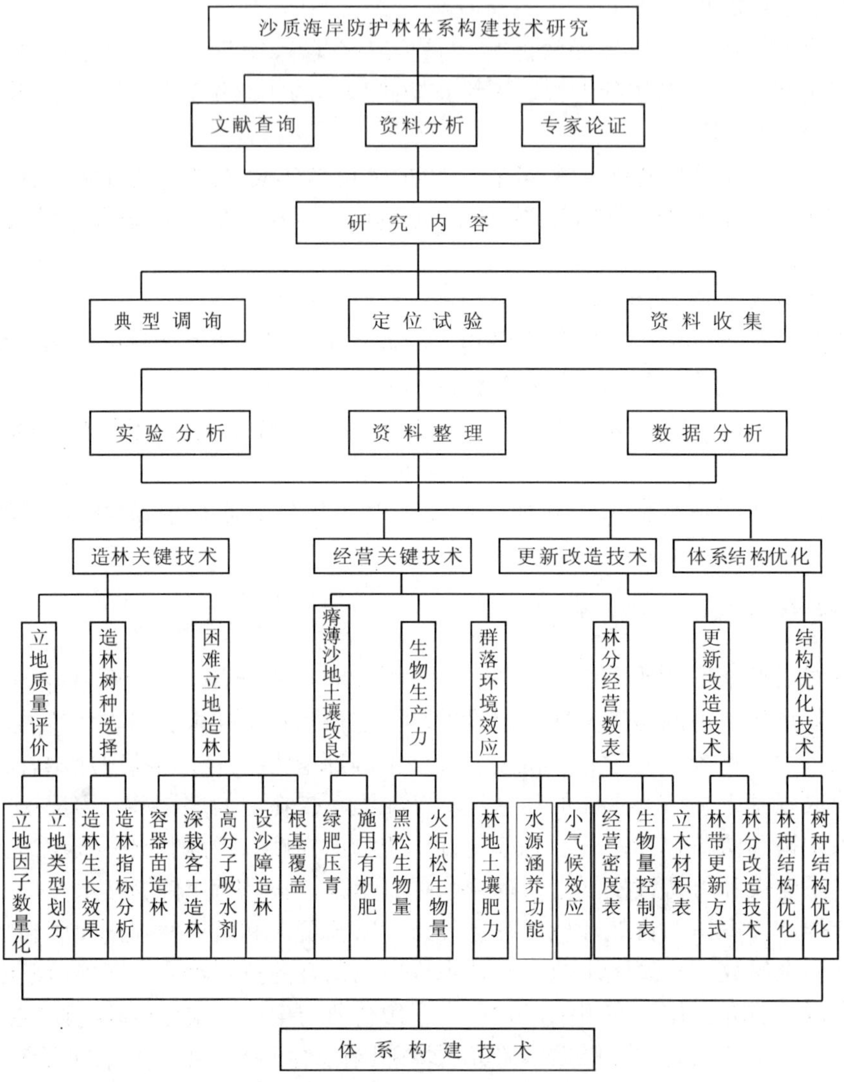

图 2-2 研究技术路线框架图

参考文献

[1] 曹新孙. 农田防护林学. 北京：中国林业出版社，1983：100～114
[2] 陈华豪，等. 林业应用数理统计. 大连：大连海运学院出版社，1989：185～198
[3] 郎奎健，等. IBMPC 系列程序集. 北京：中国林业出版社，1989
[4] 木村允. 陆地植物群落生产的测定方法. 蒋恕，译. 北京：科学出版社，1981：26～31

[5] 乔勇进，赵萍舒，李成，等．山东省沿海沙质海岸防护林体系建设．防护林科技，1999(4)：26～29

[6] 唐守正．多元统计分析方法．北京：中国林业出版社，1986

[7] 王贵霞，李传荣、许景伟，等．山东省沿海防护林体系现状及建设对策探讨．水土保持研究，2004，2：35～38

[8] 王仁卿，藤原一绘，尤海梅．森林植被恢复的理论与实践：用乡土树种重建当地森林．植物生态学报，2002，26(增刊)：133～139

[9] 王述礼，孔繁智，关德新，等．沿海防护林防海煞危害初探．应用生态学报，1995，6(3)：251～254

[10] 许光辉，等．土壤微生物分析方法手册．北京：农业出版社，1986

[11] 严仁发，朱守谦．马尾松人工林生物测定方法研究．贵州农学院丛刊，1984(4)：101～105(马尾松专集)

[12] 叶功富，郭剑锋，廖福霖，等．沿海防护林在滨海城市环境建设中的地位及发展对策．福建林业科技，2001，28(3)：628

[13] 张万儒，等．森林土壤定位研究方法．北京：中国林业出版社，1986

[14] 郑洪元，等．土壤动态生物化学研究法．北京：科学出版社，1982

[15] 郑景明，潘文利，李绍忠．北方沿海地区生态林业工程建设现状及展望．防护林科技，1998(2)：32～34

[16] 中国土壤学会农业化学专业委员会．土壤农业化学常规分析方法．北京：科学出版社，1983

3　沙质海岸黑松防护林立地质量评价及类型划分

立地质量评价主要目的：一方面是估价立地质量和树种在一定立地上的适宜程度，评定更替树种在一定立地条件上的竞争能力；另一方面是估计有林地的生产潜力，对即将造林的无林地进行预估。国内外有关森林立地质量的研究较多，但针对我国北方沿海防护林立地质量的研究很少。沿海不同地区、不同立地条件下黑松林分生长差异较大，为此，开展沙质海岸黑松防护林立地质量评价研究，可为沿海地区适地适树造林和制定经营措施提供依据。

3.1　立地质量数量化评价

3.1.1　立地因子选择及其类目划分

根据调查材料的整理分析、同行专家评定及部分研究结果，选择差异显著且对土壤肥力和林木生长影响较大的土壤质地、成土过程、土壤有机质含量、地下水深度、微地貌等5个项目作为评定沙质海岸防护林立地质量的主要因子。每个项目按一定范围划分，共划分16个类目。各立地因子的类目划分标准见表3-1。

表3-1　立地因子类目划分标准

立地因子	分级标准及赋值			
	1	2	3	4
微地貌	沙洼	沙丘	沙滩	
成土过程	残积	潮积	风积	
土壤质地	砾沙 (1.0~0.5mm)	粗沙 (0.5~0.1mm)	细沙 (0.1~0.05mm)	沙壤 (0.05~0.01mm)
土壤有机质含量	<0.10%	0.10~0.25%	>0.25%	
地下水深度	<1.0m	>2.5m	1.0~2.5m	

3.1.2　材料筛选和整理

利用2倍优势木树高标准差的方法筛选标准地材料，共选出227块标准地的材料能满足编表要求，标准地材料在各龄阶的分布数量见表3-2。

表3-2　标准地按龄阶分布情况

龄阶(cm)	6	8	10	12	14	16	10	20	22	24	26	28	30	32	34	36	38	合计
标准地数	6	9	7	12	14	8	10	14	22	21	18	24	23	16	13	6	2	227

3.1.3　树高与年龄的回归方程选配，标准年龄确定

根据确定的林分优势木平均树高与年龄的回归模型，结合黑松的生物学特性和沿海地区

的自然条件，以及生产中方便实用等因素，确定黑松防护林的标准年龄。

根据调查材料，首先建立以林分年龄为自变量，以林分优势木平均树高为因变量的数学模型，选择4种数学模型进行模拟。结果如下：

$\log(Y) = 0.837 - 1.1231/A$　　$R = 0.8027$

$Y = 7.8909(1 - e^{0.0967A})^{1.4857}$　　$R = 0.7938$

$Y = 7.6425/(1 + 77.8873e^{-0.4365A})$　　$R = 0.9048$

$Y = 0.6712A^{0.7428}$　　$R = 0.8332$

根据相关系数最大，标准差最小和计算方便的选配原则，从上述4种模型中，选择黑松优势木树高与年龄的回归方程为：

$Y = 7.6425/(1 + 77.8873e^{-0.4365A})$　　$R = 0.9048$

对该模型的相关系数和回归系数进行 t 检验，其相关性均达显著水平，说明该方程适用性较好。

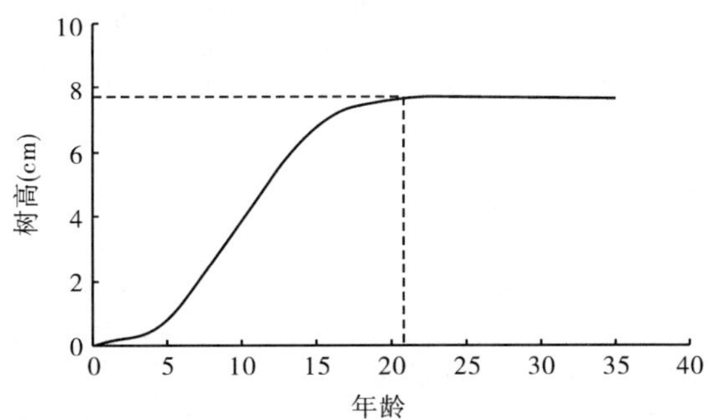

图 3-1　黑松防护林林分优势木树高生长曲线

根据确定的林分优势木平均树高与年龄的回归模型，绘制出黑松防护林林分优势木平均树高随林龄变化曲线(图 3-1)。从图中看出，黑松树高生长趋于稳定的时间，出现在林龄为21年左右，参考黑松的生物学特性和沿海地区的自然条件，以及生产中方便适用等因素，确定黑松标准年龄为20年。

3.1.4　编制数量化表

首先把调查标地材料编成项目、类目反应表。然后以立地因子(X_i)的不同分级类目(C_{jk})为自变量，以各标准地优势木树高调整到标准年龄20年的树高值(Y_i)为因变量，用数量化理论 I 的方法，建立数学模型。其模型为：

$$Y_i = B_0 + \sum_{i=1}^{m}\sum_{k=1}^{r_i} C_{jk}\delta_i(jk)$$

式中：Y_i为林分优势木树高理论值；B_0为常数项得分值；C_{jk}为第 j 项目第 k 类目得分值。

运用微机计算，编制黑松防护林立地质量数量化得分表(表 3-3)，对黑松防护林立地质量进行数量化评价。

表 3-3 黑松防护林立地质量数量化得分表

项目	类目	土壤质地 X_1		成土过程 X_3		土壤有机质 X_2		地下水深度 X_4		微地貌 X_5	
		得分	范围/偏相关	得分	范围/偏相关	得分	范围/偏相关	得分	范围/偏相关	得分	范围/偏相关
土壤质地(X_1)	沙壤	1.55		1.50		1.43		1.46		1.48	
	细沙	0.78	1.55/0.31	0.72	1.50/0.28	0.74	1.43/0.29	0.79	1.46/0.27	0.81	1.48/0.26
	粗沙	0.27		0.32		0.34		0.32		0.35	
	砾沙	0.00		0.00		0.00		0.00		0.00	
成土过程(X_2)	风积			0.78		0.76		0.74		0.72	
	潮积			0.28	0.78/0.23	0.28	0.76/0.22	0.30	0.74/0.21	0.30	0.72/0.22
	残积			0.00		0.00		0.00		0.00	
土壤有机质含量(X_3)	>0.25%					0.60		0.66		0.63	
	0.10~0.25%					0.35	0.60/0.19	0.32	0.66/0.19	0.30	0.63/0.18
	<0.10%					0.00		0.00		0.00	
地下水深度(X_4)	1.0~2.5m							0.45		0.46	
	>2.5m							0.37	0.45/0.11	0.35	0.46/0.11
	<1.0m							0.00		0.00	
微地貌(X_5)	沙滩							0.39			
	沙丘							0.26	0.39/0.06		
	沙洼							0.00			
常数项 b_0		5.62		5.26		4.91		4.44		4.66	
复相关系数		0.31		0.41		0.44		0.45		0.45	
剩余标准差		1.28		1.20		1.17		1.16		1.16	

3.1.5 立地质量数量化评价

从表 3-3 可以看出，5 个立地因子综合分析，土壤质地各类目的得分从砾沙、粗沙、细沙到沙壤依次增高，得分范围为 1.46，偏相关系数为 0.27；成土过程从残积、潮积到风积的得分依次增高，得分范围为 0.74，偏相关系数为 0.21；土壤有机质各类目得分随其含量的增加依次增高，得分范围为 0.66，偏相关系数为 0.19；地下水深度以 1.0~2.5m 的得分最高，3 个类目的得分范围为 0.45，偏相关系数为 0.11；微地貌的得分范围为 0.39，偏相关系数为 0.06。

为判断各立地因子对黑松生长影响的重要性，对偏相关系数进行 t 检验结果，土壤质地 t 值 4.30，成土过程 t 值 3.33，土壤有机质含量 t 值 2.53，地下水深度 t 值 1.58，微地貌 t 值 0.88，其中前 3 项的 t 值均达差异显著水平(表 3-4)。按照各立地因子偏相关系数 t 值和得分范围大小，评定其立地因子对黑松防护林生长影响的重要程度依次为：土壤质地 > 成土过程 > 土壤有机质含量 > 地下水深度 > 微地貌。

表 3-4　各立地因子偏相关系数检验表

立地因子	偏相关系数	t 值	得分范围	备 注
土壤质地(X_1)	0.2667	4.30**	1.46	
成土过程(X_2)	0.2115	3.33**	0.74	
土壤有机质含量(X_3)	0.1924	2.53*	0.66	$t_{0.05}=1.96$
地下水深度(X_4)	0.1023	1.58	0.45	
微 地 貌(X_5)	0.0571	0.88	0.39	$t_{0.01}=2.58$

注：*表示 0.05 显著水平；**表示 0.01 显著水平。

3.1.6　黑松防护林生长预测

应用立地因子数量化得分表，可对各种立地条件下黑松防护林标准年龄(20a)时的平均树高进行预测。例如：某一黑松林分，立地条件为沙丘地貌、风积成土过程、沙壤质土、土壤有机质含量为 0.21%、地下水深度为 1.8m，则 20 年生时林分平均树高为：$H=4.44+0.26+0.74+1.46+0.66+0.45=8.01$(m)。计算出的黑松树高值也可直接检查现有林分生长状况的优劣，为林分经营管理提供参考。

3.2　立地类型划分

立地条件对于造林树种选择、林分生长发育和生产力起决定性作用，合理划分立地类型，是滨海沙地适地适树和科学造林的基础性工作。本研究在立地类型区区划的基础上，对山东沙质海岸黑松防护林进行立地类型的划分。

3.2.1　划分原则

立地类型划分遵循可靠性和实用性两条原则。所谓可靠性，就是立地类型划分所依据的因素必须能正确地反映客观的立地特征，只有这样才能做出符合实际的立地类型划分与评价。现在国外一些研究立地分类的同行们认为，用单一因素作立地分类的依据，常常难于表达立地特性，尤其在地形复杂人为干扰多的地区。而主张将各种立地因子结合起来的多因素的综合分类，才能获得较为满意的结果。所谓实用性，即立地分类应便于林区生产掌握和应用。主要注意三点：①划分的因子应测定简便；②划分的依据及命名尽可能采用容纳量大的直观因子，以便于识别；③划分类型不能过于繁琐，要适应当地经营的水平。

3.2.2　划分方法

依据上述分类原则，采用森林立地区 + 立地组 + 立地型 + 立地亚型 4 级分类系统。立地类型区是以森林气候带划分的。立地类型组是在立地类型内，以地形、土壤、森林植被和林业发展要求的各异确定的，通常将海岸带划分的滨海沙土、滨海基岩、滨海泥质土和滨海滩涂等 4 个立地类型组。按照以上分类方法，山东沿海黑松立地属胶东半岛海岸立地区滨海沙土立地类型组。

立地类型是在立地类型组内，依据主要立地因子的变化及其生长状况的明显差异而划分的。滨海沙土由于其成土过程和土壤质地的不同，沙地流动性、机械组成、地下水位、矿物颗粒及盐分含量均有差异，对黑松的生长发育产生了不同程度的影响。

3.2.3 类型划分

由立地质量数量化评定结果，确定土壤质地、成土过程为影响黑松防护林生长的主要类型因子。依据这2个类型因子和黑松人工林的生长表现，把沙质岸黑松防护林林地划分为12种立地类型。并依据其立地因子的得分值进行重新计算，可以确定各种立地类型黑松林分树高生长量指标(表3-5)，可对不同立地类型黑松防护林现实生产力进行数量化评价，为沿海防护林的经营管理提供依据。经检验，利用立地因子数量化得分表预测黑松林分树高生长与实际基本一致。

表3-5 沙质海岸黑松防护林主要立地类型及生长量

类型号	立地类型	林分平均树高(m)	分布及立地特征
1	沙壤质风积滨海沙土	6.6~8.1	基干林带内侧,平缓沙滩,土壤质地较均匀,有机质含量>0.25%,地下水深度>2.5 m,呈中性或弱酸性
2	沙壤质潮积滨海沙土	6.2~7.7	基干林带外侧,平缓沙地,土壤质地不均匀,有机质含量0.1%~0.25%,呈中性至弱碱性
3	沙壤质残积滨海沙土	5.9~7.5	基干林带内侧,平缓沙地或沙丘,土壤质地不均匀,有机质含量<0.1%,地下水深度>2.5 m,呈中性
4	细沙质风积滨海沙土	6.0~7.5	基干林带内侧,沙丘或平沙地,土壤质地较均匀,有机质含量0.1%~0.25%,地下水深度>2.5 m,呈中性至弱酸性
5	细沙质潮积滨海沙土	5.5~7.0	基干林带外侧,平缓沙地或沙洼,土壤质地不均匀,有机质含量<0.25%,地下水深度<1.5m,呈中性至弱碱性
6	细沙质残积滨海沙土	5.2~6.7	基干林带内侧,沙丘或平缓沙地,土壤质地不均匀,有机质含量<0.25%,地下水深度>2.5 m,呈中性至弱酸性
7	粗沙质风积滨海沙土	5.5~7.0	基干林带外侧,沙丘或平缓沙地,土壤质地不均匀,有机质含量0.1%~0.25%,地下水深度>2.5 m,呈中性至弱酸性
8	粗沙质潮积滨海沙土	5.1~6.6	基干林带外侧或沙堤,平缓沙地,土壤质地不均匀,有机质含量<0.25%,地下水深度<1.5 m,呈中性至弱碱性
9	粗沙质残积滨海沙土	4.8~6.3	基干林带内侧,平缓沙地,土壤质地不均匀,有机质含量<0.25%,地下水深度>2.5 m,呈中性至弱酸性
10	砾沙质风积滨海沙土	5.2~6.7	基干林带内侧,沙丘平缓沙地,土壤质地不均匀,有机质含量<0.1%,地下水深度>2.5m,土壤呈中性
11	砾沙质潮积滨海沙土	4.7~6.2	基干林带外侧,平缓沙地,土壤质地不均匀,有机质含量<0.1%,地下水深度<1.5 m,呈中性至弱碱性
12	砾沙质残积滨海沙土	4.4~6.0	基干林带内侧或台地边缘,平缓沙地,土壤质地不均匀,有机质含量<0.1%,地下水深度>2.5 m,呈中性至弱碱性

注：标准年龄20年。

3.3 小　结

(1)立地因子中的土壤质地、成土过程、土壤有机质含量、地下水深度、微地貌与黑松林分生长量之间存在密切相关关系，各立地因子对黑松生长的重要程度依次为：土壤质地>

成土过程 > 土壤有机质含量 > 地下水深度 > 微地貌。符合该区的实际情况，以此为依据编制的黑松防护林立地因子数量化表在生产中具有较好的适用性。

(2)利用土壤质地、成土过程为主要类型因子，结合林分生长状况，将沙质岸黑松防护林立地划分为 12 种立地类型，并编制出黑松防护林主要立地类型及林分平均树高生长预测表，可用于不同立地类型黑松防护林的生长预测与评价，使沿海防护林的立地因子实现由定性到定量的评价。

(3)山东现有黑松防护林面积 7 万余 hm^2，占山东省沙质海岸带防护林面积的 70% 以上，在全国沿海地区具有典型性。研制的沙质海岸黑松防护林立地因子数量化表和生长预测表可为同类地区黑松防护林的科学经营管理提供参考。

参考文献

[1] 高智慧，康志雄，蒋妙定，等．浙江省沿海基岩海岸宜林地立地类型的划分．防护林科技，1997，33(4)：7~10

[2] 李晓庆，郑勇平．杉木人工林立地质量的数量化评价．浙江林学院学报，1991，8(3)：321~325

[3] 廖显春，张新华，杨祖达，等．宜昌县防护林立地分类与评价的系统研究．南京林业大学学报，1998，22(2)：79~82

[4] 浦瑞良，曾小明．沿海防护林地区立地分类与评价的遥感方法研究．南京林业大学学报，1990，14(3)：7~14

[5] 石家琛，王虹，关继义，等．肇东市防护林立地类型划分和立地质量评价．//向开馥．东北西部内蒙古东部防护林研究(第一集)．哈尔滨：东北林业大学出版社，1989：11~18

[6] 汤玉喜，吴立勋，程政红，等．滩地杨树立地质量数量化评价研究．湖南林业科技．2001，1：8~11

[7] 陶吉兴，余国信．浙江省沿海立地区立地分类的研究．浙江林业科技，1994(5)：14~17

[8] 王德安，郭仕涛，等．青岛市大陆基岩海岸宜林地立地类型划分的研究．山东林业科技，1996(4)：43~45

[9] 邢世和，吴德斌，杨人群．福建沿海地区土地潜力和适宜性评价．福建农业大学学报，1994，23(3)：303~308

[10] 许景伟、李传荣、王卫东，等，沿海沙质岸黑松防护林立地质量评价及其类型划分．河北林业科技，2003(3)：19~22

[11] 许慕农，陈炳浩．林木研究方法．山东省泰安地区林科所，1983：380~387

[12] 杨双保，潘德乾．小陇山林区林地立地类型划分与林地质量评价的研究．甘肃林业科技，2000，4：20~26

[13] 张金池，等．苏北海堤林带树木根系固土功能的研究．水土保持学报，1998，35(1)：112~118

[14] Anna K Bandick, Richard P Dick. Field management effects on soil enzyme activities. Soil Biology and Biochemistry, 1999 (31): 1471~1479

[15] B Seely, K Lajtha, G D Salvucci. Transformation and retention of nitrogen in a coastal forest ecosystem. Biogeochemistry, 1998, 42: 325~343

[16] Nuberg I K, Evans D G. Alley cropping and analog forest for soil conversation in the dry uplands of SriLanka. Agroforestry system, 1993 , 24 (3) : 247~269

4 沙质海岸防护林树种选择及其生理特性研究

沿海防护林树种单一，多样性差的现象普遍存在，特别是滨海前沿风口沙荒地、干旱瘠薄沙地，立地条件较差，适宜的造林树种更少。目前用于沙质海岸基干林带造林树种主要是黑松、刺槐，其他树种甚少。因此，筛选择防风固沙、耐干旱瘠薄的造林树种是解决沙质海岸防护林体系建设的技术关键，对提高防护林造林质量，丰富树种多样性具有重要意义。为此，本研究在进行立地质量研究基础上，选择在山东省胶南市环海林场和寨里乡开展了不同树种的造林试验和生理指标测定。

4.1 不同树种的造林效果

4.1.1 粗沙质土壤上的林木生长

胶南市环海林场基干林带前沿进行多树种试验林5年生调查结果(表4-1)，调查分析表明各树种间树高、胸径存在显著差异(表4-2)。在滨海粗沙质土壤条件下，火炬松的胸径、树高、冠幅径和材积生长量分别为5.7cm、3.6m、1.9m和0.006m^3，分别比黑松生长量提高46.1%、24.1%、35.7%和114.3%；刚松的分别为4.3cm、3.4m、1.6m和0.003m^3，分别较黑松增长10.3%、17.2%、14.3%和100%；刺槐的胸径、树高、冠幅径分别为6.3cm、4.7m、2.3m和0.0086m^3，分别较黑松增长61.5%、62.1%、64.3%和207.1%；绒毛白蜡的胸径、树高、冠幅分别为6.1cm、4.3m、2.1m和0.0075m^3，分别较黑松增长56.4%、48.3%、50.0%和167.9%；而侧柏的胸径、树高、冠幅分别为3.6cm、2.4m、0.9m和0.0019m^3，分别较黑松降低7.6%、7.7%、17.2%和32.1%。但从树种生长状况看，除侧柏外，其他树种生长量均高于黑松，火炬松和刚松有较强的抗海风、耐盐雾能力，但火炬松在早春易受冻害，出现松针干枯现象；刺槐和绒毛白蜡生长茂盛，冠层形成快，而且绒毛白蜡耐短期海浸，刺槐耐干旱，是优良的固氮树种，可以改良土壤，提高林地肥力。侧柏是慢生树种，但适应性较强。综合分析其树种生长表现为：火炬松>刺槐>刚松>绒毛白蜡>黑松>侧柏。除火炬松有轻微冻害外，其他树种均无风害现象。

表4-1 环海林场滨海粗沙质土壤主要树种造林生长情况

树 种	总生长				增长百分数(%)				风害情况
	胸径(cm)	树高(m)	冠幅(m)	材积(m^3)	胸径	树高	冠幅	材积	
火炬松	5.7	3.6	1.9	0.0060	46.1	24.1	35.7	114.3	轻度
刚 松	4.3	3.4	1.6	0.0030	10.3	17.2	14.3	100.0	无
侧 柏	3.6	2.4	0.9	0.0019	-7.6	-7.7	-17.2	-32.1	无
绒毛白蜡	6.1	4.3	2.1	0.0075	56.4	48.3	50.0	167.9	无
刺 槐	6.3	4.7	2.3	0.0086	61.5	62.1	64.3	207.1	无
黑 松	3.9	2.9	1.4	0.0028	0.0	0.0	0.0	0.0	无

注：增长的百分数以黑松为基准。

表 4-2　滨海粗沙质土壤主要树种树高、胸径方差分析表

变异来源	自由度	树高		胸径		$F_{0.05}$	$F_{0.01}$
		均方	F 值	均方	F 值		
区组间	5	0.04	1.17	2.57	1.36	3.11	5.06
树种间	2	1.671	49.15**	46.12	24.40**	4.76	9.55
剩　余	10	0.034		1.89			
总变异	11						

注：**为 $\alpha=0.05$ 显著水平。

4.1.2　沙壤质土壤上的林木生长

胶南市寨里乡车轮山后村基干林带内的多树种选择试验表明，在滨海沙壤质土壤条件下，试验各树种 7 年生长量间差异达显著水平(表 4-3，表 4-4)。在针叶树中火炬松、刚火松适应性较强，火炬松生长最快，刚火松次之，均较黑松生长快。其中 7 年生火炬松的胸径、树高、冠幅和材积生长量分别为 9.2cm、5.5m、2.6m 和 0.0228m^3，分别比黑松生长量提高 41.5%、34.1%、36.5% 和 150.5%；火炬松在针叶树种中生长表现最快。刚火松的胸径、树高、冠幅和材积分别较黑松增长 16.9%、9.8%、10.5% 和 48.4%；生长速度也明显高于黑松，耐寒性明显好于火炬松。刺槐的胸径、树高、冠幅和材积生长量分别为 10.1cm、5.8m、2.8m 和 0.0266m^3，分别较黑松增长 55.4%、34.5%、47.4% 和 192.3%。刺槐耐干旱瘠薄，生长速度最快，是优良的固氮树种，可以改良土壤，提高林地肥力。综合分析其树种生长表现为：刺槐 > 火炬松 > 刚火松 > 黑松，各树种均无风害现象发生。

表 4-3　寨里乡滨海沙壤质土壤主要树种造林生长情况

树　种	总生长				增长百分数(%)				风害情况
	胸径(cm)	树高(m)	冠幅(m)	材积(m^3)	胸径	树高	冠幅	材积	
火炬松	9.2	5.5	2.6	0.0228	41.5	34.1	36.8	150.5	无
刚火松	7.6	4.5	2.1	0.0135	16.9	9.8	10.5	48.4	无
刺　槐	10.1	5.8	2.8	0.0266	55.4	34.5	47.4	192.3	无
黑　松	6.5	4.1	1.9	0.0091	0.00	0.00	0.00	0.00	无

注：增长的百分数以黑松为基准。

表 4-4　沙壤质土壤主要树种树高、胸径方差分析表

变异来源	自由度	树高		胸径		$F_{0.05}$	$F_{0.01}$
		均方	F 值	均方	F 值		
区组间	3	0.01	0.43	0.64	0.58	4.07	7.59
树种间	2	1.865	81.09**	23.40	21.08**	5.14	10.92
剩　余	6	0.023		1.11			
总变异	11						

注：**在 0.05 水平下显著。

综合分析表明，火炬松、刚火松、刚松均为喜光、深根性树种，耐干旱瘠薄，有较强的抗海风、耐盐雾能力，生长明显优于黑松；侧柏的生长量虽较黑松低，但其适应性较好，宜作为基干林带中的混交树种；刺槐根系发达，萌芽力强，生长快，是优良的固氮植物，可在地势较高处滨海滩地与黑松等针叶树种混交造林。绒毛白蜡生长快，耐盐碱能力较强，且耐短期水浸，适于在基干林带的平缓低洼地段造林。

4.2 不同树种的生理指标分析

4.2.1 光合速率的变化

不同土壤含水量与树种的光合速率的关系试验观测结果，3 年生林木在水分胁迫下 8 树种的光合速率均随土壤含水率的减少而减少，且都有一段平稳下降后急剧下降的过程，但各树种间存在着明显的差异(表 4－5、图 4-1)。紫穗槐、单叶蔓荆、侧柏、黑松、火炬树的光合速率随土壤含水量变化幅度较小，而绒毛白蜡、刺槐的变化幅度较大，特别是以绒毛白蜡的变化最为明显。绒毛白蜡在土壤含水量 17.3% 时，光合速率为 31.46mgCO_2/(dm^2 · h)；土壤含水量在 11.3% 时，光合速率为 28.41mgCO_2/(dm^2 · h)，此期土壤含水量降低了 6%，而光合速率仅下降 3mgCO_2/(dm^2 · h)；在土壤含水量 7.1% 时，光合速率仍达 17.66mgCO_2/(dm^2 · h)，显著高于其他阔叶树种；后随土壤含水量的下降，光合速率的下降幅度增大，土壤含水量从 3.5% 降至 2.9% 时，虽然降幅只有 0.6%，而光合速率则从 5.84mgCO_2/(dm^2 · h)下降至 1.18mgCO_2/(dm^2 · h)，降幅达 4.66mgCO_2/(dm^2 · h)，下降幅度是开始的 15.54 倍。紫穗槐、单叶蔓荆、侧柏、火炬树阔叶树种的变化趋势也基本一致。黑松、火炬松和侧柏 3 个针叶树种在水分胁迫下，光合速率的变化趋势基本一致；3 个针叶树种在土壤含水量 5% 之前，变化比较平稳；土壤含水量低于 5% 之后，光合速率急剧下降；土壤含水量在 1.5%~2.0% 之间，光合作用基本停止。3 个针叶树种中，侧柏在干旱条件下光合速率较高，其次是黑松、火炬松。

表 4-5 不同土壤含水量与树种的光合、呼吸、蒸腾速率的关系

树种	土壤含水量(%)	光合速率 mgCO_2/(dm^2 · h)	呼吸速率 mgCO_2/(g · h)	蒸腾速率 g/(m^2 · h)	树种	土壤含水量(%)	光合速率 mgCO_2/(dm^2 · h)	呼吸速率 mgCO_2/(g · h)	蒸腾速率 g/(m^2 · h)
刺槐无性系	17.6	23.04	4.27	360.4	黑松	11.7	8.29	2.01	
	13.6	21.44	4.26	351.2		10.0	8.64	2.10	
	8.3	16.21	5.46	271.5		8.4	7.79	1.84	
	5.5	10.16	2.13	224.8		7.8	6.46	1.75	
	4.3	4.42	0.76	180.7		5.8	6.13	1.62	
	4.1	2.53	0.41	141.6		5.4	6.04	1.12	
	2.7	0.44	0	61.5		4.8	5.79	0.85	
						3.6	3.46	0.58	
						2.8	2.04	0.36	
						2.3	1.11	0	

（续）

树种	土壤含水量（%）	光合速率 mgCO$_2$/（dm^2·h）	呼吸速率 mgCO$_2$/（g·h）	蒸腾速率 g/（m^2·h）	树种	土壤含水量（%）	光合速率 mgCO$_2$/（dm^2·h）	呼吸速率 mgCO$_2$/（g·h）	蒸腾速率 g/（m^2·h）
紫穗槐	8.1	17.82	4.46	291.6	火炬松	16.6	8.19	2.16	
	6.3	16.17	4.16	270.3		14.8	8.10	2.18	
	5.4	10.38	4.79	224.5		12.5	8.13	2.14	
	4.6	10.12	4.84	185.4		11.2	7.94	2.06	
	3.5	6.69	3.37	183.4		9.9	7.78	2.09	
	2.6	1.04	2.01	130.5		7.5	6.62	1.89	
	2.4	1.10	1.14	76.2		5.6	6.43	1.76	
	1.5	0	0.56			4.8	3.84	0.96	
						4.1	1.86	0.47	
火炬树	14.8	20.86	4.24	310.6	侧柏	11.1	8.92	2.36	
	8.7	18.43	5.27	286.7		9.7	8.76	2.24	
	5.8	15.47	4.89	243.2		8.9	8.31	2.13	
	4.7	13.11	3.21	216.2		5.8	7.62	1.87	
	4.0	8.40	2.84	176.5		5.1	7.04	1.75	
	3.7	6.12	1.16	116.4		4.5	5.57	1.69	
	3.4	2.21	0.47	81.2		3.8	3.35	1.13	
						3.1	2.41	0.74	
						1.7	0	0.36	
单叶蔓荆	12.1	18.16	4.94	270.4	绒毛白蜡	17.3	31.46	5.26	443.6
	9.3	17.13	3.76	246.2		14.9	29.23	5.14	370.8
	7.6	15.64	3.16	220.5		11.3	28.41	5.98	362.5
	6.6	15.16	3.02	214.9		9.1	19.77	6.13	334.6
	5.9	14.85	2.95	186.2		7.1	17.66	5.76	322.5
	3.8	8.40	2.14	145.9		6.3	13.23	5.06	304.6
	3.1	5.53	2.06	110.4		4.8	9.79	3.04	229.6
	2.3	1.50	1.45	76.4		3.5	5.84	2.14	190.4
	1.8	0	0.75	54.0		2.9	1.18	1.78	82.6

注：针叶树种光合速率单位为 mgCO$_2$/（g·h）

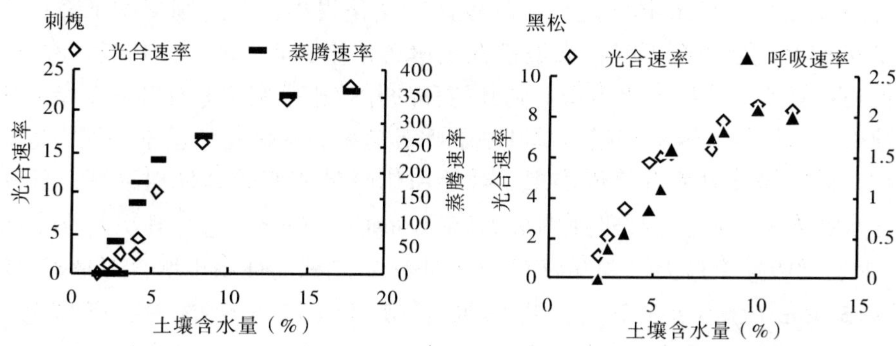

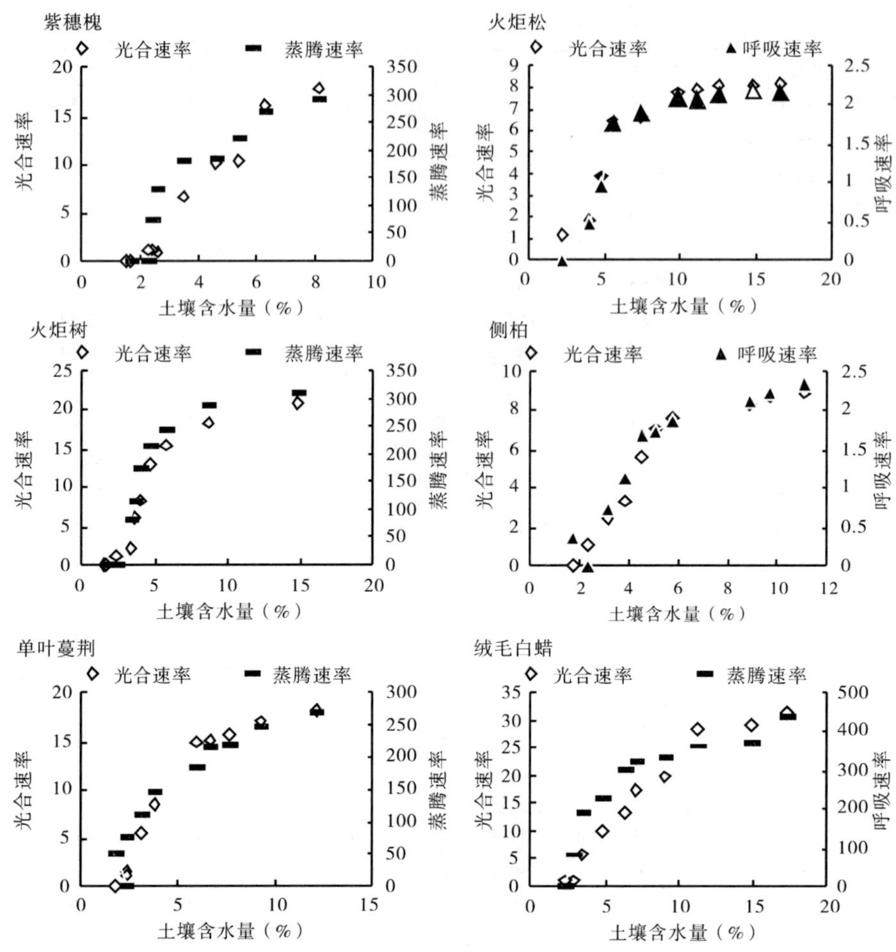

图 4-1 不同树种各项生理指标随土壤含水量的变化

注：土壤含水量单位%；光和速率单位 $mgCO_2/(dm^2 \cdot h)$；呼吸速率单位 $mgCO_2/(g \cdot h)$；蒸腾速率单位 $g/(m^2 \cdot h)$。

4.2.2 呼吸速率的变化

不同土壤含水量与树种的呼吸速率的关系试验观测表明，黑松、火炬松、侧柏 3 树种的呼吸速率变化均随土壤含水量的减小而降低，趋势基本一致，但树种之间有差异（表 4-5、图 4-1）。侧柏在土壤含水量 4.46% 之前，呼吸速率变化很小，之后则急剧下降；而黑松则在土壤含水量 4.84% 之后急剧下降；火炬松在土壤含水量 5.6% 之后，呼吸速率波动较大。呼吸速率高低为：侧柏 > 黑松 > 火炬松。阔叶树种的呼吸速率变化较针叶树复杂，虽然刺槐无性系、紫穗槐、火炬树、绒毛白蜡、单叶蔓荆呼吸速率的变化趋势基本一致，也是一个由高到低的过程，但大部分树种有峰值出现。绒毛白蜡呼吸速率较其他树种高，且峰值出现早，在土壤含水量为 9.1% 时，呼吸速率最大[6.13$mgCO_2/(g \cdot h)$]；其次是火炬树，土壤含水量 8.7% 时，呼吸速率最大[5.27$mgCO_2/(g \cdot h)$]；刺槐无性系土壤含水量 8.3% 时，呼吸速率最大[5.46$mgCO_2/(g \cdot h)$]；紫穗槐土壤含水量 4.6 % 时，呼吸速率最大[4.84$mgCO_2/(g \cdot h)$]；单叶蔓荆未见有峰值出现。5 个阔叶树种的呼吸速率明显高于 3 个针叶树种。

4.2.3 蒸腾速率的变化

不同土壤含水量与树种的蒸腾速率的关系试验观测表明，在水分胁迫下，随土壤含水量的下降，蒸腾速率呈下降趋势，各树种变化趋势一致(表4-5、图4-1)。5种阔叶树种中，蒸腾速率高低次序：绒毛白蜡>刺槐无性系>火炬树>紫穗槐>单叶蔓荆，其中单叶蔓荆蒸腾速率最小，说明该树种保水能力较强。

在水分胁迫下，光合速率的变化和蒸腾速率的变化有同样趋势。为更好地反映5个阔叶树种的光合速率与蒸腾速率的相关关系，对刺槐无性系、紫穗槐、火炬树、绒毛白蜡、单叶蔓荆光合速率与蒸腾速率的线性相关关系进行了分析，相关系数分别是：刺槐无性系0.977，火炬树0.994，绒毛白蜡0.979，紫穗槐0.946，单叶蔓荆0.947，均在0.94以上。其中前3个树种的相关系数均在0.95以上，达显著相关水平。

4.2.4 Logistic 方程拟合及分析

为更好地对各树种在水分胁迫下的生理指标变化进行分析，用Logistic方程对刺槐无性系、紫穗槐、火炬树、绒毛白蜡、单叶蔓荆、黑松、火炬松、侧柏等8树种的光合速率、呼吸速率、蒸腾速率(仅测阔叶树)随土壤含水量变化进行拟合，拟合结果见表4-6。由表4-6可以看出，8树种的光合速率，蒸腾速率的相关系数均在0.93以上，达极显著水平。说明用Logistic方程模拟在水分胁迫条件下8树种光合速率和5种阔叶树种的蒸腾速率是合适的。但呼吸速率的拟合方程除单叶蔓荆外其相关性均不显著，这是因为呼吸速率在干旱条件下有峰值出现，用Logistic方程拟合不适宜。因为光合速率是反映植物生长发育的主要生理指标，找出水分胁迫条件下，各树种光合速率Logistic方程曲线由平缓到急剧下降的拐点(下拐点)处土壤含水量，可作为比较各树种耐旱能力的一个指标。通过拟合曲线拐点处土壤含水量的比较(表4-7)，可得出各树种耐旱能力顺序为：单叶蔓荆>火炬树>黑松>侧柏>紫穗槐>刺槐无性系>火炬松>绒毛白蜡。

表4-6 8种树种的光合速率、呼吸速率、蒸腾速率的方程拟合值

树 种	生理指标	Logistic 方程			
		k	m	R	r
刺槐无性系	光合速率	20.2756	1938.2690	1.3777	0.9984**
	呼吸速率	3.8848	301.4326	1.1400	0.8796
	蒸腾速率	323.5862	48.3412	0.8901	0.9944**
紫穗槐	光合速率	20.1792	204.2834	1.0419	0.9996**
	呼吸速率	5.0270	48.7654	1.2262	0.9884
	蒸腾速率	246.6729	12.33928	1.0742	0.9766**
火炬树	光合速率	15.9065	62360.45	2.6652	0.9755**
	呼吸速率	4.5088	2783374	3.7310	0.8976
	蒸腾速率	277.7177	2168.1830	1.9999	0.9935**
绒毛白蜡	光合速率	48.7209	617.7217	0.9999	0.9306**
	呼吸速率	5.9039	13.47542	0.5957	0.8885
	蒸腾速率	335.1682	997.8504	1.9999	0.9843**

（续）

树　种	生理指标	Logistic 方程			
		k	m	R	r
单叶蔓荆	光合速率	15.3406	1013.4720	2.0439	0.9884**
	呼吸速率	3.2119	56.21364	1.5906	0.9814**
	蒸腾速率	233.1708	15.3448	0.8582	0.9874**
黑　松	光合速率	8.3257	61.0565	1.0000	0.9832**
	呼吸速率	2.0843	33.0531	0.6925	0.9950**
火 炬 松	光合速率	8.5990	201.0916	1.0000	0.9780**
	呼吸速率	2.1095	2540.011	1.6067	0.9986**
侧　柏	光合速率	9.0718	51.6044	0.9350	0.9883**
	呼吸速率	2.3907	20.3894	0.7515	0.9768**

注：**为0.05显著水平，*为0.1显著水平。

表 4-7　8 种树种的光合速率曲线拐点处土壤含水量

树　种	土壤含水量（%）	树　种	土壤含水量(%)
刺槐无性系	6.45	单叶蔓荆	4.03
紫 穗 槐	6.37	黑 松	5.43
火 炬 树	4.64	火炬松	6.62
绒毛白蜡	7.74	侧 柏	5.63

注：**为0.05显著水平，*为0.1显著水平。

4.3　树种抗旱性分析

4.3.1　蒸腾速率的日变化

蒸腾是植物必不可少的生理过程，它的主要生理作用在于降低植物体温，增加植物水分的吸收和增加无机离子的吸收和运输。蒸腾速率的日变化与测定时生态环境中的气温、相对湿度、光合有效辐射、风速、土壤含水量等因素密切相关。

(1)4 种乔木的蒸腾速率日变化。从图 4-2 可以看出：乔木树种中刺槐和火炬树的蒸腾速率变化趋势基本一致，都是趋于下降，且都有一段平稳下降后急剧下降的过程，但两种树种之间略有不同，其中，火炬树下降明显，下降幅度较大，而刺槐在 12：00 至 16：00 之间变化平稳。而麻栎和山合欢与刺槐和火炬树 2 种树种的变化趋势又有所不同，在测试时间段内呈单峰型，中午 12：00 之前，气温低，光照弱，空气相对湿度较大，蒸腾速率慢，随着气温的增高，光照的加强，空气湿度的上升，气孔导度增大，蒸腾速率加快，且在 12：00 达到峰值，其峰值为 1.80mol/(m^2·s) 和 1.74mol/(m^2·s)；之后，麻栎随着气温的下降，光照的减弱，气孔导度减小，蒸腾速率开始平稳的下降，在 16：00 之后开始急剧的下降，而山合欢下降趋势较麻栎明显。由于缺少 10：00 之前的数据，不能看出刺槐和火炬树的峰值，但从两树种的变化趋势可以推测，两树种亦会有峰值出现。在刺槐、麻栎、火炬树和山合欢 4 种树种中，山合欢的蒸腾耗水少，水分利用效率最高，在同等土壤水分条件下抗旱性最强。

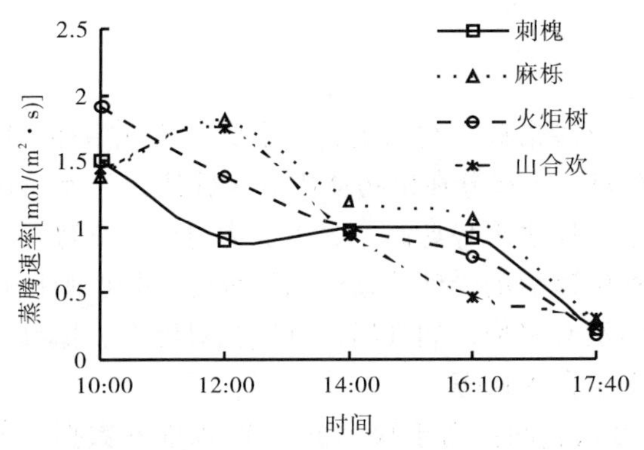

图 4-2　四种乔木蒸腾速率的日变化

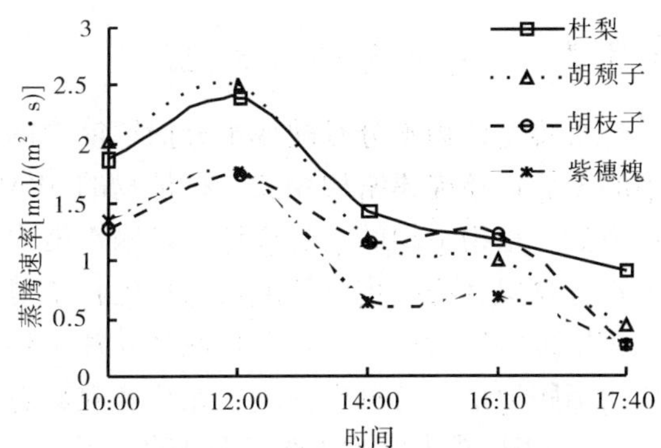

图 4-3　四种灌木蒸腾速率的日变化

(2)4 种灌木的蒸腾速率日变化。由图 4-3 可以看出，杜梨、胡颓子、胡枝子、紫穗槐 4 种灌木的蒸腾速率的日变化：在土壤供水相对充裕的条件下，杜梨和胡颓子蒸腾强度的日变化呈单峰型：早上 10：00 时左右蒸腾速率相对较小，随光照增强，气孔张开度增大，气温升高，这样增大了叶内外的水汽压梯度，蒸腾速率不断提高，于 12：00 时左右达峰值，午后在较强蒸腾下引起气孔张开度减小。接近日落时，气孔渐趋关闭，蒸腾减弱，与乔木树种中的麻栎变化趋势基本一致，但两树种间又有所不同，胡颓子蒸腾速率在峰值处较其他树种大，为 2.51mol/(m^2·s)，且在此之后迅速下降，在 14：00 至 16：00 间经历了一段相对平稳的过渡后下降幅度很明显；而杜梨下降趋势相对平缓。同时，胡枝子和紫穗槐蒸腾速率的日变化曲线呈双峰型：上午 10：00 至 12：00 时出现第 1 次峰值，下午 14：00 至 16：00 时出现第 2 次峰值，但回升幅度不大，第一次峰值大于第二次峰值。在 4 种树种中紫穗槐的水分利用效率最高，表现为抗旱能力强。

(3)乔木与灌木树种间的对比。8 种树种中，它们蒸腾速率的日变幅各不相同(表 4-8)。如刺槐为 1.23mol/(m^2·s)，麻栎为 1.51mol/(m^2·s)，杜梨为 1.49mol/(m^2·s)，胡颓子为 2.08mol/(m^2·s)等。胡颓子蒸腾速率日变化幅度最大，这是对干旱环境的一种调节和适应，当水分亏缺严重时，靠关闭气孔减少蒸腾量来适应干旱；而另一方面，则以大量蒸腾失水来降低植物体内温度为植物体内各项生理活动的正常进行创造条件。由于胡颓子的高蒸腾速率，水分消耗多，因而对土壤水分要求较高。同时在 8 种树种中，它们的日平均蒸腾速率也有所不同，从大到小依次为杜梨、胡颓子、麻栎、胡枝子、火炬树、紫穗槐、刺槐、山合欢。杜梨、胡颓子等树种的高蒸腾速率对土壤水分要求高，而紫穗槐、刺槐等则不然，特别是山合欢，能够以较低的蒸腾速率来避免大量的水分耗失，以保持植物体内水分平衡。从分析中看出，乔木树种较灌木树种普遍处于相对较低的蒸腾耗水。

表 4-8　蒸腾速率的日平均值和日变幅　　单位：mol/(m^2·s)

时间	刺槐	麻栎	火炬树	山合欢	杜梨	胡颓子	胡枝子	紫穗槐
10:00	1.50	1.39	1.91	1.44	1.87	2.02	1.28	1.33
12:00	0.91	1.80	1.39	1.74	2.39	2.51	1.73	1.75
14:00	0.98	1.21	0.98	0.93	1.41	1.17	1.15	0.63
16:00	0.92	1.06	0.78	0.47	1.16	0.99	1.23	0.68
18:00	0.22	0.29	0.18	0.31	0.90	0.43	0.26	0.26
平均值	0.91	1.15	1.05	0.86	1.55	1.42	1.13	0.93
变幅	1.23	1.51	1.21	1.42	1.49	2.08	1.46	1.49

4.3.2 叶片水势的日变化

水势是植物水分亏缺或水分摄取能力的一个直接指标，它与植物—土壤—大气循环系统中的水分运动规律密切相关。在植物的SPAC系统中，水分在植物体内的运输决定于水分的自由能，植物组织的水势愈低，则吸水能力愈强，反之水势愈高，吸水能力愈弱。水势是组织水分状况直接表现，反映植物在生长季节各种生理活动受环境条件制约程度，是反映植物抗旱生理特性指标之一。影响植物叶片水势的因素有多种，如气温、空气相对湿度、植物叶片的蒸腾速率、可见光强度、光合有效辐射、土壤含水量等。

(1)4种乔木叶片水势的日变化。由图4-4可以表明：由于缺少10：00以前的数据，不能绘出10：00之前曲线，但从图中曲线的变化趋势可以看出，在10：00以前叶片水势较高，这是由于清晨光照弱，可见光强度低，气温低，空气相对而湿度较大，植物蒸腾耗水较少，因此叶片水势较高；上午随着光照和气温的升高，空气相对湿度下降，增大了叶内水气压梯度，叶片蒸腾强度不断增大，为满足不断增加的蒸腾耗水的需要，叶片水势下降以增强从土壤中的吸水能力。当蒸腾达到峰值后，树体内出现水分亏缺，叶片水势继续降低，从土壤中大量吸收水分来缓和体内水分亏缺的矛盾；在高温、高光照的中午，各树种为减少体内的水分的过度散发和免于灼伤，蒸腾减弱以减低其耗水，树体内水分开始得到缓和，14：00至16：00叶片水势达到最低值。然后随气温的不断下降，叶片蒸腾减弱，叶片水势不断回升。刺槐、麻栎、火炬树、山合欢叶片水势日峰值滞后于蒸腾的日峰值，但提前或滞后于气温峰值。其中麻栎的日变化趋势最为简单，呈抛物线型；刺槐和火炬树变化趋势趋于一致，但刺槐的峰值滞后于火炬树，并且刺槐的日平均叶片水势明显高于火炬树，而火炬树的变化趋势在16：00之后与刺槐和麻栎有所不同，在16：00火炬树的叶片水势又有所降低，同时，山合欢的日平均叶片水势低于刺槐、火炬树和麻栎。因而从水分摄取能力上看，山合欢更能适应干旱的环境。

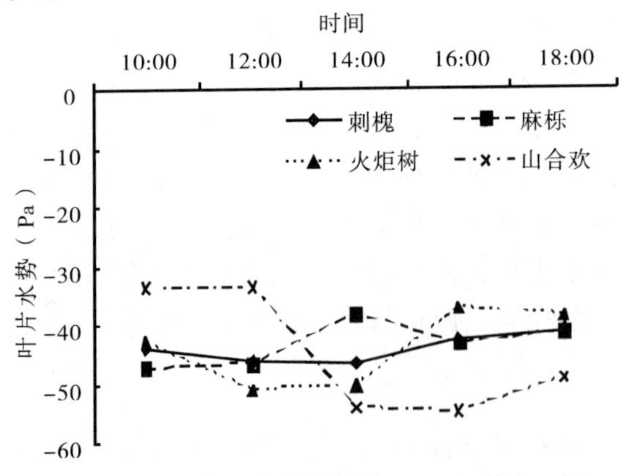

图4-4 4种乔木叶片水势的日变化

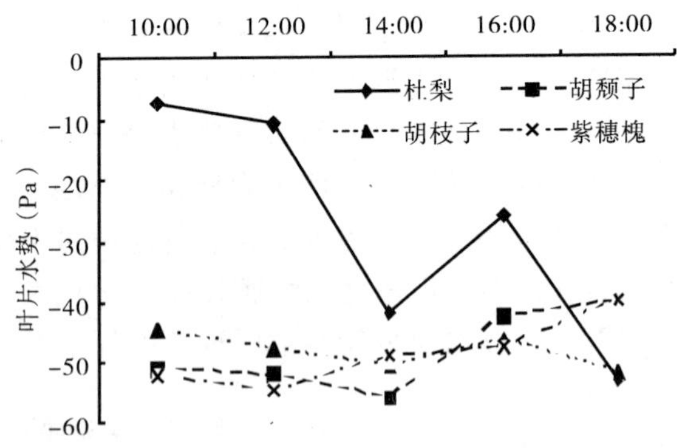

图4-5 4种灌木叶片水势的日变化

(2)4种灌木叶片水势的日变化。由图4-5可以看出：同样由于缺少10：00之前的数据，只能对这一段时间进行推测，环境因子对灌木叶片水势的影响与乔木的情况类似：在高温、强光照的中午，各树种为减少体内的水分的过度散发，蒸腾减弱以减低其耗水，树体内水分开始得到缓和，在14：00左右叶片水势达到最低值。然后随气温的不断下降，叶片蒸腾减弱，胡颓子和紫穗槐的叶片水势不断回升，但回升的幅度不同，在14：00～16：00间胡颓子回升迅速，而紫穗槐回升相对平缓，之后紫穗槐的变化曲线呈下凹趋势回升明显，而胡颓子有上凸趋势回升相对缓和；杜梨和胡枝子的叶片水势在经历了一段时间的回升之后，在16：00左右又再次下降，并且杜梨的下降幅度十分的明显，下降幅度为－27.33Pa，而胡颓子叶水势的下降幅度不明显，仅为－5.33Pa。从4个树种水势的日变化可以看出，水势的日变化特点为早晚高(绝对值小)、午间低(绝对值大)的抛物线型，不同树种又有所不同。杜梨、胡颓子和胡枝子最低水势均出现在14：00，紫穗槐出现在12：00。杜梨和胡枝子的最高水势出现在中午10：00；胡颓子和紫穗槐的出现在18：00，从分析中可以看出，杜梨的平均水势明显偏高，摄取水分能力相对较弱。

(3)乔木与灌木树种间的对照。从整个叶片水势的变化规律来看，乔木树种中的刺槐、山合欢和麻栎与灌木树种中的紫穗槐的叶片水势变化规律相似，叶片水势都是经历了由高到低然后再次回升的趋势。而火炬树与灌木树种中的杜梨和胡颓子的变化规律趋于相同。

从整个叶片水势的日变化幅度和日平均值来看，乔木树种的变化幅度相对较小，而灌木的变化较大(表4-9)。其中杜梨的变化幅度最大，最高水势为－7.3 Pa，最低水势为－53.3 Pa，变幅为46.0 Pa；乔灌树种中，山合欢和紫穗槐的日平均水势较低，分别为－44.9Pa和－48.8Pa，麻栎和杜梨的日平均水势较高，分别为－43.3 Pa和－27.9 Pa，乔木树种中的山合欢和灌木树种中的紫穗槐均处于较低的水势，这有利于植物从土壤中吸收更多的水分，更能适应干旱的环境。

表4-9 叶片水势(Pa)的日平均值和日变幅

时间	刺槐	麻栎	火炬树	山合欢	杜梨	胡颓子	胡枝子	紫穗槐
10:00	-43.6	-47.2	-42.6	-33.3	-7.3	-51.0	-44.7	-52.0
12:00	-46.0	-46.6	-50.8	-33.4	-10.7	-52.0	-48.0	-54.7
14:00	-46.7	-38.0	-50.0	-54.0	-42.0	-56.0	-50.7	-49.3
16:00	-42.5	-43.3	-37.0	-54.8	-26.0	-42.7	-46.7	-48.0
18:00	-41.0	-41.3	-38.4	-49.3	-53.3	-40.2	-52.0	-40.0
平均值	-43.9	-43.3	-43.7	-44.9	-27.9	-48.3	-48.4	-48.8
变幅	-5.7	-9.2	-13.8	-21.5	-46.0	-15.8	-7.3	-14.7

4.3.3 呼吸速率的日变化

(1)晴天呼吸速率变化。据主要树种造林苗木的呼吸速率分析表明：在晴天条件下(连续晴天，最高气温平均为33.6℃)，多数树种表现为14时呼吸速率最高，其中刺槐、白榆都表现为较高的呼吸速率，表明其蒸腾耗水能力较强，槐树、杨树和旱柳表现为高温、干燥的天气条件下呼吸速率较高，温度适中的时候蒸腾较低，元宝枫则表现为呼吸速率对温度和光照条件的变动范围较小，银杏和垂柳则表现为较低；小乔木及灌木中，木槿、火炬树、君迁子、合欢的呼吸速率较高，女贞、黄栌、紫薇较为接近，温度条件适中时小乔木紫薇的呼吸速率最高，君迁子表现为呼吸速率对温度和光照条件的变动范围较小，枸橘、合欢最低，其他树种较为接近。总的看银杏和枸橘的耗水少，更能适应晴天的高温、干燥的环境条件(图4-6、4-7)。

(2)阴天呼吸速率变化。据主要树种造林苗木的呼吸速率分析表明：在阴雨天(连续阴

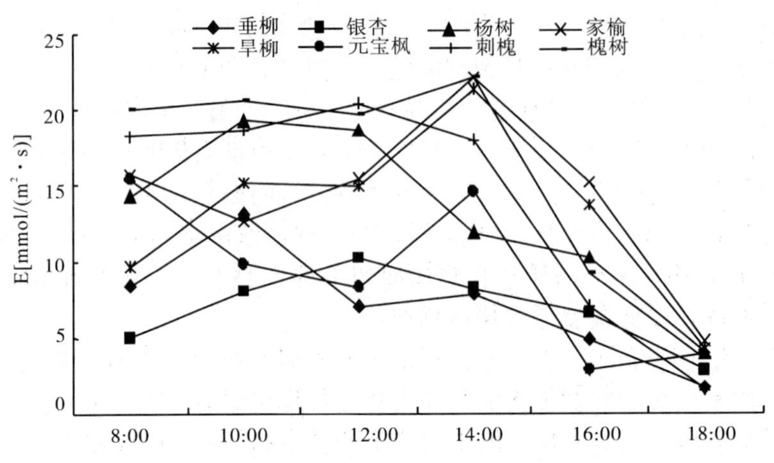

图 4-6 连续晴天条件下乔木树种呼吸速率日变化

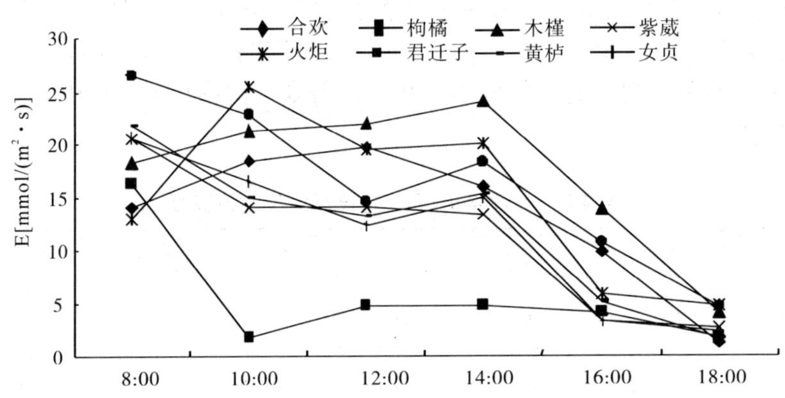

图 4-7 连续晴天条件下小乔木和灌木树种呼吸速率日变化

雨天，最高气温平均为 23.8℃）条件下，多数树种的呼吸速率在 8mmol/(m^2·s)以下，而且表现为 10 时呼吸速率最高。其中元宝枫、刺槐、家榆，以及小乔木紫薇、君迁子的呼吸速率最高，杨树、银杏和枸橘、合欢最低，其他树种较为接近(图 4-8、4-9)。表明银杏和枸橘的耗水少。

4.4 小 结

(1)通过多年的造林实践和试验研究，筛选出基干林带造林树种有：针叶树种有火炬松、刚火松、刚松、侧柏；阔叶树种有刺槐无性系、绒毛白蜡、紫穗槐、山合欢、单叶蔓荆。这些树种抗风性好，生长较快，耐干旱瘠薄，可作为沙质海岸基干林带造林的主要树种。

(2)水分胁迫下主要树种造林试验表明，参试 8 树种的光合速率的变化均随土壤含水率

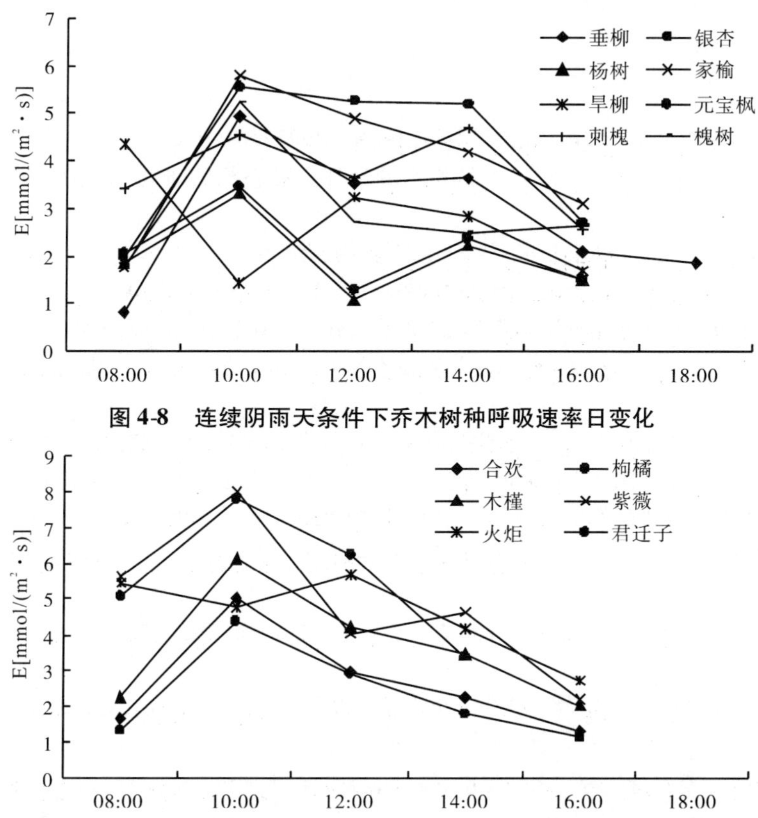

图 4-8 连续阴雨天条件下乔木树种呼吸速率日变化

图 4-9 连续阴雨天条件下小乔木和灌木树种呼吸速率日变化

的减少而减少，且都有一段平稳下降后急剧下降的过程，但各树种间存在着明显的差异；虽然 8 树种的呼吸速率的变化趋势与光合速率的基本一致，但 5 个阔叶树种的呼吸速率变化较针叶树复杂，不但呼吸速率明显高于 3 个针叶树种，而且都有峰值出现；8 树种的蒸腾速率的变化和光合速率、呼吸速率的变化趋势相同，均存在线性相关关系。综合研究评定树种耐旱能力顺序为：单叶蔓荆 > 火炬树 > 黑松 > 侧柏 > 紫穗槐 > 刺槐 > 火炬松 > 绒毛白蜡。

(3)8 种参试树种中，蒸腾速率为乔木树种 < 灌木树种；而叶片水势为乔木树种 > 灌木树种。4 种乔木的日平均蒸腾速率为：山合欢 < 刺槐 < 火炬树 < 麻栎，4 种灌木的日平均蒸腾速率为：紫穗槐 < 胡枝子 < 胡颓子 < 杜梨；4 种乔木的日平均叶水势为：山合欢 < 刺槐 < 火炬树 < 麻栎；4 种灌木的日平均水势为：紫穗槐 < 胡枝子 < 胡颓子 < 杜梨。从水分消耗和水分摄取分析中可反映出树种的抗旱能力为：山合欢 > 刺槐 > 火炬树 > 麻栎；紫穗槐 > 胡枝子 > 胡颓子 > 杜梨。

从上述分析结果说明乔木树种中以山合欢、灌木树种中以紫穗槐更具有耐土壤干旱的能力，且蒸腾耗水较少，是较为理想的水土保持和抗旱树种。

(4)连续晴天，气温较高，多数树种表现为 14 时呼吸速率最高。其中槐树、刺槐、杨树、家榆，以及小乔木木槿、火炬树的呼吸速率最高，银杏和枸橘最低，其他树种较为接近；连续阴雨天条件下，多数树种的呼吸速率在 8mmol/(m^2·s)以下，且在 10 时呼吸速率最高。其中元宝枫、紫薇、君迁子的呼吸速率最高，以杨树、银杏和枸橘、合欢最低，其他树种较为接近。

参考文献

[1] W·拉夏埃尔．植物生理生态学．北京：科学出版社，1995
[2] 董学军，杨宝珍，郭柯，等．几种沙生植物水分生理生态特征的研究．植物生态学报，1994(1)：86～94
[3] 李洪建，王孟本，柴宝峰．北京杨水分生理生态特性研究．生态学报，2000(3)：417～422
[4] 李洪建，王孟本，柴宝峰．黄土区4个树种水势特征研究．植物研究，2001(1)：100～105
[5] 刘建伟，等．水分胁迫下不同杨树无性系苗期的光合作用．林业科学研究，1993，6(1)：65～69
[6] 乔勇进，许景伟，张敦论．单叶蔓荆人工扩繁技术及生理特性的研究．中国野生植物资源，2003(2)：23～26
[7] 阮成江，李代琼．半干旱黄土丘陵区沙棘叶水势及其影响因子的研究．陕西林业科技，2000(1)：2～3
[8] 阮成江，李代琼．黄土丘陵区人工沙棘蒸腾作用研究．生态学报，2001(12)：2141～2146
[9] 许大全，等．光合午休现象的生态生理与生化．植物生理学通讯，1990，26(6)：5～10
[10] 许景伟，李传荣，马履一，等．沿海防护林造林树种抗旱性的比较．北京林业大学学报，2006(6)：56～59
[11] 杨明，董怀军，杨文斌，等．四种沙生植物的水分生理生态特征及其在固沙造林中的意义．内蒙古林业科技，1994，2：4～7
[12] 杨明，董怀军．四种沙生植物的水分生理生态特征及在固沙造林中的意义．内蒙古林业科技，1994(2)：4～7
[13] 张敦论，乔勇进，郗金标，等．水分胁迫下8个树种几项生理指标的分析．山东林业科技，2000(3)：59～62
[14] 邹琦．作物抗旱生理生态研究．济南：山东科技出版社，1994：164～171

5 沙质海岸困难立地造林技术研究

我国沿海防护林体系经过50多年的建设，得到长足发展。但在沿海基干林带存在大面积的“风口处、风蚀地”等困难立地，立地条件较差，土壤干旱瘠薄，仍是沿海地区防护林造林的重点和难点。近些年来，国内外开展了盐碱地整地改土、落叶阔叶树截干、ABT蘸根造林、拌泥浆等造林技术措施的研究，而对“风口处、风蚀地”等困难立地造林新技术应用的研究甚少。为此，本研究针对沙质海岸的环境特点，开展了容器苗、大苗深栽、施用客土、高分子吸水剂、根基覆盖、设置防沙障等造林新技术的研究，为解决沿海地区瘠薄风沙地造林技术问题，提高造林质量和效果提供依据。

5.1 容器苗造林效果

5.1.1 成活率和保存率

试验调查结果(表5-1)，容器苗当年造林成活率，沙滩地和荒山地分别为96.2%和97.6%，裸根苗分别为83.5%和87.7%，容器苗造林分别提高15.2%和11.3%。造林3年后调查保存率，容器苗分别为93.6%和94.9%，裸根苗仅为78.2%和80.6%，容器苗造林林木保存率分别提高19.7%和17.7%。从表5-1看出，无论是沙滩地还是荒山地，容器苗较裸根苗造林均明显提高造林成活率和林木保存率，提高10%以上。

表5-1 黑松容器苗与裸根苗造林成活率和保存率比较

苗 木	立地类型	成活率(%)	保存率(%)
容器苗	干旱沙滩地	96.2	93.6
	瘠薄荒山地	97.6	94.9
裸根苗	干旱沙滩地	83.5	78.2
	瘠薄荒山地	87.7	80.6

5.1.2 幼树生长状况

(1)缓苗现象比较。调查表明黑松容器苗造林初期幼树生长量明显高于裸根苗，裸根苗造林缓苗现象明显。为了便于说明造林缓苗现象，以黑松当年、第2年和第3年的幼树高生长量来反映苗木的生长情况(表5-2)。

由黑松容器苗与裸根苗造林幼树高生长调查结果(表5-2)可知，干旱沙滩地黑松容器苗造林，第2年的高生长量与造林当年生长量相近，基本上未出现缓苗现象，造林第3年的生长量明显加快，比第2年的树高生长量提高40.4%，基本接近了幼树年平均高生长量水平。但裸根苗造林第2年的树高生长量明显低于造林当年树高生长量，树高生长量降低32.4%，第3年虽有较大增长，但仍比年平均树高生长量低8.2%。从以上造林结果看出，裸根苗造林与容器苗造林相比在造林后的第2年出现明显的缓苗现象。

表 5-2 黑松容器苗与裸根苗造林幼树高生长量比较

苗木种类	树高(m)	造林后树高生长量(cm)		
		第 1 年	第 2 年	第 3 年
容器苗	1.68	19.4	20.3	28.5
裸根苗	1.32	17.6	11.9	22.4

注：均为雨季造林，幼树年龄(含苗龄)为 5 年。

（2）幼树生长状况。干旱沙滩地与瘠薄荒山地 5 年生黑松幼林生长量调查结果，容器苗树高总生长量为 168cm，裸根苗为 132cm，容器苗较裸根苗提高 27.3%；容器苗幼林地径总生长量分别为 7.1cm，裸根苗仅为 5.3cm，容器苗较裸根苗分别提高 34.0%。

5.1.3 造林投资分析

黑松容器苗造林与裸根苗造林，苗木成本费基本持平。运输费，容器苗比裸根苗每亩高出 8 元，但容器苗提前 1 年郁闭，少抚育 1 年，可节约抚育费每亩 40 元。总的造林投资，容器苗每亩比裸根苗少 32 元。长远来看黑松容器苗造林生长快，早出材，加速土地利用，加上提早郁闭，其经济、生态效益更加可观。

(1)育苗投资。容器苗在营养土配制、温床制作等方面是裸根苗所没有的，每株增加投资 0.05 元。容器育苗每 500g 黑松种子可出苗 10000 株左右，裸根苗只有 8000 株左右，可节约种子 25% 左右，每株苗可降低种子费 0.01 元。另外，容器育苗不需要大面积苗圃地，且苗木成活率高、管理期短，可降低每株苗木成本 0.04 元，总的来说容器育苗与裸根育苗成本基本持平。

(2)造林投资，黑松容器苗与裸根苗造林整地、栽植方式、规格基本一样，只因容器苗带土上山，每株重 500g 左右，运输成本略高于裸根苗，容器苗每造林 1 亩比裸根苗增加运输费 8 元。

(3)幼林抚育管理投资。黑松当年造林后苗木生长快，试验调查，容器苗比裸根苗提前 1 年郁闭，幼抚管理减少 1 年，每亩成本降低 40 元。因此，用容器苗造林，加快了造林速度，大大降低了成本。

容器苗造林是营林生产上的一项技术革新，容器苗适宜干旱、立地条件较差的山区、海滩造林，是提高造林水平的一项重要措施。容器苗造林 6 至 10 月份都可进行，6 月初至 7 月初为最佳造林季节，打破了传统的造林方式和习惯，延长了造林时间，尽管开始造林成本略高于裸根苗造林，但能提高造林质量，使之早成林、早成材，综合效益较高。

5.2 客土深栽造林效果

5.2.1 客土造林效果

滨海沙滩地采用黄泥客土造林试验结果表明黑松高、径生长存在显著差异(表 5-3)，两种处理的 3 年生林木树高平均生长量比对照分别提高 45.3% 和 37.0%；地径平均生长量分别提高 34.6% 和 26.9%；林木保存率分别提高 23.1% 和 18.3%。施黄泥客土能使松沙土的局部范围田间含水量和有效含水范围提高，改善沙质结构。据测定，松沙土的田间含水量为4.5%，中壤土的田间含水量为20.7%，是松沙土的4.6倍；松沙土的有效含水范围为2.7%，中壤土的有效含水范围为12.9%，是松沙土的4.8倍。故滨海沙土施用黄泥客土造林，黑松的生长量和保存率都明显提高。

表5-3 不同用量黄泥客土造林3年生黑松林生长量比较

项 目	黄泥客土（15kg/株）	黄泥客土（10kg/株）	对 照	黄泥客土比对照提高百分数(%)	
				黄泥客土(15kg/株)	黄泥客土(10kg/株)
树高(cm)	124.4	117.3	85.6	45.3	37.0
地径(cm)	3.5	3.3	2.6	34.6	26.9
保存率(%)	88.9	85.4	72.2	23.1	18.3

5.2.2 大苗深栽效果

在滨海沙滩地采用大苗深栽造林试验结果表明黑松高、径生长存在显著差异(表5-4)，3年生深栽苗高1/2的平均树高比深埋苗高1/3的平均树高生长量提高4.5%，比对照提高37.4%；平均地径生长量分别提高5.9%和28.6%；保存率提高6.5%和28.3%；深栽苗高1/3的平均树高生长量比对照提高31.4%，平均地径提高21.4%，保存率提高20.5%。在炎热夏季，深栽降低了根系附近的温度，滨海沙土导热性强，热容量小，地表白天太阳辐射下，温度会急剧升高，夜晚地表空气层散热快，表土温度又随之急剧下降，温度变幅很大。据观测，栽植深度越深土壤温度变幅越小。沙滩地表温度高，变幅大，对植物生长不利，深栽可以减缓沙滩温度的剧烈变化。

沙性大，通透性好，不利于土壤的保水保肥，其土壤自然含水量低，这是滨海沙土的主要特征之一。沿海沙滩土壤水分的分布，则随土层深度增加明显增加。一般滨海沙土在1m土层内含水量为4%左右，而在沙土表层含水量仅为1% -2%。所以，深埋造林可提高黑松根系周围湿度，增强抗御冬、春抗旱能力，提高风蚀地造林的成活率和保存率。

表5-4 大苗深栽处理造林3年生黑松林生长量比较

项 目	深埋1/2	深埋1/3	对 照	1/2比1/3提高(%)	1/2比对照提高(%)	1/3比对照提高(%)
树高(cm)	122.1	116.8	88.9	4.5	37.4	31.4
地径(cm)	3.6	3.4	2.8	5.9	28.6	21.4
保存率(%)	91.5	85.9	71.3	6.5	28.3	20.5

5.3 高分子吸水剂造林效果

5.3.1 高分子吸水剂保水效能

试用高分子吸水剂后，提高了土壤的贮水能力，使土壤的最大持水量有不同程度的提高。施入高分子吸水剂5、10、15、20、25、30、40g，最大土壤持水量分别是35.9、37.5、38.3、38.9、40.1、40.5和42.0g/L，比对照的土壤最大持水量35.4g/L，提高0.5、2.1、2.9、3.5、4.7、5.1、6.6g/L，说明通过高分子吸水剂吸水，有效地扩大了土壤水的容量，提高了土壤对林木水分的调蓄能力。

土壤含水量随时间变化的曲线表明(图5-1，表5-5)，随时间的延长土壤水分不断蒸散，施用高分子吸水剂各处理的土壤含水量都成下降趋势，但仍高于对照，土壤的保水时间延长，土壤含水量降至30g/L时，对照需0.5天，5g的处理需1.2天，20g需2天，40g需4.6天；土壤含水量降至20g/L时，对照需1.7天，10g的处理需2.6天，20g需4.1天，40g需7.8天。若以对照土壤最大持水量的1/2(17.7g/L)为标准，对照仅需3天，土壤含水量即低于17.7g/L，其他处理从5g到40g依次为3、4、5、7、8、9天以上，随土壤高分子吸水剂用量的增加，土壤保持水分的数量越高，比对照在较长的时间内保持较高的水分。说明施入高分子吸水剂后，不仅使土壤的蓄水容量增加，而且提高了其持水能力，在脱水干燥过程中，能有效地抑制水分蒸散，使土壤在较长时间内保持较高含水量，为植物的生长提供了湿润环境，弥补了沙土保水性差的缺陷。

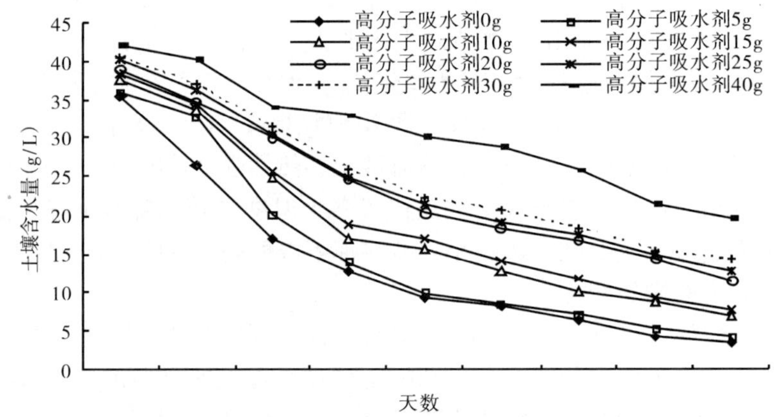

图5-1　不同高分子吸水剂用量处理土壤含水量变化曲线图

表5-5　施用高分子吸水剂后土壤水分损失百分数随天数的变化

用量处理(g) / 时间(天)	0	5	10	15	20	25	30	40
2	52.5	44.0	33.9	32.9	22.6	24.2	22.5	19.0
4	73.7	72.4	58.4	55.4	47.8	46.4	44.9	28.1
6	81.9	80.2	73.1	69.2	57.1	56.1	54.3	38.3
8	90.1	88.6	81.6	79.9	70.1	68.1	64.9	53.1

土壤水分损耗百分比曲线从另一个方面说明了施用高分子吸水剂对提高土壤保水能力的作用。各处理的曲线均呈上升趋势，但各处理土壤蒸散差异很大，第2天时，对照水分耗散50%以上，而施用吸水剂的各处理均小于50%，其中40g处理不足20%；第8天，对照土壤水分耗散90%以上，从5g到40g的处理依次为88.6%、81.6%、79.7%、70.1%、68.1%、64.9%和53.1%，对照水分耗散的速度明显高于各处理。证明高分子吸水剂的应

用减少了水分耗散，提高了土壤的保水能力。

为更好地反映各处理土壤含水量的变化过程，用 $Y=ax^b$ 方程对各处理土壤水分变化过程进行拟合。相关系数均在0.92以上，达到显著水平(表5-6)。说明土壤含水量变化曲线用 $Y=ax^b$ 方程拟合是合理的，能够反映土壤水分的变化过程。但是，也显示随高分子吸水剂用量的增加，相关系数在降低，说明施用高分子吸水剂对土壤的物理性能有不利影响，干扰了土壤的正常水分运行。

表5-6 不同高分子吸水剂用量处理后土壤含水量变化拟合值

用量(g/盆)	$Y=a\cdot x^b$		
	A	b	r
0	47.45500	-1.070974	-0.967129**
5	51.00642	-1.032072	-0.963568**
10	48.83967	-0.788333	-0.961041**
15	49.33035	-0.742095	-0.957712**
20	46.96113	-0.545874	-0.951330**
25	47.67313	-0.526049	-0.961071**
30	47.84341	-0.496428	-0.959952**
40	47.63032	-0.331091	-0.923016**

注：**为 $\alpha=0.05$ 显著水平。

5.3.2 高分子吸水剂对土壤其他物理性能的影响

随高分子吸水剂施用量的增加，土壤容重逐渐减少，总孔隙度增加；土壤中液相组成增大，而气相和固相组成均减少(表5-7)。说明施入高分子吸水剂后，毛管孔隙度增加，即增大了毛管的持水量，明显改善了土壤水分的供给能力和供给机制。但随高分子吸水剂施用量的增加，土壤气相组成比例逐渐下降，30g和40g处理分别比对照减少4.5%和6.1%，气相组成减少会对植物根部呼吸和离子交换产生不利影响。

表5-7 高分子吸水剂对土壤物理性状的影响

高分子吸水剂用量	容 重(g/cm^3)	总空隙度(%)	毛细管饱和时三相组成(%)		
			固	液	气
0	1.42	48.5	46.8	33.4	19.8
5	1.40	49.8	46.0	34.5	19.5
10	1.39	54.1	45.4	35.7	18.9
15	1.37	52.7	44.9	37.1	18.0
20	1.36	54.9	44.1	38.9	17.0
25	1.32	56.2	43.3	39.0	16.8
30	1.31	58.1	42.0	42.7	15.5
40	1.27	59.3	40.8	45.5	13.7

5.3.3 高分子吸水剂对黑松成活率的影响

高分子吸水剂能增强土壤的持水能力，改善立地微生态环境，对提高黑松成活率有显著作用，用高分子吸水剂10g、20g、30g、40g处理的黑松造林成活率分别是85.4%、87.9%、88.2%和89.3%分别比对照(黑松造林成活率76.7%)提高8.7%、11.2%、11.5%和12.6%，差异显著。结果表明，沙质海岸土壤施用高分子吸水剂造林能显著提高黑松的成活率。高分子吸水剂的合理施用量，既能增加土壤的保水能力，又不影响土壤良好的物理性能，一方面能显著提高黑松的成活率，另一方面可节约劳力和投资。

高分子吸水剂能提高土壤的最大持水量，增强土壤的贮水和保水性能，减少土壤水分耗散，延长和提高向植物供水的时间和能力；高分子吸水剂施入土壤后，土壤容重减少，总孔隙度增加，改变了土壤中固液气三相的构成，液相组成增加，气相和固相构成减少。暖温带沙质海岸最适施用量为10~20g/株；用$Y=ax^b$可以较好地拟合高分子吸水剂施入土壤后的土壤的失水过程，相关系数达0.92以上。

5.4 根基覆盖造林效果

由于沙质海岸土壤干旱缺水严重制约树种造林成活。树木根基覆盖具有增温、保墒、促进土壤微生物活动和养分转化等多种作用，它作为一项节水保墒措施在果树栽培中已广泛应用，收到良好的效果，但在沿海防护林营造中未见报道。因此，为解决沙质海岸土壤干旱缺水、造林成活率低等技术问题，本研究对不同覆盖物的保水效果及其对造林成活率的影响进行研究。

5.4.1 对土壤失水率的影响

覆草、覆膜和覆膜+草三种覆盖处理的土壤保水效果均明显好于对照，不同处理间的保水效果以覆草效果稍好，但处理间差异不明显。

(1) 0~15cm土层土壤失水率的动态变化。由图5-2看出，不同根基覆盖对保持土壤水分，防止土壤失水具有良好的作用，达到31.7%，覆草处理的土壤失水率仅为对照的45.8%，覆膜和覆膜+草处理的土壤失水率分别是对照的52.8%和52.2%。对图5-2中各曲线进行回归分析，得出回归系数(表5-8)，按此计算，当土壤失水率达50%时，各处理所需天数分别是：对照14天，覆草32天，覆草+膜26天，覆膜30天，显然，不同根基覆盖处理能明显地减少土壤蒸发，起到抗旱保墒作用。

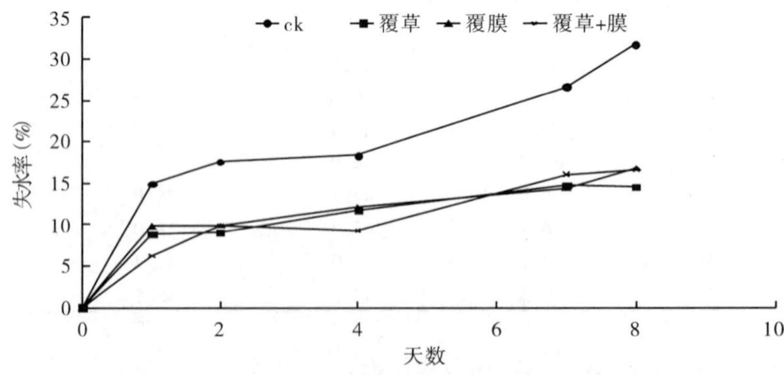

图5-2 不同覆盖处理土壤失水率的变化(0~15cm)

表 5-8　不同覆盖处理土壤(0～15cm)失水率随时间变化的回归分析

处　理	回归方程	相关系数
对　照	$Y=3.0614X+6.9766$	0.9154
覆　草	$Y=1.449X+4.497$	0.8705
覆　膜	$Y=1.5344X+4.8721$	0.8649
覆草+膜	$Y=1.7876X+3.1189$	0.9375

(2) 15～30cm 土层土壤失水率的变化。对 15～30cm 土层土壤失水率变化的测定结果表明(图 5-3)，各处理和对照之间土壤失水率除覆草处理波动较大外，其余处理间没有明显的差异。造成深层土壤水分变化的主要原因可能有两个，一是土壤的地表蒸发，二是地下水的上升补给。覆草处理的失水率波动较大的主要原因由图 5-3 不难看出，覆盖 4 天时土壤失水率急剧增加，随后又快速下降，这很可能是由随机因素造成的。

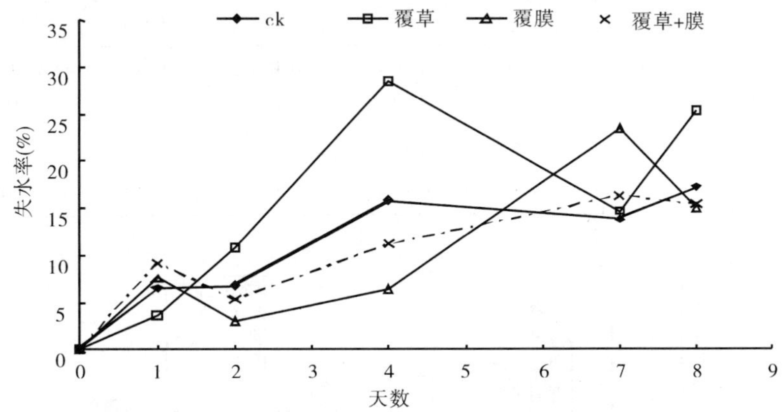

图 5-3　不同覆盖处理土壤失水率的变化(15～30cm)

根基覆盖某种程度上阻止了土壤与大气之间的水分交换，在覆盖物和地表之间形成了狭小的空间。由于覆盖物的存在，地表温度升高，土壤水分蒸发作用加强，起到了提水上升作用，使得覆盖物附近有大量水汽凝结，夜间随着温度下降，雾气凝结成水滴渗入到土壤，因此表层土壤含水率会明显高于裸地。沿海地区大气潮湿，覆草能凝结更多的大气水分并渗入到土壤，而覆膜则几乎完全起到了阻隔层的作用，不能将大气中的水分凝结补给土壤，这或许是覆草效果较好的一个重要原因。

5.4.2　对土壤养分和土壤酶的影响

覆膜、覆草、覆草+膜这 3 种覆盖处理研究表明，3 种覆盖方式均能提高土壤的有机质含量(表 5-9)，以覆草+膜的最高达 0.48%，比对照提高 118.2%，其次是覆草，比对照提高 86.4%，覆膜处理变化最小，仅提高 77%，这说明覆盖可以促进土壤有机质的形成，用草覆盖更可以提高覆盖效果。土壤的全氮和全磷是反映土壤养分潜力的指标，3 种覆盖方式均能很好地提高土壤全氮、全磷的含量。其中覆草+膜和覆草效果均好于覆膜。速效钾、速效磷和速效氮是反映土壤供养能力的指标，从 3 种覆盖措施看，覆草和覆草+膜 2 种方式的效果相差不大，均好于覆膜处理。覆草处理中速效钾比覆膜的提高 9.5mg/kg 是对照的 120.75%；覆草处理的速效磷比覆膜的提高了5.8mg/kg，比对照提高101.8 %；而覆草的土壤速效氮仅比覆膜提高3.5mg/kg，比对照提高42.6%；而覆草+膜的比覆草的略小，3种处理土壤养分差别均在3.1%以内(图5-4、图5-5)。总体上看，覆盖措施均能提高土壤酶的活性(表5-10)，但提高幅度有较大差别。覆草+膜的脲酶和转化酶活性最高，其次是覆草，而覆膜处理最次，而过氧化氢酶与磷酸酶以覆草处理最高，依次是覆草+膜、覆膜，其中提高幅度最大的是磷酸酶，覆草比对照提高90%(图5-6)。在土壤养分含量和土壤酶活性提高的同时，三种覆盖中的水溶性盐的含量也有大幅度提高，覆草+膜的比对照增加1倍多，其他依次是覆草、覆膜，分别增加0.5~1倍。由此可看出，在覆盖处理中，无论是土壤养分含量，还是土壤酶活性，覆草+膜和覆草措施效果均优于覆膜。

表5-9　不同覆盖处理林地土壤养分含量的变化

覆盖处理	速效钾(mg/kg)	速效磷(mg/kg)	速效氮(mg/kg)	全氮(%)	全磷(%)	有机质(%)	水溶性盐(%)	含水量(%)
覆　草	66.9	11.5	37.8	0.030	0.017	0.41	0.011	4.23
覆　膜	57.4	9.7	34.3	0.025	0.017	0.39	0.009	3.84
覆草+膜	64.9	11.48	37.7	0.030	0.019	0.48	0.013	4.14
ck	55.4	5.7	26.5	0.019	0.011	0.22	0.006	3.02

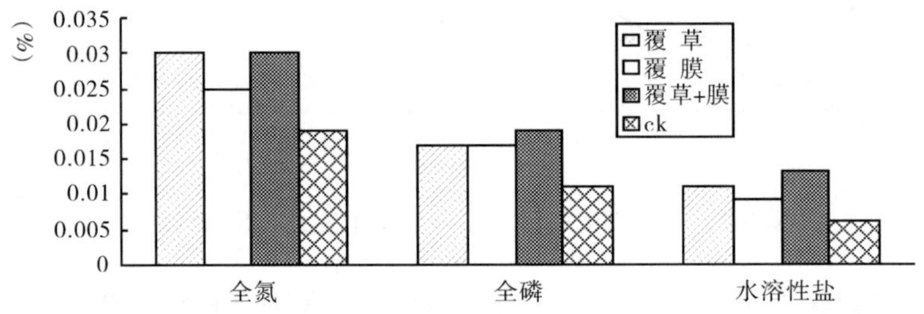

图5-4　不同覆盖林地土壤养分变化

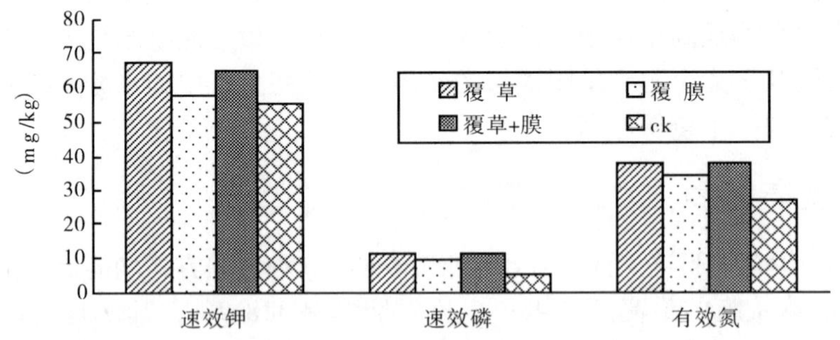

图5-5　不同覆盖林地土壤速效养分含量变化

表 5-10 不同覆盖处理林地土壤酶活性的变化

覆盖处理	脲酶 $NH_4-N\mu g$	过氧化氢酶 $KMnO_4$ ml	转化酶 $Na_2S_2O_3$ ml	磷酸化酶 P_2O_5 mg	pH 值
覆 草	14.57	2.06	12.1	12.29	6.3
覆 膜	12.69	1.81	11.7	8.85	6.2
覆草 + 膜	17.14	2.00	15.9	10.46	6.5
ck	8.69	1.21	8.7	6.47	6.2

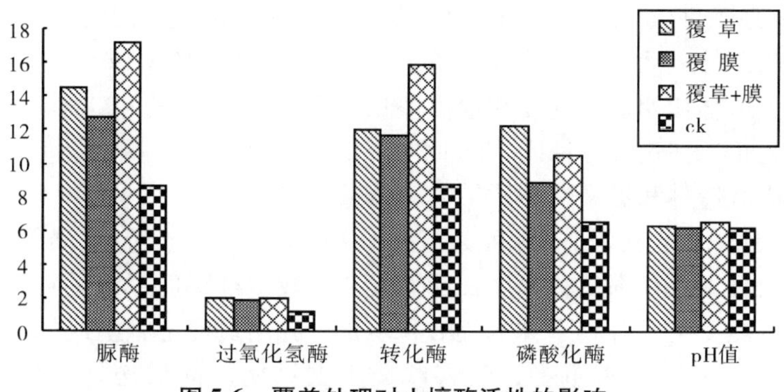

图 5-6 覆盖处理对土壤酶活性的影响

5.4.3 对造林成活率的影响

根基覆盖处理由于明显地减少了土壤水分蒸发，因而起到了很好的抗旱保墒作用，反映在生产上则有提高造林成活率的作用，对绒毛白蜡的试验结果表明(表 5-11)不同覆盖处理和对照之间对绒毛白蜡造林成活率的影响具有显著差异，但进一步进行多重比较看出，仅覆草处理和对照间有显著差异，覆膜、覆膜 + 草和对照间以及三种根基覆盖处理之间无显著差异。

表 5-11 不同覆盖处理对绒毛白蜡造林成活率的影响

处 理	成活率(X)	$X-76.7$	$X-83.7$	$X-84$
覆 草	91.7	15.0 *	8.0	7.7
覆草 + 膜	84.0	7.3	0.3	
覆 膜	83.7	7.0		
对 照	76.7			
5% LSD	10.54			

注：* 为 $\alpha = 0.05$ 显著性水平。

5.5 设置防沙障造林效果

在沙质海岸基干林带前沿的风沙地造林的同时，在试验示范林迎风面靠海前沿设第一排防沙屏障，向内每隔 10m 设同样规格的防沙屏障数排，然后在风障的庇护下造林。试验结果表明，设防风屏障造林，可减弱强风沙对造林苗木和幼树危害。其平均成活率为 93.8%，较对照区提高 21.3%；3 年生林木保存率为 88.6%，较对照区提高 13.7%。从海边算起，第一道防风屏障保护下的黑松平均树高 1. 15m，平均地径 3. 1cm；第二道防风屏障保护下的黑松平均树高 1. 23m，平均地径 3. 3cm；第三道防风屏障保护下的黑松平均树高 1. 27m，平均胸径 3. 4cm；对照平均树高 0. 94m，平均地径 2. 6cm，平均树高生长量较对照区提高 22. 3%~35. 1%，平均地径生长量较对照区提高 19. 2%~26. 9%。

5.6 小结

(1)在相同立地条件、栽培管理条件下，无论是沙滩地还是荒山地，黑松容器苗较裸根苗造林均明显提高造林成活率和林木保存率，提高幅度均在 10% 以上。容器苗造林没有明显的缓苗现象，且造林初期幼树高度和地径生长量显著高于裸根苗造林。采用容器苗造林，不仅促进了林木生长，加快林分郁闭，同时也降低了造林成本。因此，容器苗造林是干旱、瘠薄滨海沙地、山区造林和提高造林质量的一项重要措施。

(2)在滨海沙地采用大苗深栽(深度为苗高 1/2~1/3)和客土造林(黄泥土 10~15kg/株)均显著地提高黑松林木保存率及林木生长量。大苗深栽造林降低了根系附近的温度，减缓风沙地地表温度的剧烈变化，有利于林木成活和生长；施用黄泥土客土造林提高了沙地土壤局部范围田间含水量和有效含水范围，改善沙质土壤结构，使黑松林木保存率提高 20%~30%，林木生长量提高 30%~40%。

(3)用高分子吸水剂造林，不仅增强土壤的贮水和保水性能，而且减少土壤水分耗散，延长和提高向植物供水的时间和能力。高分子吸水剂施入土壤后，土壤容重减少，总孔隙度增加，改变了土壤中固液气三相的构成，液相组成增加，气相和固相构成减少。滨海沙地最适施用量为 10~20g/株，提高黑松造林成活率 10% 左右。用 $Y = ax^b$ 可以较好地拟合高分子吸水剂施入土壤后的土壤的失水过程，相关系数达 0. 92 以上。

(4)采用根基覆盖措施造林，有效地减少滨海沙地土壤水分蒸发，提高土壤保水效果，起到抗旱保墒作用，提高了绒毛白蜡造林成活率 7~15 个百分点。其作用大小次序：覆草 > 覆草 + 膜 > 覆膜 > 对照。从林地土壤养分含量和土壤酶活性分析，三种覆盖处理中，以覆草 + 膜和覆草的效果为好，但三种覆盖处理均明显优于对照。

(5)在沙质海岸基干林带前沿的风沙地采用设防沙障造林，可减弱强风沙对造林苗木和幼树危害，能提高黑松造林成活率、林木保存率和幼林生长量。

参考文献

[1] 曹正梅，董树亭，刘春生．覆膜栽培玉米的土壤生态效益研究进展．山东农业大学学报，1999，30(4)：492~498

[2] 邓正双，田宗伟．山区低山河谷地带容器育苗与造林技术要点．湖北林业科技，1999(4)：78

[3] 冯金朝，等．土壤保水剂对农作物增产增收效果．干旱地区农业研究，1993，11(2)：32~35

[4] 郭树凡，陈锡时，汪景宽．覆膜土壤微生物区系的研究．土壤通报，1995，26(1)：36~39

[5] 胡海波，张金池，陈顺伟，等．亚热带基岩海岸防护林土壤的酶活性．南京林业大学学报，2001，25(4)：21~25

[6] 蒋妙定，高智慧，康志雄，等．亚热带沿海基岩海岸湿地松营造技术研究．浙江林业科技，1996，16(3)：16

[7] 刘文雄，王建国，牛志远，等．寒地玉米地膜覆盖土壤生态效应研究．黑龙江农业科学，1992(1)：

13～17

[8] 罗伟祥．黄土高原渭北生态经济型防护林体系建设模式研究．北京：中国林业出版社，1995

[9] 卫正新，李树怀．晋西黄土丘陵沟壑区沟坡防护林造林技术．中国水土保持，1997(3)：40～42

[10] 温佐吾，唐成万．不同造林技术措施对马尾松幼林生长影响的研究．林业科学，1998，34(6)：39～49

[11] 张敦论，乔勇进，郗金标，等．高分子吸水剂对沙质海岸土壤物理性能及造林成活率的影响．山东林业科技，2000，3：9～11

[12] 张敦论，郗金标，乔勇进，等．沙质海岸防护林不同根际覆盖对土壤水分及造林成活率的影响．山东林业科技，2000，增刊：30～32

[13] Anna K Bandick, Richard P Dick. Field management effects on soil enzyme activities. Soil Biology and Biochemistry, 1999(31)：1471～1479

[14] H A Ajwa, et al. Changes in enzyme activities and mictobial biomass of tallgrass pranie soil as related to burning and nitrogen fertilization. Soil Biology and Biochemistry, 1999(31)：769～777

6　沙质海岸防护林瘠薄沙地土壤改良技术研究

沿海沙质海岸林地土壤主要是滨海沙土，土壤贫瘠，沙性较强，保肥保水性能差，干旱瘠薄一直是影响基干林带造林成活和后期生长的主要因素。为解决此关键技术，本文采用绿肥压青、施用有机肥的方法开展了滨海瘠薄沙地土壤改良技术的试验研究，以期为沙质海岸防护林林地土壤改良提供依据。

6.1　绿肥压青改良土壤的效果

6.1.1　对土壤养分的影响

用当地的紫穗槐鲜嫩枝叶进行压青处理，一年后的调查中枝叶尚未完全灰化，养分释放很少，土壤比对照变化不大。经2年压青2年林地土壤养分调查结果(表6-1)，绿肥压青林地土壤养分含量有较大的提高(图6-1、6-2)。

表6-1　压青处理对林地土壤养分的影响

压青时间（年）	速效钾（mg/kg）	速效磷（mg/kg）	速效氮（mg/kg）	全氮（%）	全磷（%）	有机质（%）	水溶性盐（%）	含水量（%）
CK	55.4	5.7	26.5	0.019	0.011	0.22	0.006	3.02
1	68.2	8.8	30.2	0.024	0.013	0.32	0.009	3.67
2	73.5	9.3	34.6	0.024	0.017	0.38	0.011	4.19

其中，绿肥压青2年后林地土壤有机质、全氮、全磷含量分别为0.38%、0.024%、0.017%，较对照分别提高72.7%、26.3%、54.5%。在速效养分含量中，绿肥压青2年后土壤速效钾为73.5mg/kg，速效磷为9.3mg/kg，速效氮为34.6mg/kg，分别比对照提高32.7%、63.2%和30.6%。且绿肥压青2年的土壤养分明显好于1年的。压青处理后，随压青材料的腐烂分解及养分释放入土壤中，土壤水溶性盐含量增加，由开始的0.006%增至第二年的0.011%。

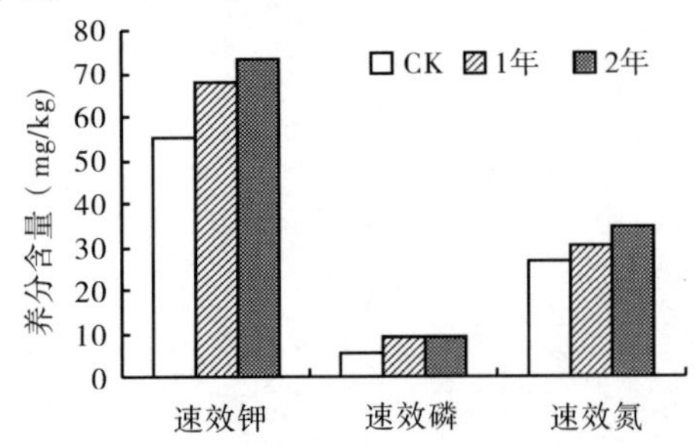

图6-1　压青处理对土壤速效养分影响

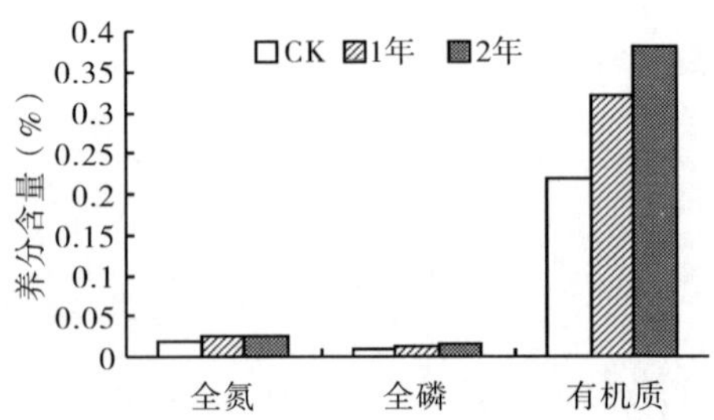

图6-2　压青处理对土壤营养状况影响

6.1.2 对土壤酶活性的影响

绿肥压青处理林地土壤中 4 种土壤酶的活性也有较大提高，脲酶(14.53μg NH_4-N)、H_2O_2酶(1.94mg$KMnO_4$)、转化酶(13.2mL$Na_2S_2O_3$)、磷化酶(11.57mg P_2O_5)的活性分别比对照提高 32.2%、21.3%、12.5%、44.4%(表 6-2)。由此可见绿肥压青处理不仅可以提高土壤养分含量，而且也显著提高了林地土壤酶活性。

利用紫穗槐鲜嫩枝叶进行压青，林地土壤养分含量和土壤酶活性有了很大的变化。以有机质和全磷含量提高幅度较大，全氮含量变化幅度较小；压青对 4 种土壤酶(脲酶、H_2O_2酶、转化酶、磷酸化酶)的活性也有较大提高。因此，绿肥压青是沙质海岸林地土壤培肥的一种比较经济有效的途径。

表 6-2 压青处理对林地土壤酶活性的影响

压青时间(年)	脲酶 NH_4-N (μg)	过氧化氢酶 $KMnO_4$(mL)	转化酶 $Na_2S_2O_3$(mL)	磷酸化酶 P_2O_5(mg)
Ck	8.69	1.21	8.70	6.47
1	10.99	1.60	11.73	8.01
2	14.53	1.94	13.20	11.57

6.2 施有机肥改良土壤的效果

6.2.1 对土壤养分的影响

施用有机肥(厩肥)对林地土壤养分含量的影响测定结果表明(表 6-3)，施用有机肥后，林地土壤中的速效钾、速效磷、速效氮、有机质、全氮、全磷均随有机肥施入量的增加而增大(图 6-3、6-4)。其中有机质施用 1kg 时，土壤有机质含量比对照提高 109.1%；2kg 时土壤有机质含量比对照提高 118.2%，这一方面反映沙质海岸土壤贫瘠，另一方面也表明通过有机肥的施用，可显著提高林地的土壤有机质含量；施用有机肥后林地土壤养分元素中的全氮和全磷的含量也是变化比较大的，使用 1kg、2kg、3kg 三种有机肥用量处理林地土壤的全氮含量分别比对照提高 47.3%、57.9%、63.2%，全磷含量分别提高 81.8%、109.1%、127.3%。在速效养分中，有效氮、速效磷含量提高幅度相对较大，较对照提高 23.5%~42.1%；速效钾含量提高相对较少，较对照提高 3.8%~10.1%，这与速效钾比较容易淋失有关。有机肥施用后，增加了土壤水溶性盐的含量，如使用 2kg 有机肥土壤的水溶性盐的含量较对照提高 1 倍，同时 pH 值也在增大，接近呈中性。

表 6-3 施用有机肥对林地土壤养分含量的影响

有机肥用量(kg/株)	速效钾(mg/kg)	速效磷(mg/kg)	有效氮(mg/kg)	全氮(%)	全磷(%)	有机质(%)	水溶性盐(%)	含水量(%)
1	57.5	7.04	33.1	0.028	0.020	0.46	0.010	3.28
2	60.0	7.52	36.5	0.030	0.023	0.48	0.012	4.10
3	61.0	8.10	37.5	0.031	0.023	0.48	0.019	4.15
CK	55.4	5.70	26.5	0.019	0.011	0.22	0.006	3.02

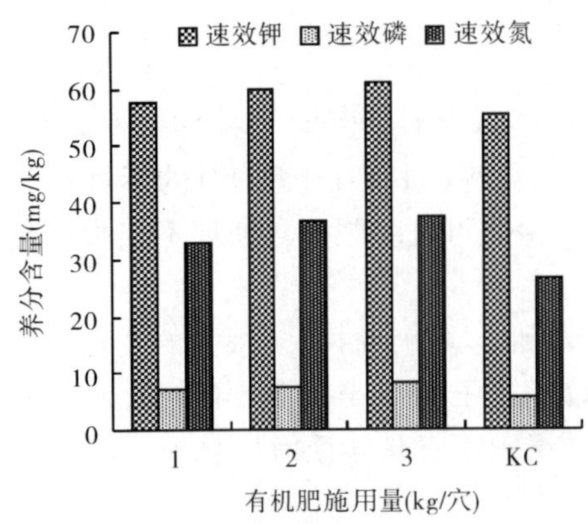

图 6-3　施用有机肥对林地土壤速效养分影响

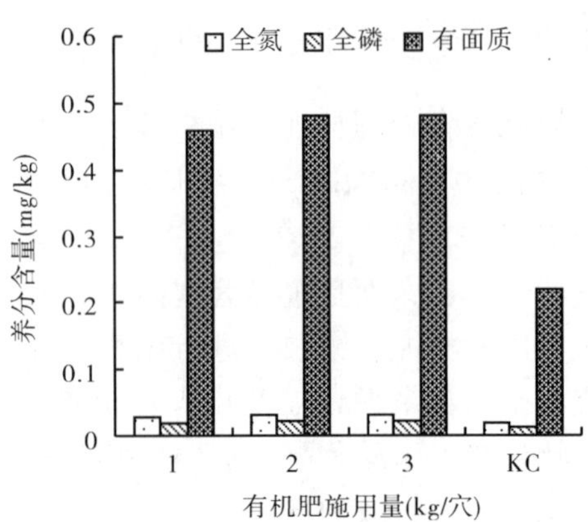

图 6-4　施用有机肥对林地土壤营养影响

6.2.2　对土壤酶活性的影响

有机肥施用对土壤的酶活性的影响测定结果表明(表 6-4、图 6-5)，施用有机肥对林地土壤酶活性有直接影响。对土壤酶中的脲酶、过氧化氢酶和转化酶 3 种土壤酶的活性提高幅度较大，如脲酶，1kg、2kg、3kg 有机肥处理的土壤脲酶活性分别比对照提高 35.6%、58.5%、88.0%；过氧化氢酶的活性分别提高 59.5%、76.9%、105.8%；转化酶的活性分别比提高 34.5%、63.2%、82.8%；但磷酸酶的活性提高幅度较小，三种有机肥处理的土壤酶活性比对照分别提高 29.8%、51.6%、64.6%。综上所述，在沿海沙质岸基干林带内施用有机肥，可以显著提高土壤有机质的含量、土壤养分含量和土壤酶的活性，改善了林地土壤养分的转化速率和效率。

表 6-4　施用有机肥对林地土壤酶活性的影响

有机肥用量(kg/株)	脲酶 NH_4-N(μg)	过氧化氢酶 $KMnO_4$(mL)	转化酶 $Na_2S_2O_3$(mL)	磷酸化酶 P_2O_5(mg)
1	11.78	1.93	11.7	8.74
2	13.77	2.14	14.2	9.81
3	16.34	2.49	15.9	10.65
CK	8.69	1.21	8.70	6.47

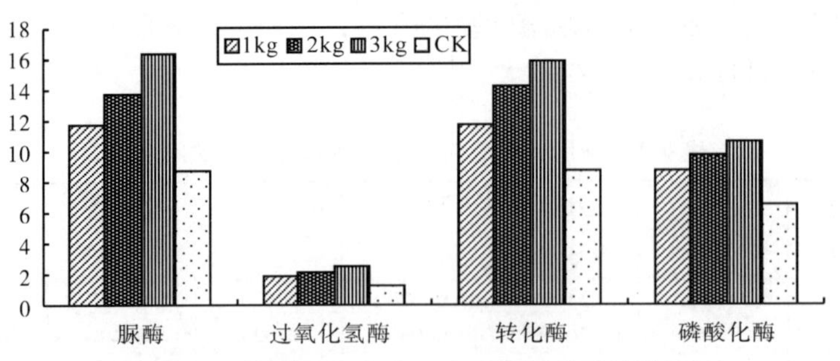

图 6-5　施用有机肥对林地土壤酶活性的影响

6.3 小 结

(1)采用紫穗槐鲜嫩枝叶进行土壤压青，有效地提高了滨海瘠薄沙地土壤养分含量和微生物数量。其中，有机质、全氮、全磷含量分别较对照提高 26.3%~72.7%；土壤速效钾、速效磷、有效氮分别比对照提高 30.6%~63.2%。且绿肥压青 2 年的土壤养分明显好于 1 年的。绿肥压青处理林地土壤脲酶、H_2O_2 酶、转化酶、磷化酶的活性也有较大提高，分别比对照提高 12.5%~44.4%。因此，绿肥压青是沙质海岸瘠薄沙地土壤培肥的一种比较经济有效的措施。

(2)施用有机肥能显著提高林地土壤养分含量和土壤酶的活性，且随有机肥施入量的增加而增大，有效地改善土壤养分的转化速率和效率。其中土壤有机质含量比对照提高 1 倍以上，全氮含量提高 47.3%~63.2%，全磷含量提高 81.8%~127.3%；在速效养分中，有效氮、速效磷含量提高幅度相对较大，较对照提高 23.5%~42.1%；速效钾含量提高相对较少，较对照提高 3.8%~10.1%，这与速效钾比较容易淋失有关。土壤酶的变化是脲酶，过氧化氢酶和转化酶的活性提高幅度较大(35.6%~88.0%)；但磷酸化酶提高幅度相对较小(29.8%~64.6%)。施用有机肥用量以 2~3kg/株为宜。

参考文献

[1] 戴雨生，康立新，梁珍海，等．江苏泥质海岸防护林土壤微生物数量分布及其类群的研究．南京林业大学学报，1996，20（1）：53~57

[2] 胡海波，康立新，梁珍海，等．泥质海岸防护林土壤酶活性特征研究．土壤学报，1998，35：112~118

[3] 谭芳林，李志真，叶功富，等．木麻黄连载对沿海沙地土壤养分含量及酶活性的影响．林业科学，2003，（1）：37~40

[4] 温佐吾，唐成万．不同造林技术措施对马尾松幼林生长影响的研究．林业科学，1998，34(6)：39~49

[5] 杨运立．海滩盐土木麻黄造林技术探讨．林业科技通讯，1998(6)：24~26

[6] 于雷，郑景明，潘文利，等．滨海盐碱地防护林树种固氮特性研究．辽宁林业科技，1998(2)：19~21

[7] 张鼎华，等．人工林地力的衰退与维护．北京：中国林业出版社，2001

[8] 治沙造林学编委会．治沙造林学．北京：中国林业出版社，1984

[9] Anna K Bandick, Richard P Dick. Field management effects on soil enzyme activities. Soil Biology and Biochemistry, 1999(31): 1471~1479

[10] H A Ajwa, et al. Changes in enzyme activities and microbial biomass of tallgrass prarie soil as related to burning and nitrogen fertilization. Soil Biology and Biochemistry, 1999 (31): 769~777

7 沙质海岸防护林主要树种生物生产力研究

开展防护林主要树种生物生产力的研究，对于确定主要造林树种，评定其现实生产力具有重要意义。目前，国内对杉木、马尾松、油松等内陆地区防护林在林树种的生物生产力研究较多，而对沿海地区防护林树种的研究报道较少。特别是对以单叶蔓荆为主要造林树种的防护林的研究更少。为此，本文针对黑松、火炬松等主要造林树种开展了生物生产力研究，为合理评价和确定沙质海岸防护林的适宜树种提供科学依据。

7.1 黑松防护林生物量和生产力的研究

7.1.1 相对生长关系的建立

树木各器官之间普遍存在着相对生长关系或协同生长关系。利用相对生长关系建立生物量模型即可通过对容易测定的测树因子的测定来估算林分生物量及现实生产力。林木器官生物量(W)与其胸径(D)和树高(H)之间存在函数关系，利用最小二乘法原理求出参数 a、b、c 和相关系数 R 值。根据标准木资料，利用胸径和树高两个因素为自变量，采用以下 5 个数学模型借助计算机进行拟合，得出黑松植株各器官生物量数学模型参数(表 7-1)。

7.1.2 黑松防护林单株生物量模型

由表 7-1 结果表明，黑松植株各器官生物量、地上部分及全树生物量与 D 或 D^2H 的回归关系，经 F 检验，均存在极显著或显著相关关系。选择相关系数最大的、回归标准差最小的方程作为估测各器官生物量的数学模型(表 7-2)，用于测算林分和各器官生物量。

表 7-1 黑松植株各器官生物量生长模型参数

器 官	数学模型	a	b	c	相关系数(R)
	$Y=a+bD$	-64.1399	11.6366		0.9873
	$Y=aD^b$	0.1954	2.3963		0.9903
总干重	$Y=a+bD^2H$	4.5400	0.0740		0.9919
	$Y=a(D^2H)^b$	0.1425	0.9181		0.9924
	$Y=aD^bH^c$	0.1674	2.0059	0.5947	0.9916
	$Y=a+bD$	-16.9445	2.8325		0.9586
	$Y=aD^b$	0.0180	2.7546		0.9776
根干重	$Y=a+bD^2H$	-0.0014	0.0176		0.9415
	$Y=a(D^2H)^b$	0.0152	1.0199		0.9677
	$Y=aD^bH^c$	0.0194	2.9453	-0.2904	0.9519
	$Y=a+bD$	-25.2441	4.7759		0.9707
	$Y=aD^b$	0.0954	2.3445		0.9673
	$Y=a+bD^2H$	3.0785	0.0301		0.9674
	$Y=a(D^2H^b)$	0.0741	0.8864		0.9462

（续）

器　官	数学模型	a	b	c	相关系数(R)
干干重	$Y=aD^bH^c$	0.0702	1.5703	1.1795	0.9629
	$Y=a+bD$	-11.4768	2.1531		0.9312
	$Y=aD^b$	0.0678	2.1383		0.9449
枝干重	$Y=a+bD^2H$	1.0395	0.0140		0.9589
	$Y=a(D^2H)^b$	0.0564	0.8008		0.9462
	$Y=aD^bH^c$	0.0598	1.8190	0.4864	0.9457
	$Y=a+bD$	-10.4744	1.8753		0.9285
	$Y=aD^b$	0.0398	2.2797		0.9437
叶果干重	$Y=a+bD^2H$	0.4234	0.0122		0.9567
	$Y=a(D^2H)\ b$	0.0326	0.8542		0.9455
	$Y=aD^bH^c$	0.0345	1.9191	0.5493	0.9445

表 7-2　黑松各器官生物量估测数学模型

项　目	数学模型	相关系数
全株重	$W=0.1425(D^2H)^{0.9181}$	0.9924
根系重	$W=0.0180D^{2.7546}$	0.9776
树干重	$W=-25.2441+4.7759D$	0.9707
枝条重	$W=1.0395+0.0140D^2H$	0.9589
叶果重	$W=0.4234+0.0122D^2H$	0.9567

7.1.3　黑松防护林林分生物量结构及其分配

黑松防护林林分生物量由乔木层、下木层、草本层和枯枝落叶层组成。林分总生物量为95.09t/hm^2，其中林分乔木层生物量88.34 t/hm^2，占林分总生物量的92.90%，表明黑松对林地地力和空间的利用较充分；占下木层生物量1.70t/hm^2，占总生物量的1.79%；草本层生物量1.34t/hm^2，占林分总生物量的1.41%；枯枝落叶层生物量3.71t/hm^2，占林分总生物量的3.90%（表7-3、图7-1）。林分各层次生物量的比较排序为：乔木层>枯枝落叶层>下木层>草本层。

表 7-3　黑松防护林林分生物量结构及其分配表

项　　目	林　分	乔木层	下木层	草本层	枯枝落叶层
生物量(t/hm^2)	95.09	88.34	1.70	1.34	3.71
占总量的百分数(%)	100.00	92.90	1.79	1.41	3.90

(1)乔木层总生物量。黑松防护林乔木层总生物量为88.34t/hm^2。其中，树干生物量为39.58t/hm^2，占乔木层总生物量的44.80%；树枝生物量为16.41t/hm^2，占乔木层总生物量的18.58%；树叶生物量为13.90t/hm^2，占乔木层总生物量的15.73%；根系生物量为

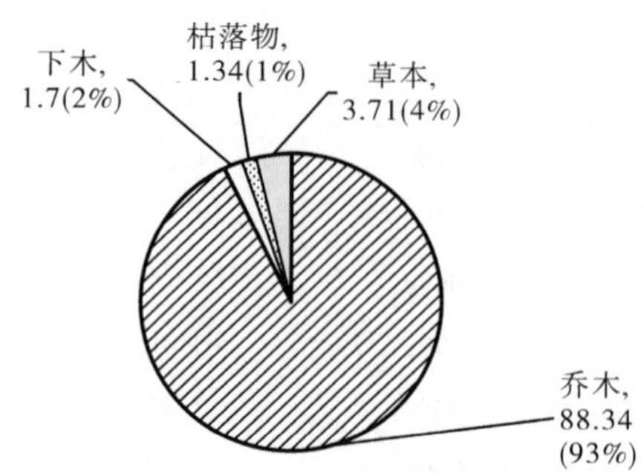

图 7-1 黑松防护林林分生物量结构及其分配

18.45t/hm²，占乔木层总生物量的 20.89%。

(2)下木层生物量。本次试验地黑松防护林郁闭度大，林内下木种类很少(主要由紫穗槐灌木和黑松、麻栎幼树组成)，生物量较少，仅为 1.70t/hm²，占林分总生物量 1.79%，其中地上部分生物量为 1.18t/hm²，占下木层生物量的 69.41%，地下部分生物量为 0.52t/hm²，占 30.59%。

(3)草本层生物量。黑松林分郁闭度较大(>0.80)，林内光照不足，草本植物种类较少(主要为羊胡子草、结缕草、打碗花及少量蒿类等)，且长势较差，平均覆盖度 20% 左右，平均总生物量为 1.34t/hm²，仅占全林分的 1.41%。

(4)枯枝落叶层生物量。黑松为常绿乔木树种，且测定的林分处于近熟林状态，林内枯落物较少(主要为未分解及半分解的枯枝、球果、松针等)。林下的枯枝落叶层总生物量为 3.71t/hm²，仅占全林分的 3.9%。其中未分解生物量 1.38t/hm²，占总量的 37.20%；半分解和已分解的枯枝落叶生物量 2.33t/hm²，占总量的 62.80%。

7.1.4 黑松防护林乔木层生物量结构及其分配

黑松防护林乔木层生物量主要包括树干生物量、树枝生物量、树叶生物量、根系生物量四部分。其各器官生物量大小排序为树干 > 树根 > 树枝 > 树叶。其中根系生物量约为乔木层总生物量的 1/5，分析表明沿海黑松防护林的根系较发达(图 7-2)，对促进林木生长和保持水土有重要作用。

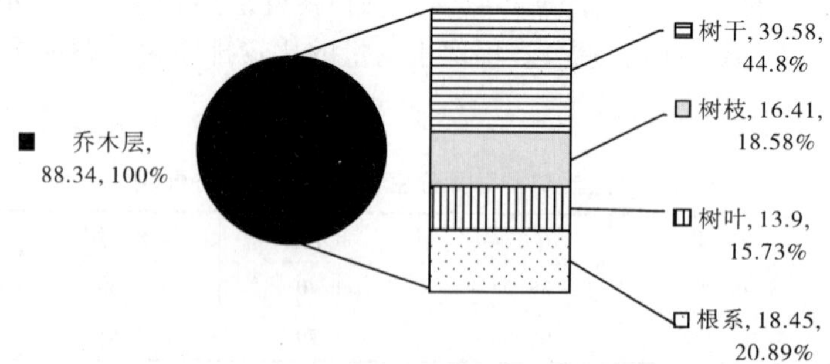

图 7-2 黑松防护林乔木层各器官生物量结构及分配

7.1.5 黑松防护林乔木层各径阶林木生物量结构及其分配

由于林木间营养空间的竞争和生长分化，在同一黑松林分中不同径阶林木生物量的分配比例差异明显，且呈偏正态分布。分析表明，在同一林分中，以中径阶9～11cm林木生物量占绝大多数(80%以上)，小径阶(8cm)和大径阶(12～13cm)林木生物量占比例较小，表明该林分径阶结构不合理，急需进行抚育间伐，及时调整密度，以促进林木生长。同时还可以看出，在各径阶单株林木各器官组成中，中大径阶单株林木各器官生物量组成比例都表现为树干＞树根＞树枝＞树叶，而小径阶单株林木各器官生物量组成比例都表现为树干＞树枝＞树根＞树叶，说明小径阶林木在林分中处于被压状态，林木生长衰弱，树叶、根系生物量偏小，其生长衰弱。随着林木径阶由小到大，根系生物量比例则趋于变大(表7-4)。黑松防护林林分结构简单，乔木层基本上是黑松，且郁闭度高，林下植被较少，枯落物积累量也不大，乔木层个体竞争激烈，林木分化较严重，应改善林分结构，提高林分的整体效应和稳定性。

表7-4 黑松林分乔木层不同径阶生物量及组成

径阶	株数	树干		树枝		树叶		根系		单株		林分
		t/株	%	t/株	%	t/株	%	t/株	%	t/株	t/hm^2	%
8	120	0.0161	50.79	0.0059	18.61	0.0042	13.25	0.0055	17.35	0.0317	3.80	4.30
9	495	0.0202	45.39	0.0089	20.00	0.0068	15.28	0.0086	19.33	0.0445	22.03	24.93
10	465	0.0308	43.02	0.0133	18.57	0.0121	16.90	0.0154	21.51	0.0716	33.29	37.69
11	195	0.0398	45.12	0.0154	17.46	0.0130	14.74	0.0200	22.68	0.0882	17.20	19.47
12	90	0.0451	45.88	0.0174	17.70	0.0153	15.56	0.0205	20.86	0.0983	8.85	10.02
13	30	0.0504	47.64	0.0182	17.20	0.0163	15.41	0.0209	19.75	0.1058	3.17	3.59
合计	1395	39.58	44.80	16.41000	18.58	13.900	15.73	18.4500	20.89	0.4401	88.34	100

7.1.6 黑松防护林林分生产力的评定

林分现实生产力是指单位土地面积、单位时间内有机物的净生产量。据文献介绍，净生产量(ΔP_N)应为T_1-T_2时间植物生长量(ΔY_N)、植物凋落物量和枯损物量(ΔL_N)及被动物吃掉的损失量(ΔG_N)三个分量之和。因条件受限，本文未对ΔG_N作专门的调查，仅以ΔY_N和ΔL_N之和表示ΔP_N。文中ΔP_N由林分总生物量W与生长年限a之商所得，即$\Delta P_N = w/a$。计算结果见表7-5。

表7-5 黑松林分净平均现实生产力及分配

项目	林分	乔木层	下木层	草本层	枯枝落叶层
现实生产力(t/hm^2·年)	5.08	2.53	0.28	1.34	0.93
占总量的百分数(%)	100.00	49.80	5.51	26.38	18.31

注：经调查研究确定林分年龄为33年，下木年龄取为6年，草本植物年龄取为1年，枯枝落叶年龄取为1年。

从表7-5中可以看出，黑松防护林林分年平均现实生产力为5.08t/(hm^2·年)，其中，乔木层年平均现实生产力最大，为2.53t/(hm^2·年)，占林分现实生产力的49.8%，表现出较高的现实生产力；草本层和枯枝落叶层年平均现实生产力1.34t/(hm^2·年)和0.93t/(hm^2·年)，分别占林分现实生产力的26.38%和18.31%；下木层的年均现实生产力最小，为0.28t/(hm^2·年)，占林分现实生产力的5.51%。在计算过程中，由于未考虑被动物吃掉的损失量(或枯损量)，乔木层现实生产力可能比实际生产力偏小。

林分生物量和现实生产力是衡量一个森林生态系统现实生产力高低的重要标准，是评价林木树种生长特性的理论依据。黑松人工林乔木层生物量为88.34t/hm^2，平均现实生产力2.53t/(hm^2·年)，低于江苏同类型区的刺槐林乔木层平均现实生产力4.48t/(hm^2·年)、湿地松林分平均现实生产力3.87t/(hm^2·年)和马尾松林乔木层平均现实生产力4.24/(hm^2·年)，但远高于山西山地的油松林分平均净生产量1.11t/(hm^2·年)，湖南山地的黄山松林分平均净生产量1.68t/(hm^2·年)，超过苏北同类型区的湿地松林分平均净生产量2.26t/(hm^2·年)的11.9%，比侧柏人工林乔木层平均净生产量2.29t/(hm^2·年)大10.5%。从黑松林分的生物量、生产力评价结果表明，黑松在沿海地区适生且生长较快，且黑松防护林的现实生产力较高。由此可知，黑松仍是滨海地区目前不可替代的优良树种。

7.2　火炬松防护林生物量研究

7.2.1　火炬松生长特性和生长过程

火炬松生长特点是每经历一次生长都会出现一个生长轮，生长轮上枝干有规律地环绕主干排列，但与红松、黑松等针叶树不同的是火炬松生长每年通常会出现二次甚至三次以上生长，比如该地的火炬松在第3年经历了4次生长，第1、2、4、6年分别经历了两次生长，所以仅从生长轮数和所处的高度位置来判断年龄是不确切的。因此在我们的研究中，按1m区分段法对树干进行了解析，并在每一生长轮的上部树干截取圆盘，这样就可以通过计算各圆盘上的年轮来确定树干不同部位和各生长轮的年龄，从而也就得到了每年的树高。胸径和基径的生长动态则分别从胸径圆盘和基径圆盘上直接测得。

从火炬松的树高生长变化(图7-3)中可以明显的看出，树高的生长在初期比较缓慢，在第2、3年生长加速，并在第3年长到了胸径位置，4、5、6、7年是树高生长的高峰期，保持着稳定的较高增长速度，7年以后，趋势渐缓；胸径和基径的生长趋势基本一致，随年龄

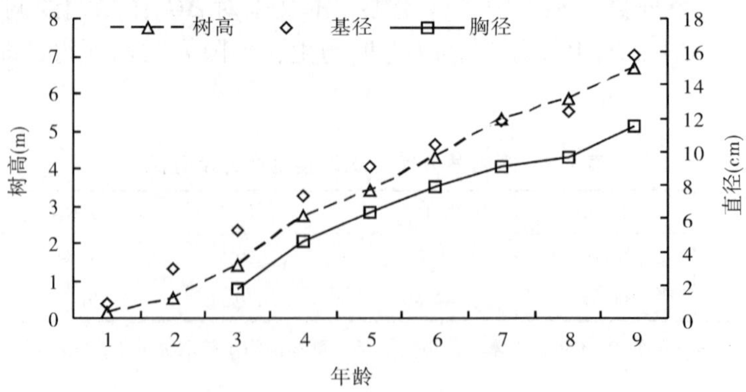

图7-3　火炬松林木生长随年龄的变化

的增加而稳步增长，但在第7年增长缓慢，之后增长的幅度开始加大，这表明8年以后火炬松的胸径生长比树高生长快。

7.2.2 不同林龄火炬松生物量的生长变化

在胶南海防林建设中，火炬松造林时间较短而且数量较少，很难按照一定的年龄或径阶梯度寻找到合适的标准木。为了初步探寻火炬松的累积生物量随年龄的变化情况，在研究中将树体从上部向下把属于各年龄段的树干、树枝和树叶干重分别累计，得出火炬松各器官生物量随年龄增长的变化情况(表7-6)。

表7-6 火炬松不同林龄阶段各器官生物量的生长变化

年龄(年)	树干		树枝		树叶		全树	干:枝:叶
	kg	%	kg	%	kg	%	kg	
1	0.16	53.58	0.08	24.84	0.07	21.57	0.31	2.48:1.15:1
2	0.29	52.53	0.13	22.71	0.14	24.76	0.55	2.12:0.92:1
3	1.11	53.12	0.54	25.94	0.44	20.94	2.08	2.54:1.24:1
4	1.95	59.13	0.72	21.75	0.63	19.12	3.30	3.09:1.14:1
5	6.01	71.24	1.36	16.07	1.07	12.69	8.44	5.61:1.27:1
6	9.43	78.42	1.46	12.12	1.14	9.46	12.02	8.29:1.28:1
7	12.66	81.82	1.61	10.38	1.21	7.80	15.48	10.49:1.33:1
8	14.07	83.33	1.61	9.51	1.21	7.15	16.88	11.65:1.33:1
9	15.11	84.30	1.61	8.96	1.21	6.74	17.93	12.52:1.33:1

注:%为各年龄上各器官生物量占这一年龄上生物量合计的百分数。

综合来看，全树和各器官的生物量都呈逐渐增加的趋势。全树的生物量在5、6、7年时的增加幅度较大，分别比上年增长5.14、3.58和3.46kg，这说明在此期间树木处于生长高峰期；与全树的生长高峰期一致，树干生物量也是在5、6、7年时增长最快，与上年比较分别增长了4.06、3.42、和3.23kg；而树枝和树叶生物量的增长变化则不太显著，由于树木自然整枝的作用，7年以后的枝叶生物量基本保持了稳定。随年龄的增长，各器官生物量在总生物量中所占比重也存在一定的差异。在3年以前，干生物量与枝叶生物量之和相当，干枝叶的分布比例大致为2.3:1.1:1左右；从4年开始，树干生物量所占比例逐渐增加，到7年时树干占全树生物量的81%以上，而枝叶生物量比例相对减少。

总之，树干的生长累积过程与全树基本一致，全树生物量累积主要是树干生物量的累积。

7.2.3 火炬松单株生物量的垂直分布

从图7-4看，总生物量在树体上部和下部的分配差异非常显著，81.6%分布在3.5m以下，只有大约18.4%分布于树体3.5m以上。各器官生物量的垂直分布也存在差异。树干生物量在各层的分布总趋势是随着高度的增加而减少的，且83.48%分布在3.5m以下，3.5m以上部分树干生物量急剧减少，仅分布着16.52%。枝叶生物量在各层的分布没有明显的趋势，但二者也有着共同之处，枝生物量的94.55%和叶生物量的93.25%都分布于2.5~5.5m区间上，其中以2.5~3.5m上最多，有49.05%的枝生物量和42.26%的叶生物量分布其上，4.5~5.5m 区间上次之，5.5~6.7m 区间上只有5.45%的枝生物量和6.75%的叶生物量，枝和叶在各层次上的分布规律基本一致。

不同层次上干枝叶的生物量比例也有差异。在0~1.3m 区间上没有枝叶分布，全部是树干生物量，这是由于自然整枝的作用，在树干1.8m 以下没有枝叶分布。1.3~2.5m 区间上生物量在干枝叶上分配的比例差异最大，为54.87∶1.52∶1，越往高处差异逐渐缩小，到最高层5.5~6.7m 区间上，干枝叶比例为2.45∶1.06∶1。可见在林木下层生物量的积累主要集中在树干的积累上，在林木的中上部枝叶生物量的积累也占据了相当比例。从枝叶的数量对比来看，从树体下部往上没有明显的规律，由此可见枝叶在树干上的分布并不成比例。

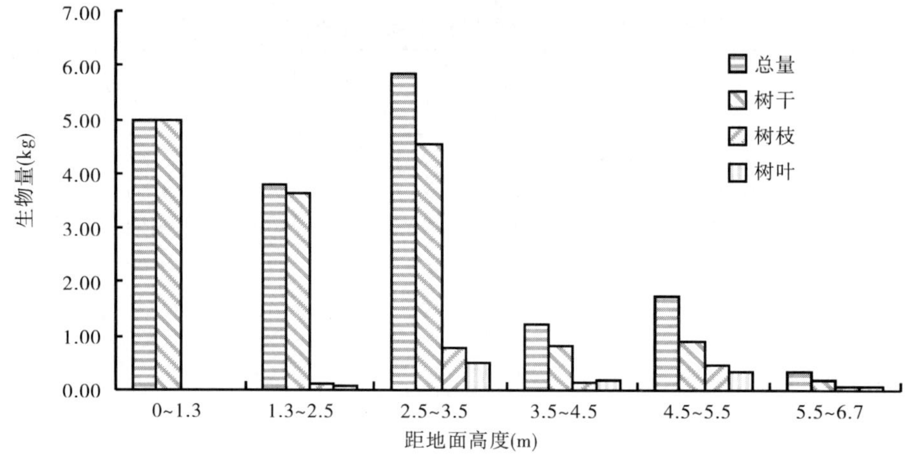

图7-4　火炬松单株生物量变化垂直分布图

7.2.4　火炬松生物量与胸径、地径和树高的关系

从图7-3和表7-6综合分析，随着年龄的增长，火炬松单株生物量的累积与胸径、基径和树高的变化趋势基本一致，都是在生长初期增长较缓慢，随后保持着比较稳定的增长，并且可以预测在第9年后仍然是增长的趋势，其中树高的生长过程与生物量的累积过程尤为相似。树高生长的高峰期是在4~7年，随后增长趋势减缓，生物量的累积也同样表现出这一规律。这说明，对于幼龄火炬松，生物量的累积与树的高生长密切相关。

7.2.5　生物量模型的建立

利用数学模型来估测林木各器官的干重，进而估测整个林分生物量的方法是当今世界上普遍采用的一种简单而可靠的方法。为了获取火炬松精确的生物量，本研究选用了多个数学模型进行模拟。结果发现应用“相对生长法”的 $W=aD^b$ 模型（式中 W 为各器官生物量干重，D 为林木胸径，a、b 为系数）计算生物量比较简便，模拟精度较高，R^2 值都在0.9以上（表7-7）。这与以往的研究结果也是一致的。因此，在实际工作中，可以利用 $W=aD^b$ 模型来估测火炬松单株生物量，进而利用林分密度计算整个林分的生物量。

表 7-7　火炬松单株生物量数学模型

组分	模　型	R^2	组分	模　型	R^2
树干	$W = 1.0009D^{1.4425}$	0.967	树叶	$W = 0.4667D^{0.5637}$	0.907
树枝	$W = 0.5518D^{0.6236}$	0.905	全树	$W = 1.9177D^{1.1879}$	0.966

7.3　单叶蔓荆生长特性研究

7.3.1　单叶蔓荆扦插造林生长特性

单叶蔓荆扦插造林是实现固沙保土、快速成林的一项适用技术。为进一步了解单叶蔓荆的生长规律，连续五年对单叶蔓荆扦插造林的生长状况进行了调查，结果表明(表 7-8)：单叶蔓荆根的增长比较显著，第一年根的数量为 16.5 条，到第四年达到原来的近 2 倍，在根的数量急剧增加的同时，根的粗度也在增加，1 年生时，根径大于 0.3cm 的根仅为根量的 9.1%，到 5 年时，大于 0.3cm 径根达 7 条，为根量的 18.9 %，根的最大粗度也从第 1 年的 0.33cm 增长到 0.9cm；最大根长由第 1 年的 39cm 增长到第 5 年的 220cm；根幅扩大了 5.6 倍，平均每年生长 44cm。地上部分生长分枝数变化不大，但枝的增粗和增长比较显著。径大于 0.5cm 枝，在 1 年时为 0 条，第 2 年时 2 条，到第 5 年时为 4 条，且最大茎的粗度达 1.2cm，是第 1 年生时的 3.4 倍；最大枝长第 1 年时仅为 23cm，第 5 年时达 110cm，增长 3.8 倍。植株生物量的增长也很好地反映了单叶蔓荆的生长规律(图 7-5)。1 年生时全株生物量仅为 42.6g，由于插穗的原因，地下生物量为 25g，大于地上生物量，第 2 年时植株地上生物量迅猛增长，仅一年增长了 3.8 倍，达 85g，超过地下生物量；到 5 年生时，地上生物量达 275g，地下生物量达 205g，分别是 1 年生时的 15.6 和 8.2 倍，全株生物量达 480g。从以上分析可看出，单叶蔓荆在沿海沙地立地条件下扦插造林生长表现良好，根茎的生物量增长均比较显著，根表现为数量和粗度的不断增加，茎表现为茎长和茎粗的增加。扦插造林后，第 1、2 年植株生物量增长较慢，从第 3 年根茎生长开始进入速生期，且地上生物量大于地下生物量。单叶蔓荆由于地上具有匍匐延展性和地下具有多根性，增强了其固沙保土能力，因而是一种优良的沙岸防风固沙造林灌木树种。

表 7-8　单叶蔓荆扦插造林生长情况

生长期(年)	地下部分					地上部分					全重(g)
	根数	>0.3cm 根数	最大根长(cm)	最大根粗(cm)	根重(g)	枝数	>0.5cm 枝数	最大茎长(cm)	最大茎粗(cm)	地上重(g)	
1	16.5	1.5	39	0.33	25	2	0	23	0.35	18	43
2	18.5	2.5	49	0.65	47	3	2	41	0.75	85	132
3	24.6	4.6	86	0.71	104	3	2	65	0.86	140	244
4	31.4	5.1	160	0.86	163	4	3	84	0.97	207	70
5	37.0	7.0	220	0.90	205	4	4	110	1.20	275	480

7.3.2　单叶蔓荆断蔓后造林生长特性

单叶蔓荆是匍匐生长的耐沙埋植物，落地生根是其重要特征，因此，通过对单叶蔓荆断蔓造林是沿海瘠薄沙地提高植被覆盖度、增加个体数量一种行之有效的途径。单叶蔓荆断蔓后，离体茎蔓的生长调查表明(表 7-9、图 7-6)，在断蔓后的当年，离体茎蔓主要用于抽发新根和新芽，地上茎蔓生长缓慢；从第 2 年开始地上、地下生长加快，断蔓后的第一节茎节生长明显放慢，而第二、第三节由于生长的需要，根茎叶生长均好于第一节，其中根的均长、均粗也有此规律，茎蔓生长第 1 年增长较小，仅为 7.6%，第 2 年茎蔓增长 20.23%，依次增加到第 4 年，茎蔓长达 125cm，是断蔓前的 160.3%；植株生物量的增长也有相同的规律，第 1 年较慢，从第 2 年后生长逐渐加快。从以上分析可看出，单叶蔓荆断蔓繁殖也是一种经济高效的沿海沙滩造林方法。单叶蔓荆断蔓造林后，各节间的生长发明显生变化，从节径粗、生根量、平均根长、平均根粗 4 个方面表明生长活动中心的转变，即由断蔓前的第二节间为主，向第三节间转移。断蔓后的第 1 年，地上生长转弱，主要是因为养分主要用于增加根的数量和根系的生长发育，扩大根系的吸收功能，以满足离体枝蔓的生长发育。

表 7-9　单叶蔓荆断蔓后造林生长情况

断蔓后时间（年）	第一节				第二节				第三节				茎蔓长（cm）	地上重（g）	地下重（g）	全重（g）
	节径（cm）	根数	根均长（cm）	根均粗（cm）	节径（cm）	根数	根均长（cm）	根均粗（cm）	节径（cm）	根数	根均长（cm）	根均粗（cm）				
0	0.4	3	21	0.13	0.40	3	12.0	0.10	0.30	1	6.0	0.10	78	45	9	54
1	0.41	4	25	0.15	0.44	4	20.0	0.14	0.37	3	10.5	0.13	84	55	23	78
2	0.54	5	26	0.21	0.64	5	25.4	0.21	0.64	3	19.6	0.23	101	107	37	144
3	0.71	5	27	0.26	0.88	5	27.6	0.23	0.97	3	28.6	0.34	114	152	44	196
4	0.80	5	30	0.28	1.0	6	30.8	0.25	1.20	3	40.0	0.40	125	180	50	230

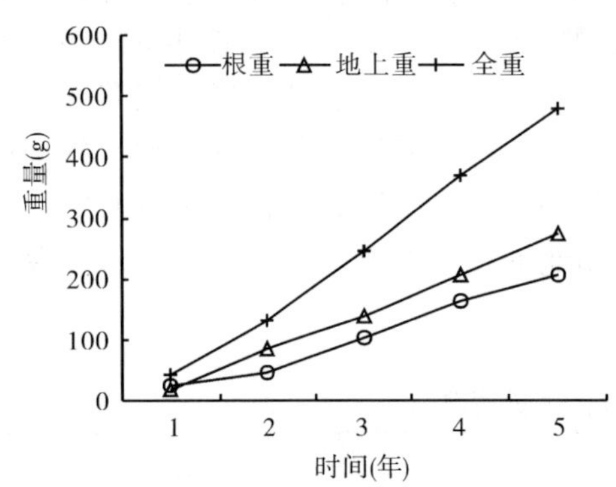

图 7-5　单叶蔓荆扦插造林的生物量变化

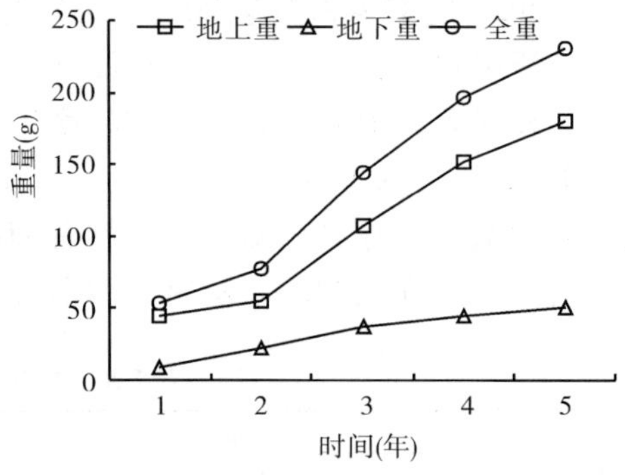

图 7-6　单叶蔓荆断蔓造林的生物量变化

7.4　小　结

(1)黑松、火炬松林木器官生物量(W)与其胸径(D)和树高(H)之间存在密切相关关系，由此建立生物量数学模型。

黑松为：$W_{干} = -25.2441 + 4.7759D$，$W_{枝} = 1.0395 + 0.0140D^2H$，$W_{叶} = 0.4234 + 0.0122D^2H$，$W_{根} = 0.0180D^{2.7546}$

火炬松为：$W_{干}=1.0009D^{1.4425}$，$W_{枝}=0.5518D^{0.6236}$，$W_{叶}=0.4667D^{0.5637}$

上述建立的黑松、火炬松各器官的生物量模型，经实用性检验均有良好的相关性，可用于测算林分和器官生物量。

黑松防护林林分各层次生物量为：乔木层＞枯枝落叶层＞下木层＞草本层，其中，乔木层占林分总生物量的92.90%，下木层占1.79%，草本层占1.41%，枯枝落叶层占3.9%。乔木层各器官生物量为：树干生物量占44.80%，树枝生物量占18.58%，树叶生物量占15.73%，根系生物量占20.89%，其排序为树干＞树根＞树枝＞树叶。

(2)在同一黑松林分中，不同径阶林木生物量的分配比例差异明显，且呈偏正态分布。其中，中径阶林木生物量占绝大多数，小径阶和大径阶林木生物量占比例相对较小，表明该林分径阶生物量结构不合理，亟需进行抚育间伐，及时调整密度。

(3)林分生产力研究表明，黑松防护林林分生物量较大($88.34t/hm^2$)，且现实生产力较高[$2.53t/(hm^2$·年)]，与同类地区的油松、侧柏、刺槐等比较具有较高林分生产力，适宜在沿海地区造林。因此，黑松仍是滨海地区目前不可替代的优良造林树种。

(4)火炬松单株各器官生物量所占比重随林龄的增加表现出一定的差异。其变化规律是随年龄增长树干生物量所占比重逐渐增大，树枝和树叶的比重则呈下降趋势。从全树看，火炬松在4～7年时生物量增长幅度较大，处于生长高峰期。

(5)火炬松不同树干高度区间的干枝叶生物量的比例有差异。由于自然整枝的作用，在0～1.3区间没有枝叶分布，全部是树干生物量，越往高处干枝叶的比例差异越小。可见在林木下层生物量的积累主要集中在树干上，在中上部枝叶生物量的积累也占据了相当比例。火炬松林木生物量与胸径、基径和树高的变化趋势基本一致，都是在生长初期缓慢，随林龄增加而稳定增长，其中树高的生长过程与生物量的累积过程尤为相似，说明火炬松幼林生物量的累积与树高生长密切相关。

(6)单叶蔓荆在沙质海岸可以通过扦插和断蔓两种方法进行人工造林，均能很好地促进单叶蔓荆的生长和发育。扦插造林的根茎生长较显著，根的数量、粗度均不断增加，茎的长粗度也有相同的趋势，扦插后，从第二年开始根茎进入速生期，生物量第一年地下大于地上，从第二年开始地上生物量大于地下生物量。单叶蔓荆断蔓造林技术也是单叶蔓荆群落区的一种经济高效的造林方法，断蔓后，各节间的生长变化表明，从节径粗、生根量、平均根长、平均根粗4个方面表明生长活动中心的转换，即由断蔓前的第二节间为主，向第三节间转移，断蔓第一年地上生长转弱，主要是因为养分用于根的数量的增加和根系的生长发育，扩大根系的吸收功能，以满足离体枝蔓的生长发育。总之，单叶蔓荆由于地上具有匍匐延伸性和地下具有多根性，地上生物量大，固沙保土性能强，因而是一种优良的沙质海岸防风固沙造林灌木树种。

参考文献

[1] 迟健，李桂英，李春发，等. 浙江及皖东丘陵地区火炬松生长分析. 林业科学研究，1997，7(4)：438～442

[2] 丁宝水. 落叶松人工林群落生物生产力的研究. 植物生态学与地植物学学报，1990，14(3)：226～236

[3] 冯宗炜，等. 不同自然地带杉木林的生物生产力. 植物生态学与地植物学丛刊，1984，8(2)：93～100

[4] 冯宗炜，等. 湖南会同地区马尾松林生物量的测定. 林业科学，1982，18(2)：127～134

[5] 贵杰，王鹏程，严仁发．马尾松纸浆商品用材林生物量变化规律和模型研究．林业科学，1998，1：34～41
[6] 姜景民，刘昭息，吕本树．火炬松种源遗传变异分析和适宜种源(区)的确定．林业科学研究，1999，12(5)：485～492
[7] 孔凡斌，方华．不同密度年龄火炬松林生物量对比研究．林业科技，2003，28(3)：6～9
[8] 廖克服．高海拔地区火炬松人工林生长与生物量研究．福建林学院学报．1996，16(4)：375～377
[9] 刘茜．不同龄组马尾松人工林生物量及生产力的研究．中南林学院学报，1996，4：47～51
[10] 潘攀，李荣伟，覃志刚，等．杜仲人工林生物量和生产力研究．长江流域资源与环境，2000，9(1)：72～77
[11] 潘志刚．15 年生火炬松种源试验研究初报．林业科学，2000，36(1)：70～79
[12] 齐清，李传荣，许景伟，等．沙质海岸火炬松幼树生物量的研究．山东农业大学学报，2006(4)：25～27
[13] 乔勇进，许景伟，张敦论．单叶蔓荆人工扩繁技术及生理特性的研究．中国野生植物资源，2003(2)：23～26
[14] 乔勇进，张敦论，郗金标．单叶蔓荆生物生理特性的研究．防护林科技，2001，2(47)：6～9
[15] 田大伦，等．杉木人工林生态系统生物产量的结构特征．//森林生态系统定位研究．北京：中国林业出版社，1993：3～9
[16] 许景伟，李传荣，王卫东，等．沿海沙质岸黑松防护林生物量及生产力的研究．东北林业大学学报，2005(7)：29～34
[17] 许慕农，陈炳浩．林木研究方法．山东省泰安地区林科所，1983：380～387
[18] 叶镜中，姜志林．苏南丘陵杉木人工林的生物量结构．生态学报，1983，3(1)：7～14
[19] 张炜银，郑有善，游兴早．观光木各器官生物量模型研究．江西农业大学学报，1999，3：410～413
[20] 周世强，黄金燕．四川红杉人工林分生物量和生产力的研究．植物生态学与地植物学学报，1991，15(1)：9～16
[21] 周政贤，谢双喜．杜仲人工林生物量及生产力研究．林业科学研究，1994，6：646～651
[22] 邹春静，卜军，徐文锋．长白山人工林群落生物量和生产力的研究．应用生态学报，1995，6(2)：123～127

8 沙质海岸防护林群落类型及其环境效应研究

不同防护林群落类型，由于树种组成、群落结构及其树木生物学特性的差异，其防护功能和对环境的影响也存在明显的差异。因此，合理地确定防护林的群落结构和配置模式，对提高林分防护效能，改善林地土壤肥力均具有重要意义。为此，本研究在典型调查与观测基础上，开展了防护林群落类型及其与环境效应的关系的研究，以期为合理地确定沙质海岸防护林的混交类型和配置模式提供科学依据。群落标准地基本情况见表 8-1、8-2。

表 8-1 龙口林场不同类型群落基本情况

群落类型	树种组成	林龄（年）	密度（株/hm^2）	郁闭度	胸径（cm）	树高（m）	蓄积（m^3/hm^2）	下层植被盖度（%）	备 注
黑松纯林	10 黑	26	2480	0.70	7.7	5.5	39.78	3	紫穗槐
黑松紫穗槐林	10 黑	26	1860	0.65	8.8	6.4	43.82	65	$H=0.8$m
黑松刺槐林	6 黑 4 刺	26	1950	0.75	9.5	6.8	56.00	20	麻栎
黑松麻栎林	10 黑	31	1500	0.75	11.2	7.1	61.16	45	$H=1.4$m

表 8-2 大沙洼林场不同类型群落基本概况

群落类型	树种组成	郁闭度	平均高度（m）	平均胸径（cm）	草本盖度（%）	备 注
草 甸	-	-	0.4	-	70	离海边较近，草本物种丰富，有少量积水洼地
黑松纯林	10 黑	0.6	12.6	7.3	30	草本种类单一，盖度 80%
黑松紫穗槐林	10 黑	0.7	7.4 1.0	14.9 -	95	草本种类单一，盖度 20% 紫穗槐为灌木
黑松刺槐林	7 黑 3 刺	0.7	9.7 4.3	17.7 6.8	65	草本种类单一，盖度 40%
黑松麻栎林	7 黑 3 栎	0.8	9.0 13.9	12.9 12.4	15	草本种类单一，盖度 30%

8.1 不同群落类型对土壤肥力的影响

8.1.1 土壤理化性状

从龙口林场调查分析结果（表 8-3）中看出，不同群落类型的土壤含水率存有差异。三种混交林群落林地的土壤含水率均高于纯林，尤以黑松 + 紫穗槐类型的明显；土壤容重混交林的较纯林有降低趋势，但差异不大；土壤 PH 值没有明显规律性。土壤有机质、速效氮、速效磷、速效钾含量，黑松 + 刺槐、黑松 + 麻栎、黑松 + 紫穗混槐 3 种交林类型的均优于黑松纯林。其中，有机质含量分别为纯林的 535.9%，523.1% 和 276.9%；速效氮含量分别为 269.3%，261.7% 和 118.0%；速效磷含量分别为 230.2%，300.0% 和 178.1%；速效钾含量分别为 196.1%，199.9% 和 229.0%。值得一提的是，黑松 + 紫穗槐、黑松 + 刺槐混交林的全氮含量和黑松 + 紫穗槐混交林的全磷含量均低于黑松纯林，需要进一步探讨。

表 8-3 不同类型群落的土壤理化性状分析

群落类型	土壤深度（cm）	有机质（%）	全 N（%）	全 P（%）	速效 N（mg/kg）	速效 P（mg/kg）	速效 K（mg/kg）	容重（g/cm^3）	含水率（%）
黑松纯林	0~20	0.122	0.0280	0.0113	10.25	1.24	19.75	1.59	1.11
	20~40	0.033	0.0117	0.0066	8.79	0.68	9.38	1.60	1.12
	平均	0.078	0.0149	0.0090	9.52	0.96	14.57	1.60	1.12
黑松紫穗槐混交林	0~20	0.310	0.0169	0.0122	18.06	2.64	48.10	1.61	1.74
	20~40	0.122	0.0059	0.0050	4.39	0.77	18.63	1.53	2.68
	平均	0.316	0.0114	0.0086	11.23	1.71	33.37	1.57	2.21
黑松刺槐混交林	0~20	0.751	0.0371	0.0210	42.48	3.27	40.25	1.63	1.38
	20~40	0.085	0.0012	0.0026	8.79	1.15	16.88	1.50	1.52
	平均	0.418	0.0142	0.0118	25.67	2.21	28.57	1.57	1.45
黑松栎栎混交林	0~20	0.654	0.0350	0.0220	41.02	4.22	44.50	1.58	1.31
	20~40	0.162	0.0034	0.0034	8.79	1.53	13.75	1.60	1.51
	平均	0.408	0.0792	0.0127	24.91	2.88	29.13	1.59	1.41

8.1.2 土壤微生物数量

由龙口林场不同调查分析结果(表 8-4)看出，黑松 + 刺槐、黑松 + 麻栎、黑松 + 紫穗槐三种混交林群落林地土壤中细菌、真菌数量均明显高于黑松纯林，其中细菌数量分别为黑松纯林的 888.6%、829.3% 和 150.2%，真菌数量分别为黑松纯林的 275.6%、220.7% 和 141.3%；黑松 + 刺槐和黑松麻栎种混交林群落的土壤放线菌数量高于黑松纯林，分别为纯林的 211.1% 和 163.7%，而黑松 + 紫穗槐的则低于纯林，为纯林的 59.7%，这可能与该混交林群落土壤含水量较高、湿度较大有关；三种混交林群落均提高了纤维素分解菌数量，分别为黑林纯林的 393.2%、390.9% 和 122.7%，表明混交林群落促进了纤维素分解菌的生长和繁殖，有利于土壤有机物的分解和碳素循环。三种混交群落土壤自生固氮菌数量均低于黑松纯林，分别为纯林的 98.0%、43.7% 和 51.8%。这种结果可能与刺槐、麻栎、紫穗槐等伴生树种与固氮菌间存在固氮和联合共生的机制有关，使自生固氮菌数量相对减少，其原因有待进一步深入研究。

表 8-4 不同类型群落的土壤微生物数量分析

群落类型	土壤深度 cm	真 菌 $\times 10^4$ 个/g(%)	细 菌 $\times 10^8$ 个/g(%)	放线菌 $\times 10^4$ 个/g(%)	自生固氮菌 $\times 10^4$ 个/g(%)	纤维素分解菌 $\times 10^4$ 个/g(%)
黑松纯林	0~20	30.8	9.07	3.38	3.52	0.67
	20~40	1.68	1.29	2.35	0.45	0.20
	平 均	16.28(100)	5.18(100)	2.78(100)	1.99(100)	0.44(100)

（续）

群落类型	土壤深度 cm	真 菌 ×10^4 个/g(%)	细 菌 ×10^8 个/g(%)	放线菌 ×10^4 个/g(%)	自生固氮菌 ×10^4 个/g(%)	纤维素分解菌 ×10^4 个/g(%)
黑松紫穗槐混交林	0~20	39.01	15.20	2.36	3.65	0.87
	20~40	6.90	0.36	0.95	0.25	0.21
	平　均	22.95(141.3)	7.78(150.2)	1.66(59.7)	1.95(98.0)	0.54(122.7)
黑松刺槐混交林	0~20	83.50	87.50	8.73	1.01	3.02
	20~40	6.00	4.56	3.00	0.73	0.43
	平　均	44.75(275.6)	46.03(888.6)	5.87(211.1)	0.87(43.7)	1.72(390.9)
黑松麻栎混交林	0~20	69.10	85.80	6.10	1.92	3.03
	20~40	2.57	0.13	3.00	0.13	0.44
	平　均	35.84(220.7)	42.96(829.3)	4.55(163.7)	1.03(51.8)	1.73(393.2)

综合分析表明，不同类型群落林地土壤微生物数量存在显著差异。其真菌、细菌、放线菌、纤维素分解菌数量高低顺序为黑松+刺槐>黑松+麻栎>黑松+紫穗槐>黑松纯林，除黑松+紫穗槐的放线菌数量稍低于黑松纯林外，其他因子均高于黑松纯林；自生固氮菌数量高低顺序为黑松+紫穗槐>黑松+麻栎>黑松+刺槐>黑松纯林。因此，在营造沿海防护林时，应适当比例配置黑松+刺槐、黑松+紫穗槐、黑松+麻栎混交林，有利于增加林下土壤微生物的数量。

8.1.3　土壤酶活性

调查结果（表8-5）可以看出，黑松+刺槐、黑松+麻栎、黑松+紫穗槐三种混交林群落土壤脲酶活性分别为纯林群落的1427.7%，1005.6%和247.9%，说明混交林群落对提高土壤脲酶活性，改善土壤氮素营养状况的作用优于纯林，效果极为显著。分析表明，黑松+刺槐、黑松+麻栎、黑松+紫穗槐三种混交林群落林地土壤过氧化氢酶分别为黑松纯林的209.1%、121.2%和106.1%，说明混交林土壤的生化过程强度较纯林大，尤以黑松+刺槐和黑松+麻栎群落表现明显。三种混交林群落土壤转化酶活性分别为黑松纯林的117.9%、103.7%、104.3%，可认为混交林群落林地土壤熟化程度好于纯林，但不甚明显。三种混交林群落均明显提高土壤磷酸酶的活性，分别为黑松纯林的457.1%、301.6%、169.6%，说明三种混交林群落提高了土壤供磷能力，改善土壤磷素养分状况。

从表8-5中还可以看出，不同类型群落土壤酶的活性在各自土壤中，均呈现出上层明显高于下层的层次变化规律。

表8-5　不同类型群落土壤酶活性分析

群落类型	土壤深度 cm	脲 酶 NH_4-N μg/g(%)	过氧化氢酶 0.1mol/L$KMnO_4$ mL/g(%)	转 化 酶 0.05mol/L $Na_2S_2O_2$ mL/g(%)	磷 酸 酶 P_2O_5 mg/g(%)
黑松纯林	0~20	3.11	0.35	7.10	0.0254
	20~40	2.22	0.30	7.00	0.0113
	平　均	2.67(100)	0.33(100)	7.05(100)	0.0184(100)

（续）

群落类型	土壤深度 cm	脲酶 NH_4-N μg/g(%)	过氧化氢酶 0.1mol/L K_2MnO_4 mL/g(%)	转化酶 0.05mol/L $Na_2S_2O_2$ mL/g(%)	磷酸酶 P_2O_5 mg/g(%)
黑松紫穗槐混交林	0~20	6.67	0.45	7.65	0.0503
	20~40	6.56	0.25	7.05	0.0121
	平　均	6.62(247.9)	0.35(106.1)	7.35(104.3)	0.0312(169.6)
黑松刺槐混交林	0~20	74.90	1.06	7.73	0.0982
	20~40	1.33	0.31	6.88	0.0127
	平　均	38.12(1427.7)	0.69(209.1)	7.31(103.7)	0.0555(301.6)
黑松栎栎混交林	0~20	52.80	0.65	9.60	0.1467
	20~40	0.89	0.15	7.01	0.0215
	平　均	26.85(1005.6)	0.40(121.1)	8.31(117.9)	0.0841(457.1)

8.1.4 土壤微生物、酶与土壤养分的相关分析

为探讨不同类型群落土壤养分因子与土壤微生物数量、土壤酶活性之间的关系，该文以土壤中真菌数量(X_1)、细菌数量(X_2)、放线菌数量(X_3)、自生固氮菌数量(X_4)、纤维素分解菌数量(X_5)、脲酶活性(X_6)、过氧化氢酶活性(X_7)、转化酶活性(X_8)、磷酸酶活性(X_9)为自变量，以土壤中有机质含量(Y_1)、全氮含量(Y_2)、全磷含量(Y_3)、速效氮含量(Y_4)、速效磷含量(Y_5)、速效钾含量(Y_6)为因变量，采用多元线性回归方法进行拟合，求出最佳方程如下：

$Y_1=0.388+0.0035\times10^{-4}X_1+0.0013\times10^{-8}X_2+0.0144\times10^{-4}X_3-0.0043\times10^{-4}X_4-0.0337\times10^{-4}X_5+0.003\ X_6-0.0206\ X_7+0.0667\ X_8-0.0044\ X_9\quad R=0.9571$

$Y_2=0.0085+0.0001\times10^{-4}X_1+0.0001\times10^{-8}X_2+0.0001\times10^{-4}X_3+0.0018\times10^{-4}X_4+0.0075\times10^{-4}X_5+0.0001\ X_6+0.001\ X_7-0.0012\ X_8+0.006\ X_9\quad R=0.9200$

$Y_3=-0.0257+0.0001\times10^{-4}X_1-0.0001\times10^{-8}X_2+0.0009\times10^{-4}X_3+0.0004\times10^{-4}X_4+0.0015\times10^{-4}X_5+0.0001\ X_6-0.0009\ X_7+0.0041\ X_8-0.0005\ X_9\quad R=0.9497$

$Y_4=-14.5024-0.0919\times10^{-4}X_1+0.206\times10^{-8}X_2+0.2996\times10^{-4}X_3-1.0385\times10^{-4}X_4+4.9258\times10^{-4}X_5+0.4439\ X_6-5.5154\ X_7+3.7480\ X_8+0.2321\ X_9\quad R=0.9782$

$Y_5=1.8019+0.0087\times10^{-4}X_1-0.0158\times10^{-8}X_2+0.03\times10^{-4}X_3+0.0828\times10^{-4}X_4+0.1314\times10^{-4}X_5+0.0262\ X_6-0.3072\ X_7-0.1538\ X_8+0.1922\ X_9\quad R=0.9678$

$Y_6=152.12820+0.2835\times10^{-4}X_1-0.3107\times10^{-8}X_2-6.5182\times10^{-4}X_3+7.2618\times10^{-4}X_4-12.1547\times10^{-4}X_5+0.9086\ X_6-6.8381\ X_7-19.2083\ X_8+7.0183\ X_9\quad R=0.9655$

运用公式 $t=R\times\sqrt{n-m-1}/\sqrt{1-R^2}$，进行复相关系数的 t 检验均达到显著水平，表明多元回归差异显著，回归方程可靠有效。由此可知，土壤微生物数量和酶活性与养分性状密切相关，综合作用和影响着土壤肥力水平，其作用大小，可用偏相关系数衡量(表 8-6)。

表 8-6　土壤微生物、土壤酶与土壤养分之间相关系数

土壤因子	有机质(Y_1)	全氮(Y_2)	全磷(Y_3)	速效氮(Y_4)	速效磷(Y_5)	速效钾(Y_6)
真菌(X_1)	0.4597**	0.4167*	0.3713*	-0.3220	0.2697	0.3897*
细菌(X_2)	0.2711	0.2811	-0.1280	0.5363**	0.5881**	-0.2512
放线菌(X_3)	0.2123	0.0199	0.3943*	0.1112	0.0974	-0.2029
自生固氮菌(X_4)	-0.0716	0.3598*	0.1947	-0.2883	0.2807	0.5652**
纤维素分解菌(X_5)	-0.1190	0.3644*	0.1659	0.3956*	0.1002	-0.2050
脲酶(X_6)	0.2070	0.0971	0.1028	0.6117*	-0.3098	0.5385**
过氧化氢酶(X_7)	-0.0563	0.0363	-0.0774	-0.3502	-0.1785	-0.1840
转化酶(X_8)	0.3711*	-0.0395	0.3197	0.3649*	-0.0862	-0.3475
磷酸酶(X_9)	-0.0458	0.0857	-0.1592	0.0597	0.3952*	0.5886**
复相关系	0.9571	0.9200	0.9497	0.9782	0.9678	0.9655

注：n=20；$r_{0.1}=0.3598$，$r_{0.05}=0.4227$；n 为样本数；* 0.1 显著水平，** 0.05 显著水平。

从表 8-6 中可以看出，防护林群落土壤中真菌与有机质相关密切，与全氮、全磷、有效钾为一般相关；细菌与有效氮、有效磷关系密切；放线菌与全磷一般相关；纤维素分解菌与全氮、速效氮表现为一般相关；土壤酶中脲酶与速效氮、速效钾密切相关，转化酶与有机质、有效氮为一般相关，磷酸酶与速效磷和速效钾相关密切。因此，不同类型群落的土壤微生物数量、土壤酶活性与土壤养分含量之间存在着相关关系。

8.2　不同群落类型对土壤水源涵养功能的影响

8.2.1　土壤物理性质

土壤物理性质，特别是土壤的机械组成和孔隙状况直接影响土壤的结构和通气透水性，是决定森林土壤水源涵养功能的重要因素。从大沙洼林场分析结果(表 8-7)看出，不同类型群落土壤的物理性状差异明显。5 种植被群落类型的土壤均以 1～0.05mm 的沙粒为主，上层土壤细沙含量都高于下层土壤；从草甸到黑松+麻栎混交林，粗沙含量逐渐减少，细沙含量逐渐增加，其中黑松+麻栎和黑松+刺槐的细沙含量要比草甸增加 2 倍以上。保水保肥性较好的粉粒土壤含量也有较大差异，土壤粉粒含量以黑松+紫穗槐的最高，草甸最低，这说明有林地尤其是混交林地具有较好的机械组成。由表 8-8 可知，除土壤容重外，有林地的土壤孔隙度、饱和持水量、贮水总量均明显高于草甸。在有林地中，其各项指标均表现为黑松+紫穗槐>黑松+刺槐>黑松+麻栎>黑松纯林，上、下层土壤亦表现出同样的趋势。利用 SAS9.0 对这 5 种群落类型的粉沙含量、总孔隙度、饱和持水量的方差分析，均表现差异性显著。

表 8-7 不同类型群落的土壤机械组成

群落类型	土层厚度(cm)	石砾(g)	沙粒		粉粒(g)	粗沙含量(%)	细沙含量(%)		粉粒含量(%)	
			粗沙(g)	细沙(g)			各层	平均	各层	平均
草甸	0~20	36.1	312.1	105.1	7.56	67.73	22.81	21.90	1.64	1.15
	20~40	22.8	429.8	122.7	4.37	74.14	21.17		0.75	
黑松紫穗槐混交林	0~20	0.0	261.9	168.7	18.92	58.26	37.53	35.24	4.21	3.03
	20~40	4.8	367.2	193.2	12.16	63.60	33.46		2.11	
黑松纯林	0~20	0.0	160.4	139.8	5.69	52.43	45.71	42.21	1.86	1.56
	20~40	2.5	220.5	148.0	4.95	58.66	39.36		1.32	
黑松刺槐混交林	0~20	0.0	226.4	268.0	12.83	44.63	52.84	49.80	2.53	2.77
	20~40	0.0	164.6	142.6	9.97	51.91	44.95		3.14	
黑松麻栎混交林	0~20	0.0	115.2	219.5	13.15	33.12	63.10	54.97	3.78	2.66
	20~40	0.0	222.1	218.3	8.04	49.53	48.67		1.79	

注：石砾、粗沙、细沙、粉粒直径分别为 3~1mm，1~0.25mm，0.25~0.05mm，0.05~0.01mm。

表 8-8 不同类型群落的土壤水分物理性质

植被类型	土层深度(cm)	土壤容重(g/cm^3)	总孔隙度(%)	毛管孔隙度(%)	非毛管孔隙度(%)	毛管持水量(%)	饱和持水量(%)	0~40cm 贮水总量(t/hm^2)
草甸	0~20	1.75	32.51	28.86	3.65	16.96	12.59	1404
	20~40	1.48	37.67	29.68	7.99	20.03	25.41	
黑松紫穗槐混交林	0~20	1.25	50.80	33.92	16.88	27.08	40.58	1959
	20~40	1.45	47.14	43.33	3.81	29.82	32.44	
黑松纯林	0~20	1.37	41.96	29.36	12.60	21.36	30.52	1627
	20~40	1.39	39.41	21.01	18.40	15.14	28.40	
黑松刺槐混交林	0~20	1.31	42.66	32.17	10.49	24.51	32.91	1739
	20~40	1.38	44.28	38.11	6.17	27.66	32.14	
黑松麻栎混交林	0~20	1.37	44.43	34.76	9.67	25.38	32.43	1684
	20~40	1.38	39.78	30.88	8.89	22.30	28.82	

综合分析可知，不同类型群落林地土壤的物理性质以黑松紫穗槐混交林类型最好，黑松刺槐和黑松麻栎混交林次之，在有林地中黑松纯林最差，但好于草甸。

8.2.2 土壤渗透性能

渗透性能是土壤对降水的动态调蓄能力，是土壤水源涵养功能的表现之一，与毛管和非毛管孔隙度密切相关。对于熟化程度较高，发育良好的森林土壤，渗透速率越大越好，但对于沙质土壤，下层土壤渗透值的降低将会有利于改善沙地土壤的供水状况，使土壤储存更多的水分供林木生长所需。

由于树木对改良土壤作用，与草甸相比，有林地表层土壤的毛管孔隙和非毛管孔隙都得到了增加，这就使得水分能够快速下渗，大大提高了土壤表层的渗透能力。从表 8-9 测定结果表明，土壤稳渗速率，以黑松+麻栎混交林最大，达到14.29 mm/min，是草甸的7倍多，黑松+紫穗槐和黑松+刺槐的次之，黑松纯林最差(8.93 mm/min)，但显著高于草甸(图8-1)。下层土壤则相反，黑松+刺槐混交林下层土壤渗透速率最小，而黑松纯林的最大。这可能是刺槐较黑松改良深层土壤效果好的缘故。

综上所述，在不同类型群落中，有林地上层土壤的渗透性能高于草甸，但下层土壤的渗透性能低于草甸。在有林地中，上层土壤的渗透性以黑松+麻栎混交林最好，黑松+紫穗槐混交林和黑松+刺槐混交林次之，黑松纯林最差；而下层土壤的渗透性以黑松+刺槐的最好，黑松+麻栎、黑松+紫穗槐的次之，黑松纯林最差；这说明混交群落有良好的土壤结构，能有效地阻止水分在下层土壤的快速下渗，具有良好的保水性。

表8-9 不同类型群落林地土壤的渗透性

植被类型	土层厚度(cm)	渗透深度(cm)	初渗速率(mm/min)	稳渗速率(mm/min)
草 甸	0~20	14	3.79	1.98
	20~40	19	27.38	27.38
黑松紫穗槐混交林	0~20	7	17.86	11.90
	20~40	13	27.47	27.47
黑松纯林	0~20	20	11.52	8.93
	20~40	10	71.43	71.43
黑松刺槐混交林	0~20	15	11.90	10.20
	20~40	7	14.29	17.86
黑松麻栎混交林	0~20	11	17.86	14.29
	20~40	14	23.81	23.81

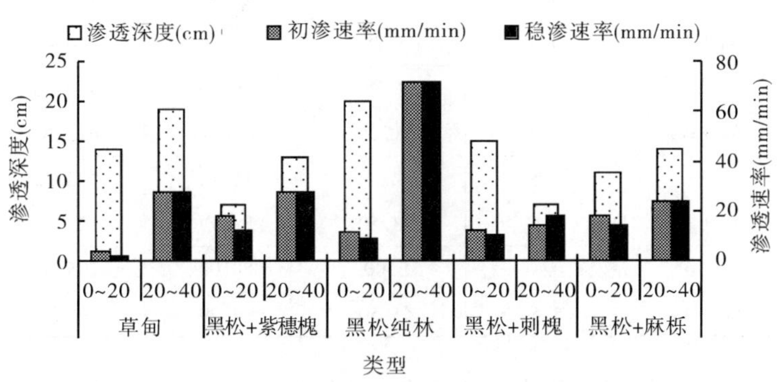

图8-1 不同类型群落林地土壤的渗透性

8.2.3 土壤贮水能力

土壤是水分贮存的主要场所，其贮水能力常以土壤的贮水总量为表征，是反映森林涵养水源能力的一个重要指标。土壤毛管孔隙和非毛管孔隙的增加，都可以提高土壤的贮水能力。比较土壤贮水总量(表8-8)看出，有林地都明显高于草甸，这说明有林地土壤的贮水能力强于草甸。在有林地中，土壤的贮水总量差异也存在较大差异。黑松紫穗槐混交林由于枯枝落叶量和细根量大，每年归还土壤的有机质多，使土壤的物理结构得到改良，因而土壤的贮水总量大(1959 t/hm^2)；黑松麻栎混交林和黑松刺槐混交林次之；黑松纯林(1627 t/hm^2)较差，比黑松紫穗槐混交林低 332 t/hm^2。

综上所述，在不同类型群落中，有林地土壤的贮水能力显著优于草甸。在有林地中，黑松紫穗槐混交林的土壤贮水能力最强，黑松麻栎混交林和黑松刺槐混交林次之，黑松纯林最差。

8.2.4　枯落物的持水能力

枯落物除了防止降雨对土壤表面的击溅，增加土壤有机质外，具有很大的吸水能力和透水性，对水源涵养起着一定的作用，因而枯落物持水量是评价植被水源涵养功能的一个重要指标。其吸持水分的能力与枯落物的性质和蓄积量有很大关系。由表 8-10 知，黑松麻栎的枯落物蓄积量最大，为29.50 t/hm^2；黑松刺槐混交林次之，为 13.80 t/hm^2，其中黑松麻栎的枯落物蓄积量比黑松纯林和草甸分别高 258% 和 198%，这与阔叶树种凋落物多有关。在所调查的 5 种植被类型中，半分解层和已分解层枯落物蓄积量全部高于未分解层，都占到总蓄积量的 70% 以上，其中，黑松 + 刺槐和黑松 + 麻栎的较高，达到了 82% 和 80%，黑松纯林的最低为 70%。

表 8-10　不同类型群落的枯落物持水能力

植被类型	枯落物层	厚度 (cm)	贮量 (t/hm^2)	含水量 (%)	最大持水率 (%)	饱和持水量 (t/hm^2)
草　甸	A	0.5	2.40	33.33	166.67	2.50
	A_0+A_{00}	0.5	7.50	41.67	172.50	6.90
黑松紫穗槐混交林	A	0.2	2.50	44.51	157.23	2.72
	A_0+A_{00}	0.4	5.75	45.57	216.46	8.55
黑松纯林	A	1	2.55	70.00	400.00	6.00
	A_0+A_{00}	1.9	11.25	127.38	411.67	16.15
黑松刺槐混交林	A	1.5	6.00	15.12	192.32	10.02
	A_0+A_{00}	2.5	23.50	58.14	223.62	33.40
黑松麻栎混交林	A	2	3.00	50.00	295.00	5.90
	A_0+A_{00}	5.5	45.50	14.29	89.52	9.40

枯落物有较强的吸水能力，最大持水率都达到 411.67%~157.23%。枯落物半分解层和已分解层的最大持水率都高于未分解层，高出范围在 59.23%~5.83% 之间，因此半分解和已分解层具有较强的吸水能力，半分解层和已分解层枯落物所占比例越大，枯落物的吸水能力越强。枯落物饱和持水量反映了林分枯落物的涵养水源能力。由观测结果，不同类型群落枯落物的饱和持水量差异较大，最大的是黑松麻栎混交林，为 43.42 t/hm^2；最小的是草甸，为 9.4 t/hm^2。总的来说，针阔混交林由于枯落物蓄积量和持水率都较大，其持水量相对较高，黑松纯林的较低，再次为草甸。经过方差分析，各群落类型的枯落物持水量差异显著。

枯落物性质和蓄积量对水源涵养能力有一定影响。黑松紫穗槐林除外，黑松麻栎混交林的枯落物蓄积量最大，半分解和已分解比例较高，其涵养水源的能力最强，黑松纯林由于枯落物不易分解且蓄积量较小，其涵养水源的能力较弱，草甸的涵养水源能力最低。

黑松紫穗槐林的枯落物蓄积量较大，但大部分已经分解，很难与土壤层完全分开，因此收集的枯落物中有一定数量的土壤，使得枯落物蓄积量偏高而最大持水率偏低，降低了与其他群落类型的可比性，所以仅对其余类型枯落物的最大持水率进行了分析。

8.2.5　土壤水源涵养能力综合评价

综合分析表 8-8 和表 8-10，依据林地总蓄水量(土壤贮水总量 + 枯落物饱和持水量)的大小，来评价 5 种不同群落类型土壤水源涵养功能。黑松紫穗槐林总蓄水量最大，可达 1973.97t/hm^2，黑松刺槐混交林和黑松麻栎混交林相似，总蓄水量分别为 1760.95t/hm^2 和 1727.44t/hm^2，黑松纯林次之，为 1638.60t/hm^2，草甸最差，仅为 1413.04 t/hm^2。方差检验证明，这 5 种群落类型的土壤蓄水功能差异显著。土壤的贮水量占总蓄水量的 97% 以上，水源涵养功能以土壤层为主。总的来说，针阔混交林群落的水源涵养功能明显好于针叶纯林，草甸最差(图 8-2)。

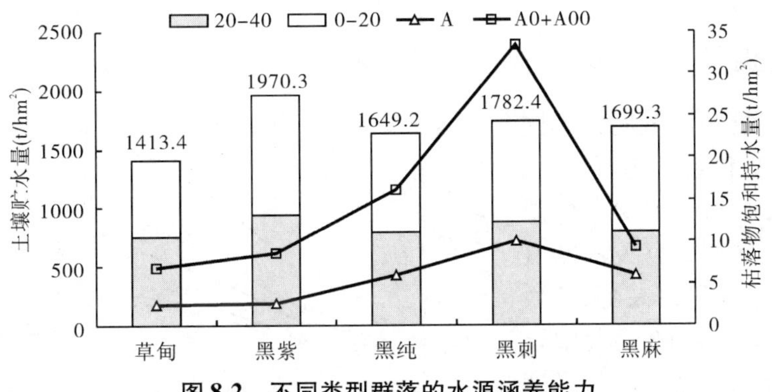

图 8-2　不同类型群落的水源涵养能力

依据土壤总蓄水量(土壤贮水总量 + 枯落物饱和持水量)的大小，对 5 种群落类型的水源涵养功能进行了综合评价，其大小顺序为黑松 + 紫穗槐 > 黑松 + 刺槐 > 黑松 + 麻栎 > 黑松纯林 > 草甸，方差分析差异显著。研究结果表明，乔灌混交林、针阔混交林群落在沙质海岸的土壤改良和涵养水源等方面都具有较强的功能。因此，建议在沿海防护林的建设中，应大力营造乔灌、针阔混交林。

8.3　不同群落类型对小气候效能的影响

8.3.1　光照强度

光照强度的大小将直接影响林内空气温度及湿度的变化，对改善林内小气候有密切的关系。从图 8-3 可以看出，不同群落林内的光照强度日变化趋势基本一致，从早晨开始上升直至 12：00 达到最大值，然后逐渐下降。草甸和黑松纯林的光照强度上午上升和下午下降速度均较快，且光照强度日较差为草甸 > 黑松纯林 > 黑松 + 紫穗槐 > 黑松 + 刺槐 > 黑松 + 麻栎。这与植物的遮荫以及对太阳辐射的吸收和反射有关。

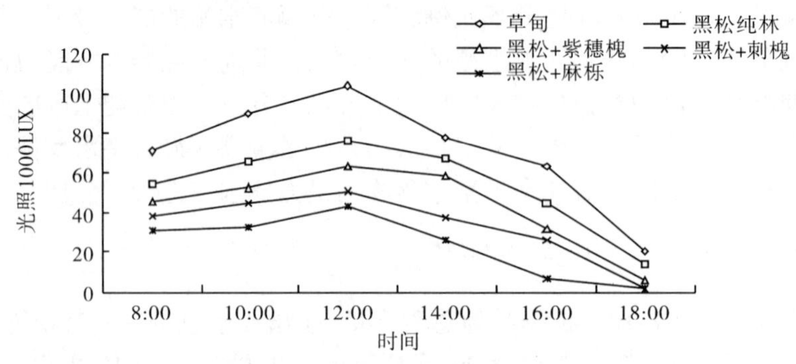

图 8-3　不同群落光照强度日变化

由于群落类型及郁闭度的不同，其林带内的日平均光照强度之间存在着一定的差异。以草甸最高，防护林群落的较低，其大小排序：黑松纯林 > 黑松 + 紫穗槐 > 黑松 + 刺槐 > 黑松 + 麻栎的分别为草甸的 76%、61%、46%、34%，日平均光照强度较草甸群落降低 24%~66%。说明防护林群落能显著降低林内的光照强度，且混交林减小光照强度的效应优于黑松纯林。

8.3.2　空气温度

林内空气温度观测表明，不同群落的气温日变化趋势基本一致(图 8-4)。一天中 14：00 之前气温随着日照的不断增强，气温不断升高，14：00 气温达到最高峰，14：00 之后，各群落气温随着太阳辐射强度的减弱逐渐下降。空气温度的日较差草甸的最高为 5.6℃，其次为黑松纯林为 2.7℃。黑松紫穗槐、黑松刺槐和黑松麻栎混交林的日平均气温降低作用明显，分别比草甸群落降低 3.8℃、4.6℃、4.9℃；分别比黑松纯林降低 0.9℃、1.7℃、2.0℃。这是由于防护林带多为乔木林，且林分郁闭度较大，对降低气温起到了良好的作用。

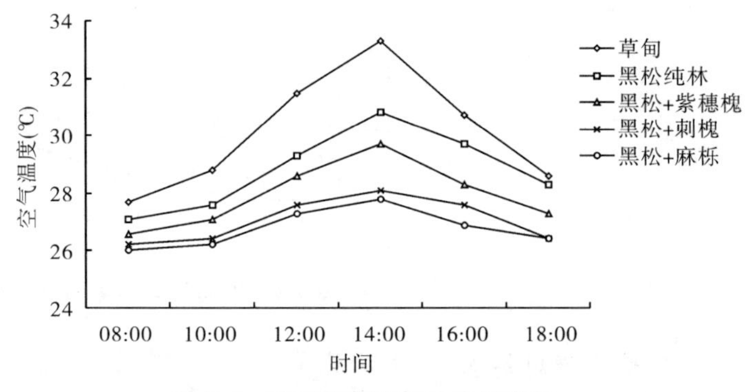

图 8-4　不同群落空气温度日变化

8.3.3　空气相对湿度

由图 8-5 可以看出，5 种群落林内的空气相对湿度日变化趋势基本一致，都是在早晨 8：00 时的空气相对湿度最大，然后随着气温的升高，空气相对湿度逐渐减小。4 种防护林群落林内的空气相对湿度日变幅都小于草甸。黑松纯林、黑松紫穗槐、黑松麻栎、黑松刺槐混交林的日较差分别为 22%、14%、7%、11%。从群落日平均空气相对湿度看，黑松纯林(48.5%)和黑松 + 紫穗槐(53.8%)、黑松 + 麻栎(56.5%)、黑松 + 刺槐(56%)3 种混交群落较草甸群落分别提高 1.2%、6.5%、9.2%、8.7%；3 种混交群落较黑松纯林分别提高

5.3%、8.0%、7.5%。由此可见，混交防护林群落对增加空气相对湿度发挥了一定的作用，增加幅度为5%~8%。在森林群落中，增加空气相对湿度的次序：黑松+刺槐>黑松+麻栎>黑松+紫穗槐>黑松纯林。

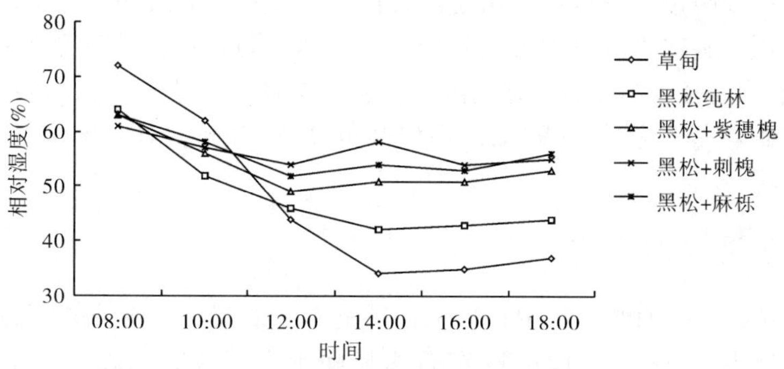

图 8-5　不同群落相对湿度日变化

8.3.4　防风效能

不同类型群落的防风效能差异较大。由图 8-6 可看出，4 种防护林群落类型林内的日平均风速变化幅度均明显小于草甸的风速，但森林群落之间风速变化差异不甚明显。由表 8-6 可知，黑松纯林、黑松+紫穗槐、黑松+麻栎、黑松+刺槐林带的平均相对风速分别是草甸的小 53.9%、52.7%、35.0%和 40.7%，说明林带减弱风速的效应显著。森林群落对气流层层阻挡、摩擦，迫使气流分散，改变了气流结构，消耗动能，削弱了近地面层的乱流强度，故减小了风速。相对于草甸群落来说，其森林群落的防风效能高低顺序：黑松+刺槐(65.0%)>黑松+麻栎(59.3%)>黑松+紫穗槐(47.3%)>黑松纯林(46.1%)。

表 8-11　不同类型群落的防风效能

项　目	草　甸	黑松林	黑松+紫穗槐	黑松+刺槐	黑松+麻栎
平均风速(m/s)	3.17	1.71	1.67	1.11	1.29
相对风速(%)	100	53.9	52.7	35.0	40.7
防风效能(%)	0	46.1	47.3	65.0	59.3

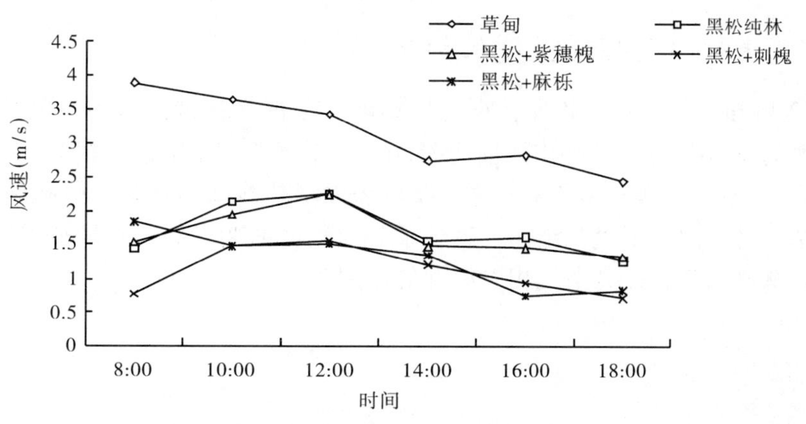

图 8-6　不同群落平均风速日变化

8.4 火炬松幼龄人工混交林带环境效应的研究

观测地点设在胶南市环海林场，测定试验林为沙质海岸前沿基干林带以火炬松为主的火炬松 + 黑松 + 白蜡 + 刺槐等多树种人工混交林带，林龄为 8 年，株行距 2m × 3m。火炬松平均树高 2. 6m，平均地径 6. 5cm。林地内灌木主要为紫穗槐；草本植物主要有缬缕草、蒿类、鸭趾草、肾叶打碗花等，盖度为 95%，平均高度 20 ~ 30cm。对照区为基干林带前沿的空旷地。

8.4.1 对空气温度的影响

由图 8-7 可知，在晴朗的天气中，火炬松幼龄人工混交林带内外的气温日动态变化趋势较一致，林带内气温在 8：00 ~ 12：00 左右明显高于空旷地的气温，而在 14：00 ~ 16：00 左右则空旷地气温高于林带气温，一天的变化中混交林带内表现出上午增温，下午降温的作用。总体上看来，在夏季混交林带还是降温作用显著，最高降温幅度达 1. 2℃。产生这种调节温度的机理主要在于沿海地带风速较大，而混交林带削弱了近地面层的风速和乱流强度，减少林地内的蒸发，使相对湿度提高，从而引起气温的变化。多数研究表明，防护林带的这种温度调节效应虽很明显，但情况较为复杂，不仅与土壤质地有关，还与主导风向、林带高度、林带覆盖率、季节等因素有关，因此也有研究发现，有些防护林带在不同的生长期表现出上午降温，下午增温的现象，但变化幅度不是很大。

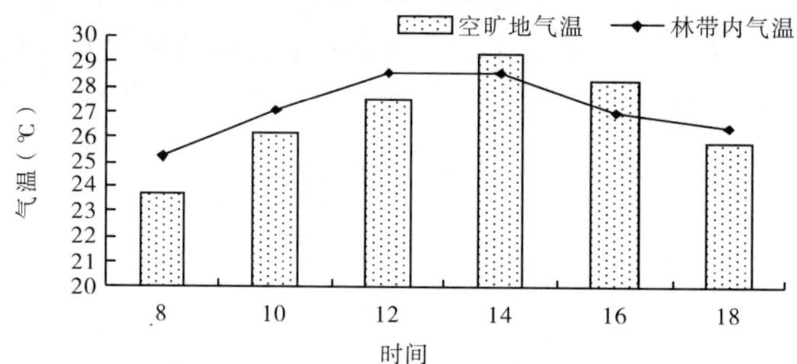

图 8-7 火炬松幼龄人工混交林带内外空气温度日变化

8.4.2 对风速和空气相对湿度的影响

由表 8-12 可知，与空旷地相比，火炬松幼龄人工混交林带最大可使风速降低 3. 6m/s，平均降低风速为 2. 58 m/s，日平均降幅达 75. 6%；空气相对湿度最大相差 5%，平均增加空气相对湿度为 2. 3%，增幅达 4. 6%。这与海陆表面增热冷却不均匀，引起局部地区地环流有一定的关系。林带改变了气流结构，改善了陆地表面的物理特征，增加了下垫面粗糙度，故具有明显的减小风速，提高空气相对湿度的作用。

表 8-12 火炬松幼龄人工混交林带内外风速和空气相对湿度的日变化

指　标	风速(m/s)							空气相对湿度(%)						
时　间	8	10	12	14	16	18	平均	8	10	12	14	16	18	平均
林带内	0.9	1.0	0.9	1.0	0.8	0.4	0.83	65	55	50	46.5	48	51	52.6
空旷地	4.5	3.86	3.74	3.1	2.82	2.44	3.41	60	52	46.5	45	49	49	50.3
差　值	3.6	2.86	2.84	2.1	2.02	2.04	2.58	5	3	3.5	1.5	1.0	2.0	2.3
百分比(%)	80.0	74.1	75.9	67.7	71.6	83.6	75.6	8.0	5.7	7.5	3.3	2.0	4.1	4.6

8.4.3 对林地土壤温度的影响

由图 8-8 明显看出，地表层、土壤中 5cm 深处以及 10 时之后的土壤 10cm 深处的温度，火炬松幼龄人工混交林带内都明显低于空旷地相同时刻的地温温度。特别是在地表层，林带的降温作用最明显，空旷地在 14 时左右达到最高温 53.5℃，而混交林林地内在 12 时左右就达到最高温为 38.3℃，降温幅度达 35.9%。而且林带外的地温日较差要大于林带内的日较差。在土壤 10cm 深处，10 时之前混交林带内的温度稍高于林带外温度，这是由于林带具有夜间增温的作用所致。可见混交林带对土壤热效应具有明显的降低地温作用。

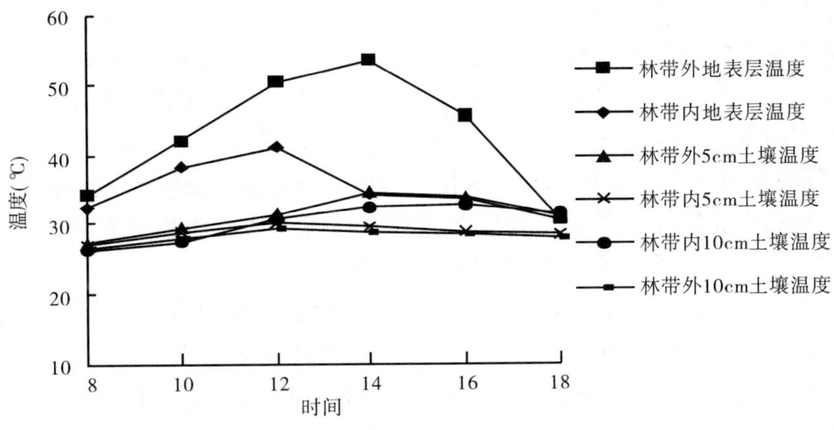

图 8-8 幼龄火炬松人工混交林土壤温度日变化

8.4.4 幼龄火炬松人工混交林对林地土壤理化性质的影响

由表 8-13 看出，火炬松幼龄人工混交林带有效地改善土壤物理性状。其中混交林带内的土壤容重比空旷地减少 15%；土壤总孔隙度较空旷地的增加 15.1%，土壤渗透速度较空旷地的增加 37%。林带减少土壤容重，增加土壤孔隙度，改善土壤结构，提高了土壤渗透速度，一方面有效地减少地表径流，促进植物根系对土壤水分的利用，另一方面也提高了土壤蓄水和保水能力，促进土壤涵养水源的作用。林带改善土壤物理性状的作用主要与林内枯落物积累、分解和土壤中根系和动物、微生物活动作用有关。另据研究，林带还能有效的增加土壤有机质和 N、K 含量，显著提高林地的土壤肥力水平。

表 8-13 林带内外的土壤物理性状

项 目	土壤容重 (g/cm^3)	总孔隙度 (%)	毛管持水量 (t/hm^2)	土壤饱和持水量 (t/hm^2)	渗透速度 (mm/min)
混交林	1.05	51.32	40.72	48.56	31.56
空旷地	1.24	43.56	33.54	42.95	19.86

8.5 小 结

(1)不同类型群落土壤微生物数量存在显著差异。其真菌、细菌、放线菌、纤维素分解菌数量高低顺序为黑松 + 刺槐 > 黑松 + 麻栎 > 黑松 + 紫穗槐，除黑松 + 紫穗槐林的放线菌数量稍低于黑松纯林外，其他因子均高于黑松纯林；自生固氮菌数量高低顺序为黑松 + 紫穗槐 > 黑松 + 麻栎 > 黑松 + 刺槐，但均低于黑松纯林。

(2)不同混交群落类型土壤酶活性存有显著差异性，其高低排列顺序，脲酶和过氧化氢酶为：黑松 + 刺槐 > 黑松 + 麻栎 > 黑松 + 紫穗槐，转化酶和磷酸酶为：黑松 + 麻栎 > 黑松 + 刺槐 > 黑松 + 紫穗槐，但各种酶的活性均高于黑松纯林。

(3)不同类型群落土壤养分含量，除全氮、全磷含量黑松 + 紫穗槐混交林稍低于纯林外，其他养分含量指标均高于纯林，且以黑松 + 刺槐、黑松 + 麻栎混交林尤为显著。

(4)不同类型群落土壤微生物、土壤酶与土壤养分含量存在密切相关关系，故可作为评价林地土壤肥力的指标，可为营造黑松混交林提供理论依据。

(5)在不同类型群落中，有林地的土壤物理性质优于草甸。从土壤机械组成和孔隙状况来看，黑松 + 紫穗槐的最好，黑松 + 刺槐和黑松 + 麻栎次之，黑松纯林最差，但均好于草甸。其中黑松 + 刺槐的下层土壤的物理性质好于上层土壤。

(6)在不同植被类型中，森林群落的土壤的渗透和贮水能力好于草甸。在森林群落中，黑松 + 麻栎上层土壤的渗透性最好；黑松 + 刺槐混交林能有效地阻止下层土壤水分的快速下渗；黑松 + 紫穗槐混交林的土壤贮水能力最强，黑松 + 麻栎混交林和黑松 + 刺槐混交林次之，黑松纯林最差。

(7)枯落物性质和贮量对水源涵养能力有一定影响。除黑松 + 紫穗槐混交林外，黑松 + 麻栎的枯落物贮量最大，半分解和全分解占比例较高，其涵养水源能力最强，黑松纯林由于枯落物不易分解且贮量较小，其涵养水源的能力较弱，草甸的涵养水源能力最低。

(8)依据土壤总蓄水量大小，对 5 种群落类型的水源涵养功能进行了综合评价，其大小顺序为：黑松 + 紫穗槐 > 黑松 + 刺槐 > 黑松 + 麻栎 > 黑松纯林 > 草甸。

(9)防护林群落改善小气候效应显著。防护林群落的光照强度、空气温度、相对湿度和风速的日较差均较草甸群落明显减少。其中，日平均光照强度降低 24%~66%；日平均气温降低 2.9℃~4.9℃；日平均相对湿度提高 1.2%~9.3%；平均防风效能提高 46.1%~65.0%。且混交林群落改善小气候效应明显高于黑松纯林。

(10)火炬松幼龄人工混交林带具有明显的调节气温和地温，减弱风速，增加空气相对湿度的作用；能增大土壤孔隙，减少土壤容重，增大土壤的饱和持水量和强化入渗的功效，具有良好的改善土壤结构作用。其中，降温幅度最大达 35.9%，在一天的变化中林带表现出上午增温，下午降温的作用，夏季日降温幅度达 1.2℃；日平均降低风速 76.5%，平均增加空气相对湿度 4.6%；使林地土壤容重减少 15%，总孔隙度增加 15.1%，渗透速度增加 37%。因此，建议在沿海防护林体系建设中，应大力营造火炬松混交林，增强其生态防护功能。

参考文献

[1] 胡振琪，张光灿，毕银丽，魏忠义．煤矸石山刺槐林分生产力及生态效应的研究．生态学报，2002，22(5)：621～628

[2] 陈卓梅，等．秃杉混交林水源涵养功能的研究．福建林学院学报，2002，22(3)：266～269

[3] 崔骁勇，王艳芬，杜占池．内蒙古典型草原主要植物群落土壤呼吸的初步研究．草地学报，1999，07(3)：245～250

[4] 宫伟光，向开馥，王明忠，等．防护林体系区域性生态效益的评价．东北林业大学学报，1997，25(1)：4～7

[5] 胡海波，张金池，鲁小珍．我国沿海防护林体系环境效应的研究．世界林业研究，2001，4(5)：37～43.

[6] 康立新，张纪林，季永华，等．沿海防护林体系生态环境效益及评价技术．林业科技开发，1998(2)：31～32

[7] 刘绍辉，方精云．土壤呼吸的影响因素及全球尺度下温度的影响．生态学报，1997，17(5)：471～476

[8] 潘紫重，等．不同林分类型凋落物的蓄水功能．东北林业大学学报，2002，30(5)：19～21

[9] 齐清，李传荣，许景伟，等．环境因子对海防林土壤呼吸速率的影响．中国水土保持科学，2005，3(4)：65～69

[10] 齐清，李传荣，许景伟，等．沙质海岸不同植被类型土壤水源涵养功能的研究．水土保持学报，2005，19(6)：102～105

[11] 王勤，张宗应，徐小牛．安徽大别山库区不同林分类型的土壤特性及其水源涵养功能．水土保持学报，2003，17(3)：59～62

[12] 王棣，吕皎．油松混交林的水土保持及水源涵养功能研究．水土保持学报，2001，15(4)：44～46

[13] 王贵霞，李传荣，许景伟，等．沙质海岸 5 种植被类型土壤物理性状及其水源涵养功能．水土保持学报，2005，19(2)：142～146

[14] 王贵霞，许景伟，李传荣，等．胶南沿海幼龄人工混交林环境效益及评价．山东林业科技，2004(2)：21～25

[15] 王淼，姬兰柱，李秋荣，等．土壤温度和水分对长白山不同森林类型土壤呼吸的影响．应用生态学报，2003，14(8)：1234～1238

[16] 许景伟，王卫东，李成，等．不同类型黑松混交林土壤微生物、酶及其与土壤养分关系的研究．北京林业大学学报，2000，1(22)：51～55

[17] 易志刚，蚁伟民．森林生态系统中土壤呼吸研究进展．生态环境，2003，12(3)：361～365

[18] 张鼎华，孙志蓉，翟明普，等．杨树刺槐混交林沙地土壤的水分物理性质．应用与环境生物学报，2001，7(2)：122～125

9 沙质海岸黑松人工林经营数表的研制

黑松是我国北方沿海地区造林绿化的主要树种之一。由于种种原因，目前尚未有相关的经营数表，严重影响了沿海防护林体系经营和生产建设。以往国内外对不同地区、不同树种林分经营数表的编制已做了大量研究工作，并取得了一定进展，其中编制的松树人工林经营数表，主要适于内陆地区松树人工林的生长，而对于沿海地区松树人工林的研究尚未见报道。为此，本研究在对山东沿海地区进行典型调查基础上，开展了沙质海岸黑松人工林经营数表的研制工作，为沿海地区黑松人工林抚育经营和密度管理提供依据。

9.1 黑松人工林经营密度表的研制

9.1.1 材料整理

对外业调查材料进行筛选，剔除平均胸径小于5cm、残次林、郁闭度 <0.5 的标准地材料，共选留参试的标准地材料179份。用常规方法计算林分平均树高、平均胸径和优势木平均树高、平均树冠幅等。以1cm为1个径阶，按径阶归类统计各径阶标准地数，并计算出各径阶林分平均胸径、优势木平均树冠幅和树冠投影面积（表9-1）。平均树冠幅实测值均以两倍标准差剔除，共剔除16块。参与计算的标准地材料共163份。

表9-1 黑松人工林标准地按径阶统计情况

径 阶	5	6	7	8	9	10	11	12	13	14	15	16	17	18	19	20
平均胸径（cm）	5.13	6.02	7.11	8.00	9.10	9.95	11.04	11.89	13.01	13.95	14.93	15.90	16.88	18.07	18.74	19.86
树冠幅值（m）	1.51	1.70	1.95	2.14	2.36	2.60	2.78	2.94	3.16	3.40	3.56	3.77	3.97	4.19	4.39	4.52
树冠投影面积（m^2）	1.79	2.27	2.99	3.60	4.37	5.31	6.07	6.79	7.84	9.08	9.95	11.16	12.38	13.79	15.14	16.05
标准地数（块）	7	8	10	17	14	13	7	13	20	14	11	9	9	6	3	2

林分生物量调查，分别立地条件、生长发育状况即林木树高、胸径、树冠和根系等生长状况，在有代表性样地内选取2株平均木，对平均木的各器官生物量采取分层切割法，根系生物量采用壕沟法分层挖掘称重。并对样木生物量进行回归计算，拟合出对应生物量数学模型，以预测不同类型林分生物量。

9.1.2 数学模型建立

许多研究表明，立木冠幅的大小反映其营养面积的大小，对直径生长影响甚大，一般树冠幅愈大，胸径生长愈粗，所占的营养面积也越大，其结果必然会引起单位面积上林木株数的减少。可见立木胸径、冠幅与立木密度的相关规律很强。一般认为，林木直径生长与树冠幅的大小不受立地条件与林木年龄差异的影响。林分平均胸径比较容易测定。因此，我们利用标准地调查材料，选择以平均胸径为横轴，平均树冠幅为纵轴，建立林分平均胸径与优势木平均树冠幅间相关关系，确定选用的回归方程式。

根据散点分布趋势，选用以下数学模型 $y = a + bX$，$y = aX^b$，$y = a + bX_1 + cX_2$，其中，y 为平均树冠幅，X 为平均胸径，对所选用标准地材料进行回归计算。根据相关系数最大、离差平方和最小的选择原则，结果确定林分平均胸径与树冠幅的回归模型：

$y = 0.4522 + 0.2089X \qquad R = 0.9877$

式中：y 为优势木平均树冠幅，X 为林分平均胸径。

根据典型标准地实测林木各器官生物量资料，建立林分平均胸径、树高与单株生物量关系的生长模型：

$W_{干} = 0.0702D^{1.5703}H^{1.1795} \qquad R = 0.9692$

$W_{枝} = 1.0395 + 0.014D^2H \qquad R = 0.9589$

$W_{叶果} = 0.4234 + 0.01224D^2H \qquad R = 0.9567$

$W_{总} = W_{干} + W_{枝} + W_{叶果}$

9.1.3　林分经营密度表编制

9.1.3.1　林分经营株数密度表

采用胸径—冠幅法编制适宜密度表。即把各径阶值代入上述林分平均胸径与树冠幅回归模型，得出各径阶树冠幅理论值，利用圆面积公式，带入平均冠幅值可获得树冠投影面积。再由下列公式计算出林分密度指标：

$$N = 40000/(\pi \mathrm{CMD}^2)$$

式中：N——林分密度指标（株/hm^2），CMD——优势木树冠幅（m）。

用各径阶树冠幅的理论值，计算出黑松林分郁闭度为 1.0 时各径阶林分单位面积的林木株数，即为此径阶的林分最大密度。但一般黑松人工林经营密度，其郁闭度大致在 0.6 ~ 0.8 之间，即林分适宜经营密度。因此，可将郁闭度 1.0 时的林分密度分别乘以 0.6 和 0.8，即为该郁闭度的林分经营密度，可按直径大小顺序整列形成林分密度管理表（表 9-2）。利用此表可对不同生长发育阶段的黑松人工林及时进行林分密度调控，对提高防护林的经营管理水平具有重要作用。

表 9-2　黑松人工林林分经营株数密度表

径　阶 (cm)	树 冠 幅(m)			投影面积	林分密度(株/hm^2)	
	实测值	理论值	离差	理论值(m^2)	郁闭度 1.0	郁闭度 0.6 ~ 0.8
5	1.46	1.50	-0.04	1.77	5687	3142 ~ 4550
6	1.66	1.71	-0.05	2.30	4379	2627 ~ 3503
7	1.94	1.91	0.03	2.87	3476	2086 ~ 2780
8	2.25	2.12	0.13	3.53	2825	1695 ~ 2260
9	2.29	2.33	-0.04	4.26	2342	1405 ~ 1873
10	2.72	2.54	0.18	5.07	1973	1184 ~ 1587
11	2.88	2.75	0.13	5.94	1684	1011 ~ 1347

（续）

径 阶 (cm)	树 冠 幅(m)			投影面积	林分密度(株/hm²)	
	实测值	理论值	离差	理论值(m^2)	郁闭度 1.0	郁闭度 0.6 ~ 0.8
12	3.07	2.96	0.11	6.88	1455	873 ~ 1164
13	3.01	3.17	-0.16	7.89	1269	762 ~ 1015
14	3.03	3.38	-0.35	8.97	1117	670 ~ 894
15	3.28	3.59	-0.31	10.12	991	594 ~ 793
16	3.58	3.79	-0.21	11.28	884	530 ~ 707
17	3.85	4.00	-0.15	12.57	795	477 ~ 636
18	4.36	4.21	0.15	13.92	717	430 ~ 574
19	4.14	4.42	-0.28	15.34	652	391 ~ 522
20	4.86	4.63	0.23	16.84	594	356 ~ 475

利用未参加编表的 16 块标准地材料进行黑松人工林株数密度表的实用性检验(图 9-1)，把各标准地中林分株数的实测值与理论值并进行比较。从检验结果：$F = 86.2994 > F_{0.01}(1, 15) = 8.68$，各标准地的林分密度的理论值与实测值之间不存在显著差异。表明该密度表适用性较好，可为生产利用提供依据。

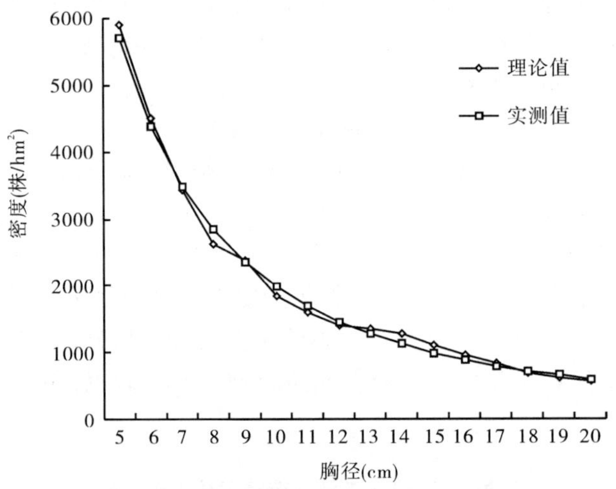

图 9-1 黑松人工林密度实测值与理论值比较

9.1.3.2 林分经营生物量控制表

利用林分经营株树密度表和各器官生物量模型以及胸径与树高的关系式，即可编制出沙质海岸黑松人工林经营生物量控制表(表 9-3)。利用此表可对不同生长发育阶段的黑松防护林及时进行林分生物量密度控制，对提高防护林的经营水平具有重要作用。

表 9-3 黑松人工林林分经营生物量控制表

径阶	林分密度（株数/hm²）			林分生物量（t/hm²）											
	最大郁闭度	经营郁闭度		最大郁闭度 1.0				经营郁闭度 0.8				经营郁闭度 0.6			
	0.6	1.0	0.8	干	枝	叶果	总量	干	枝	叶果	总量	干	枝	叶果	总量
5	5687	4550	3142	18.26	11.83	7.87	37.96	14.61	9.46	6.30	30.37	10.96	7.10	4.72	22.78
6	4379	3503	2627	20.95	11.88	9.21	42.04	16.76	9.50	7.37	33.63	12.57	7.13	5.53	25.22
7	3476	2780	2086	24.25	12.44	10.30	46.99	19.40	9.95	8.24	37.59	14.55	7.46	6.18	28.19
8	2825	2260	1695	27.43	13.31	11.44	52.18	21.94	10.65	9.15	41.74	16.46	7.99	6.86	31.31
9	2342	1873	1405	29.74	14.12	12.36	56.22	23.79	11.30	9.89	44.98	17.84	8.47	7.42	33.73
10	1973	1587	1184	31.95	15.03	13.22	60.20	25.56	12.02	10.58	48.16	19.17	9.02	7.93	36.12
11	1684	1347	1011	36.50	16.87	14.47	67.84	29.20	13.50	11.58	54.27	21.90	10.12	8.68	40.70
12	1455	1164	873	37.77	17.65	15.08	70.50	30.22	14.12	12.06	56.40	22.66	10.59	9.05	42.30
13	1269	1015	762	38.15	18.43	15.64	72.22	30.52	14.74	12.51	57.78	22.89	11.06	9.38	43.33
14	1117	894	670	42.54	20.16	16.62	79.32	34.03	16.13	13.30	63.46	25.52	12.10	9.97	47.59
15	991	793	594	44.47	21.32	17.28	83.07	35.58	17.06	13.82	66.46	26.68	12.79	10.37	49.84
16	884	707	530	47.10	22.78	18.03	87.91	37.68	18.22	14.42	70.33	28.26	13.67	10.82	52.75
17	795	636	477	49.79	24.31	18.78	92.87	39.83	19.45	15.02	74.30	29.87	14.59	11.27	55.72
18	717	574	430	52.32	25.79	19.47	97.58	41.86	20.63	15.58	78.06	31.39	15.47	11.68	58.55
19	652	522	391	55.78	27.70	20.33	103.8	44.62	22.19	16.26	83.05	33.47	16.62	12.20	62.29
20	594	475	356	58.26	29.56	21.11	108.9	46.61	23.65	16.89	87.14	34.96	17.74	12.67	65.36

9.2 黑松人工林立木材积表的研制

9.2.1 资料整理与分析

将 191 株平均标准木资料组成独立样本，分别把梢头、梢底径、胸径、树高及 0.0，0.5，1.0，1.5，2.0，2.5，…树高处的直径统计列表，经分析 191 株平均标准木各龄级的平均胸径和平均树高值均在 $H \pm 3S$ 范围内，所以平均标准木的资料全部用作本次编表的基础材料，并绘制径级频度分布图（图 9-2）。从径级频度分布图中可以看出，标准木的径级多集中于 14～16cm 径级。

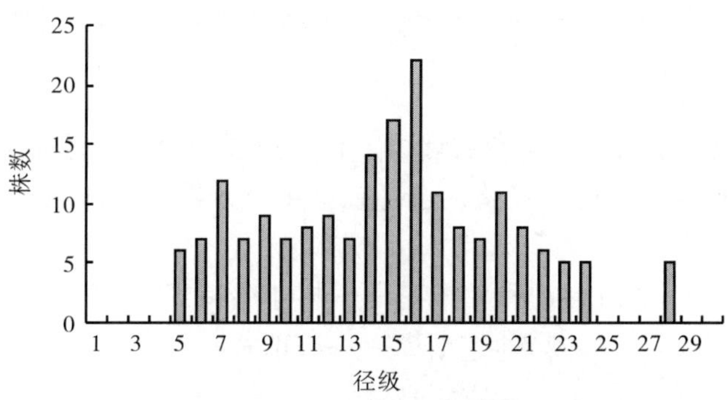

图 9-2 径级分布频度图

根据上述3种求积式计算出立木材积，并利用相关函数对胸径、树高和材积等变量进行统计分析结果见表9-4。由表9-4可知，树高与胸径、胸径与材积、树高与材积之间的相关性均达极显著水平(其中，胸径与材积Ⅱ的相关系数最大，树高与材积Ⅰ的相关系数最大，材积Ⅲ与树高和胸径的相关系数均较大)，说明胸径和树高均是影响立木材积的重要因子，因此，可以利用胸径和树高编制立木一元及二元材积表。

表9-4 各变量间的相关关系

变 量	胸 径	树 高	材积Ⅰ	材积Ⅱ	材积Ⅲ
胸 径	1.000	0.838**	0.951**	0.963**	0.957**
树 高	0.838**	1.000	0.836**	0.813**	0.834**
材积Ⅰ	0.951**	0.836**	1.000		
材积Ⅱ	0.963**	0.813**		1.000	
材积Ⅲ	0.957**	0.834**			1.000

9.2.2 立木一元材积表的编制

(1)立木胸径-材积数据的取舍。在林业生产中，胸径因子的数据容易测定和获得。因此，本研究采用以胸径为自变量进行黑松立木一元材积表的编制。由数据资料，利用SPSS统计软件作胸径与材积关系变化散点图，由散点图的趋势，剔除一些偏离过大的点，使散点较均匀地分布于趋势线的两侧。这样，减少了特异值的干扰，提高选配模型的精度。剔除特异值后的胸径与材积关系变化散点图如图9-3。

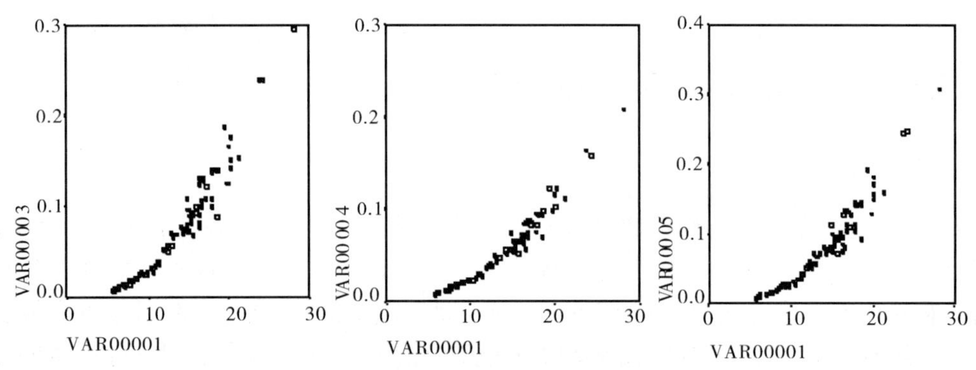

图9-3 黑松标准木胸径-材积散点图

注：a、b、c分别为胸径与材积Ⅰ、Ⅱ、Ⅲ的散点图；VAR0001为胸径，VAR0003、VAR0004、VAB0005分别为材积Ⅰ、Ⅱ、Ⅲ。

(2)一元立木材积模型的选择与参数计算。根据胸径与材积关系散点图的变化趋势，结合以往建立的一元材积回归方程的经验，选择以下4个方程作为材积表编制的候选模型，具体如下：

$V = a + bD^2$ (1-1)科泊斯基——格尔哈特式

$V = aD + bD^2$ (1-2)迪塞斯库——迈耶式

$V = aD^b$ (1-3)伯克霍特式

$V = aD^3/(1+D)$ (1-4)户泽式

式中：V——材积；D——胸径；a，b——参数。

利用不同立木材积求积式计算立木材积，然后分别对各一元材积回归方程进行拟合，得出各模型的参数值。计算结果见表9-5。

表9-5　一元立木材积模型参数计算结果

求积种类	参　数	1-1	1-2	1-3	1-4
Ⅰ	a	-0.0042	-0.1159	12.2268	38.5311
	b	3.6978	4.4691	2.5591	
Ⅱ	a	-0.0006	-0.0175	3.2279	31.0851
	b	2.6444	2.7611	2.0952	
Ⅲ	a	-0.0044	-0.1227	13.0760	39.4880
	b	3.8044	4.6235	2.5768	

(3)一元立木材积模型选优。利用SPSS统计软件对3种求积式、4种候选方程分别进行非线性回归分析，计算相关系数及残差平方和，筛选出最适材积模型。计算结果见表9-6。

表9-6　一元立木材积模型优选检验表

求积种类	项　目	1-1	1-2	1-3	1-4
Ⅰ	相关系数	0.9392	0.9391	0.93907	0.93897
	残差平方和	0.03329	0.3336	0.03338	0.03343
Ⅱ	相关系数	0.96796	0.96802	0.9681	0.9674
	残差平方和	8.4886×10^{-3}	8.4725×10^{-3}	8.4601×10^{-3}	8.6721×10^{-3}
Ⅲ	相关系数	0.9424	0.9423	0.9426	0.9422
	残差平方和	0.03408	0.03416	0.03419	0.03422

表9-6中4种候选模型的拟合结果表明，模型1-3-Ⅱ的相关系数最大且残差平方和最小，因此选择模型1-3-Ⅱ(伯克霍特式)为本次编制立木一元材积表的最佳模型，其模型为$V=3.2279D^{2.0952}$。

(4)一元立木材积模型的适用性检验及精度计算。用不同林分中的7株平均木解析木资料，进行立木一元材积模型(1-3-Ⅱ伯克霍特式)的适用性检验及精度计算。利用SPSS统计软件中统计分析的平均值比较进行独立样本的T检验。把理论材积和实际材积作为两个检验变量，组变量为1.00000，2.00000。利用SPSS统计软件进行独立样本的T检验。统计量$F=2.812$，$p=0.119>0.05$，可以认为两样本方差相等。实际材积样本均数为0.04328，标准差为0.01950；理论材积样本均数为0.03923，标准差为0.01114。均数之差为0.00405，均数之差标准误为0.00106。以95%的水平，置信区间为(-0.0282，0.00873)，由于均数之差0.00405在置信区间内，所以两样本差异不显著。

由上述检验结果可以计算立木一元材积表的精度，公式采用(1-均数之差/实际材积样本均数)×100%，结果为90.6%。说明此一元立木材积表的估计精度很高，该立木一元材积表在本地区是适用的。

(5)一元立木材积表的编制。根据1-3-Ⅱ式立木一元材积模型，按1cm径阶整化，编制沙质海岸黑松人工林立木一元材积表(表 9-7)。

表 9-7 黑松人工林一元立木材积表

胸阶(cm)	材积(m^3)	胸径(cm)	材积(m^3)	胸径(cm)	材积(m^3)	胸径(cm)	材积(m^3)	胸径(cm)	材积(m^3)
6	0.0089	13	0.0449	20	0.1108	27	0.2077	34	0.3367
7	0.0123	14	0.0525	21	0.1227	28	0.2242	35	0.3578
8	0.0162	15	0.0606	22	0.1353	29	0.2413	36	0.3796
9	0.0208	16	0.0694	23	0.1485	30	0.2591	37	0.4020
10	0.0259	17	0.0788	24	0.1623	31	0.2775	38	0.4251
11	0.0317	18	0.0888	25	0.1768	32	0.2966	39	0.4489
12	0.0380	19	0.0995	26	0.1919	33	0.3163	40	0.4733

9.2.3 二元立木材积表的编制

9.2.3.1 二元立木材积模型的选择与参数计算

利用 SPSS 统计软件绘制材积与胸径、树高之间关系的三维散点图(图 9-4)。根据图 9-4 所示，选择以下 7 个方程作为材积表编制的候选模型。具体模型如下：

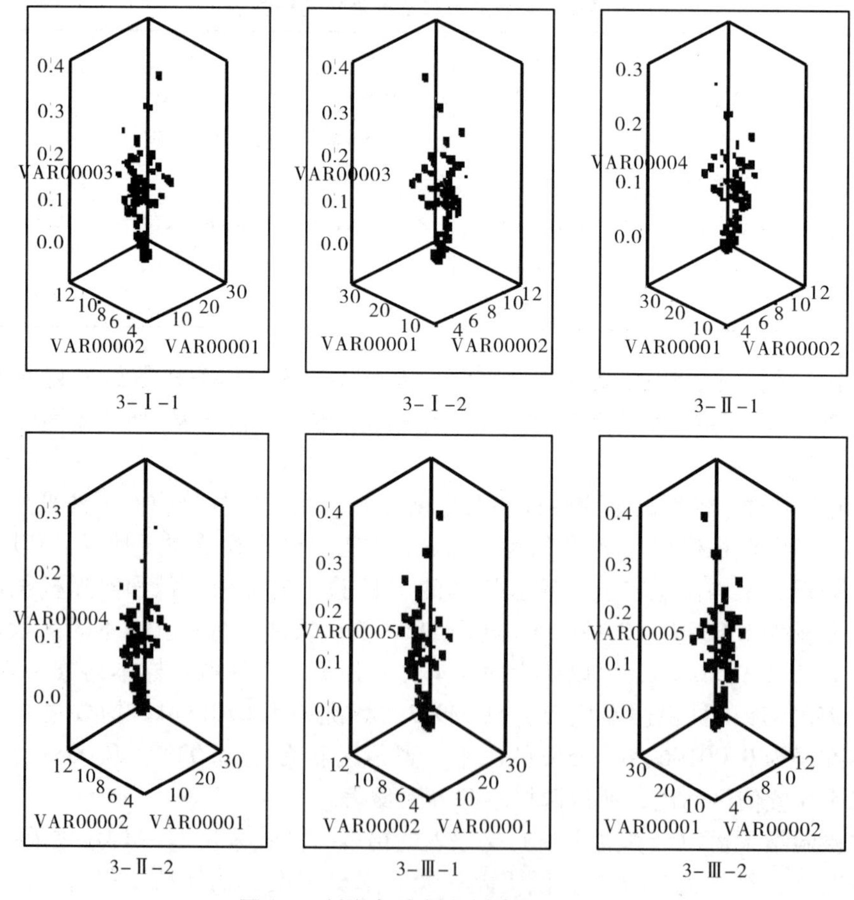

图 9-4 材积与胸径和树高的散点图

(图中 VAB0001——胸径，VAB0002——树高，VAB0003——材积Ⅰ，VAB0004——材积Ⅱ，VAB0005——材积Ⅲ)

$V = a + bD^2H$　　2—1 斯泊尔式

$V = aD^2H$　　2—2 斯泊尔式

$V = D^2(a + bH)$　　2—3 奥盖亚式

$V = a(D^2H)^b$　　2—4 斯泊尔式

$V = D^2H/(a + bD)$　　2—5 高田和彦式

$V = a(H/D)^bD^2H$　　2—6 松泊尔式

$V = aD^bH^c$　　2—7 山本和藏式

式中：V——材积；D——胸径；H——树高；a、b、c——参数。

利用三种求积式求得的立木材积数据资料分别对 7 个回归方程进行模拟。各模型参数计算结果见表 9-8。

表 9-8　二元立木材积模型参数计算结果

求积种类	参数	2—1	2—2	2—3	2—4	2—5	2—6	2—7
Ⅰ	a	0. 0016	0. 4971	1. 0075	0. 3612	1. 2816	0. 0413	4. 5590
	b	0. 4668		0. 3397	0. 8921	8. 1796	0. 5838	2. 3419
	c							0. 2497
Ⅱ	a	0. 0035	0. 4010	2. 239	0. 1806	0. 4820	0. 0008	0. 0002
	b	0. 3339	0. 0512	0. 7305	22. 3636	1. 4617	-0. 0970	
	c							0. 1224
Ⅲ	a	0. 0015	0. 5095	0. 926	0. 1462	1. 3367	0. 0486	8. 0609
	b	0. 4804	0. 3578	0. 8982	6. 8902	0. 5514	2. 4703	
	c							0. 1224

9. 2. 3. 2　二元立木材积模型选优

利用 SPSS 统计软件对 3 种立木材积和 7 种生长模型分别进行非线性回归分析，计算二元立木材积各候选模型的复相关指数及残差平方和，选择最优二元立木材积模型。各候选模型计算结果见表 9-9。

表 9-9　二元立木材积模型优选检验

求积种类	项目	2—1	2—2	2—3	2—4	2—5	2—6	2—7
Ⅰ	复相关系数	0. 9942	0. 9923	0. 9926	0. 9950	0. 9956	0. 9957	0. 9918
	残差平方和	3.151×10^{-3}	4.188×10^{-3}	4.007×10^{-3}	2.691×10^{-3}	2.381×10^{-3}	2.348×10^{-3}	4.593×10^{-3}
Ⅱ	复相关系数	0. 9934	0. 9860	0. 9928	0. 9942	0. 9928	0. 9882	0. 9915
	残差平方和	3.062×10^{-3}	3.447×10^{-3}	1.779×10^{-3}	1.432×10^{-3}	1.793×10^{-3}	2.908×10^{-3}	2.271×10^{-3}
Ⅲ	复相关系数	0. 9948	0. 9928	0. 9932	0. 9955	0. 9959	0. 9959	0. 9914
	残差平方和	3.062×10^{-3}	4.198×10^{-3}	3.969×10^{-3}	2.637×10^{-3}	2.379×10^{-3}	2.418×10^{-3}	5.251×10^{-3}

表 9-9 中 7 种候选模型的拟合结果表明，模型 2 - 5 - Ⅲ 的复相关系数最大且残差平方和较小，因此，选定模型 2 - 5 - Ⅲ（高田和彦式）即 $V = D^2H/(1.3367 + 6.8902D)$ 为本次编制二元立木材积表的最优模型。

9.2.3.3 二元立木材积模型的适用性检验及精度计算

选用不同林分的7株平均木的解析木数据对二元立木材积模型进行适用性检验和精度计算。利用SPSS统计软件进行独立样本的T检验。把理论材积和实际材积作为两个检验变量，组变量为1.00000，2.00000。经过检验，结果为：统计量$F=0.005$，$p=0.947>0.05$，可以认为两样本方差相等。实际材积样本均数为0.04328，标准差为0.01950；理论材积样本均数为0.04432，标准差为0.02025。均数之差为0.00104，均数之差标准误为0.00106。以95%的水平，置信区间为（-0.0221，0.02418），由于均数之差0.00104在置信区间内，所以两样本差异不显著。

由上述检验结果进一步确定二元立木材积表的精度。公式采用（1-均数之差/实际材积样本均数）×100%，计算得到的精度值为97.6%，说明此二元立木材积表的估计精度很高，所选的方程精度较高，编制的二元立木材积表适用性较好。

9.2.3.4 二元立木材积表编制

根据模型2-5-Ⅲ的二元立木材积公式，径阶按1cm整化，树高按1m整化，编制沿海沙质岸黑松人工林二元立木材积表（表9-10）。

表9-10 黑松人工林立木二元材积表

D H	4	5	6	7	8	9	10	11	12	13	14	15
6	0.0082	0.0103	0.0123	0.0144	0.0165							
7	0.0108	0.0135	0.0162	0.0189	0.0216							
8	0.0136	0.0169	0.0203	0.0237	0.0271	0.0305						
9	0.0166	0.0207	0.0248	0.029	0.0331	0.0373	0.0414	0.0455	0.0497			
10	0.0197	0.0247	0.0296	0.0346	0.0395	0.0444	0.0494	0.0543	0.0592			
11	0.0231	0.0289	0.0347	0.0404	0.0462	0.052	0.0578	0.0635	0.0693	0.0751	0.0809	
12	0.0266	0.0333	0.0399	0.0466	0.0532	0.0599	0.0666	0.0732	0.0799	0.0865	0.0932	
13	0.0303	0.0379	0.0454	0.053	0.0606	0.0681	0.0757	0.0833	0.0908	0.0984	0.106	0.1136
14	0.0341	0.0426	0.0511	0.0596	0.0681	0.0767	0.0852	0.0937	0.1022	0.1107	0.1192	0.1278
15	0.038	0.0475	0.057	0.0664	0.0759	0.0854	0.0949	0.1044	0.1139	0.1234	0.1329	0.1424
16	0.042	0.0525	0.063	0.0735	0.084	0.0945	0.105	0.1155	0.1259	0.1364	0.1469	0.1574
17	0.0461	0.0576	0.0691	0.0807	0.0922	0.1037	0.1152	0.1268	0.1383	0.1498	0.1613	0.1728
18	0.0503	0.0629	0.0754	0.088	0.1006	0.1132	0.1257	0.1383	0.1509	0.1634	0.176	0.1886
19	0.0546	0.0682	0.0819	0.0955	0.1092	0.1228	0.1364	0.1501	0.1637	0.1774	0.191	0.2047
20	0.0589	0.0737	0.0884	0.1031	0.1179	0.1326	0.1473	0.1621	0.1768	0.1915	0.2063	0.221
21		0.0792	0.0951	0.1109	0.1267	0.1426	0.1584	0.1743	0.1901	0.206	0.2218	0.2376
23			0.1086	0.1268	0.1449	0.163	0.1811	0.1992	0.2173	0.2354	0.2535	0.2716
24			0.1156	0.1348	0.1541	0.1734	0.1926	0.2119	0.2311	0.2504	0.2697	0.2889
25				0.143	0.1634	0.1839	0.2043	0.2247	0.2452	0.2656	0.286	0.3064
26					0.1729	0.1945	0.2161	0.2377	0.2593	0.2809	0.3025	0.3242

9.3 小 结

（1）采用树冠幅法和数学模型法，研制出沙质海岸黑松人工林经营株数密度表、林分经营生物量控制表；经检验，精度较高，实用性较好，为沿海地区黑松人工林抚育间伐和合理经营提供科学依据。

（2）根据191株标准木数据，采用4个一元和7个二元的立木材积候选模型，根据（复）相关系数最大和残差平方和最小的优选原则，选出一元立木材积最优模型为1-3-Ⅱ 模型（即伯克霍特式）：$V=3.2279D^{2.0952}$；二元立木材积最优模型为2-5-Ⅲ 模型（即高田和彦式）：$V=D^2H/(1.3367+6.8902D)$。并据此编制了黑松人工林立木材积表，经适用性检验，结果表明选择两种模型均适用性较好，且精度较高，为沙质海岸黑松人工林的抚育管理提供依据。

参考文献

[1] SPSS V10.0 for Windows 实用基础教程．北京：希望电子出版社，2001
[2] 白云庆，等．测树学．哈尔滨：东北林业大学出版社，1987
[3] 陈有民．园林树木学．北京：中国林业出版社，1990
[4] 单亚伟，王晓军．太行山区华北落叶松天然林经营密度表编制的研究．陕西林业科技，1995(3)：17～21
[5] 樊宝敏．水土保持植物学．山东农业大学，1999
[6] 房长有，等．朝阳地区杨树二元立木材积表的编制．辽宁林业科技，2001(4)：5～8
[7] 廖祖．木荷人工林合理经营密度表的编制．福建林业科技，1999(3)：13～16
[8] 许景伟，李传荣，李琪，等．沿海黑松防护林立木材积表的编制．山东林业科技，2003(4)：4～27
[9] 许景伟，王卫东，王月海，等．沿海沙质岸黑松人工林经营密度表的编制及应用．济南：山东科学技术出版社，2003
[10] 许景伟，王卫东，王月海，等．沿海沙质岸黑松人工林生物量的估测数学模型．山东林业科技，2004(5)：35～39
[11] 张林生．杉木人工林适宜密度表编制方法的研究．福建林业科技，2000(2)：70～72
[12] 张树江，李德奇，袁传敏．毛白杨林分密度表的编制及其应用．江苏林业科技，1998(2)：41～43

10 沙质海岸黑松低效林更新改造技术研究

黑松是我国北方沿海防护林主要造林树种，总面积在12万hm^2以上。但是，目前从20世纪60年代开始，陆续营造的黑松防护林大部分已进入老化状态，林木生长衰退、防护功能低下。据调查资料，仅山东省黑松低效林约占30%~40%，有待及时更新和改造。多年来，许多林业科技工作者在防护林更新技术和低效林改造方法方面作了一些有益的尝试，提出了树种更替、多树种引种造林、选育良种、加强林地凋落物保护等造林技术和地力维护措施，为防护林更新改造积累了有益经验。但对于生境条件十分困难的沿海基干林带前沿黑松低效林更新改造仍缺乏深入系统研究，严重地影响黑松防护林防护效能的持续发挥。因此，探讨沿海黑松低效林更新改造技术，已成为沿海防护林体系建设工程中亟待解决的关键问题。

10.1 黑松低效林分类型划分

低效林分系指那些在生长发育过程中，由于人为干扰或自然因素影响形成的长势不良、结构差和生态防护效能低下的林分。多年来，山东已建成大面积沿海黑松防护林，由于立地条件差、经营管理粗放以及病虫害等原因，部分黑松防护林生长衰退，防护效能降低，形成大面积低效林分。因此，进行低效林分更新改造是沿海防护林体系建设的一项重要任务。该研究在对山东省的莱州、龙口、招远、蓬莱、牟平、荣成、胶南等11个主要县(市)的沿海黑松低效林分进行典型调查的基础上，分析其形成原因，划分林分类型，并提出其更新改造的途径和对策。

10.1.1 黑松低效林的生长状况

探讨黑松低效林的生长状况和发育规律，掌握不同类型黑松的生长特性，是合理划分黑松低效林类型和确定分类指标基础，也有利于正确分析黑松低效林成因，对沿海大面积低效林的更新改造均具有重要意义。沙质海岸带黑松防护林大部分集中连片栽植于沿海干旱贫瘠沙地，由于大风、流沙、土壤干旱缺水等共同作用，加之造林经营管理不善，各地均存在大面积生产力低下，防护效能不高的低产、低质、低效林分。据调查统计，山东省沿海黑松低效林约占40%，严重地影响沿海防护林防护功能和防护效益持续和稳定发挥。据调查分析，沿海黑松低效林生长变化有以下特点：

（1）低效林生长量和生物量。在基干林带前沿片林，20~35年生低效林树高2.7~3.6m、胸径2.8~5.1cm，比正常林分低60.3%~75.5%和56.3%~70.7%，蓄积量仅为正常林分的1/5和1/8；生物量仅为同龄正常林分的25.0%~31.4%，其年增长率为0.8~1.4t/hm^2，正常林分为3.0~4.2t/hm^2。基干林带后沿片林，28年生低效林树高和胸径为3.9~4.5m和6.6~7.5cm，比同龄正常林下降43.7%~57.3%和42.6%~68.2%，林分蓄积量比正常林分减少88.2%~123.0%。28年生低效林生物量仅为正常林的21.9%~41.2%，生物量增长率为1.6~2.3t/hm²，正常林分为4.1~5.1t/hm²。由此可见，黑松基干林带前沿和后沿低效林生长量和生物量均明显低于正常林分，表现为生长低矮、树冠稀疏、结构不良、树干弯曲、分枝很多，集低产、低质、低效于一体。

（2）低效林生长规律。黑松基干林带前沿和后沿片林低效林树高、胸径和材积生长量一开始就小于正常林分，其差距随年龄增长而加大，幼龄期大致分别降低38.4%、33.6%和83.9%，中龄期分别减少51.4%、54.5%和90.2%，成过熟龄期分别减少42.0%、46.0%和103.9%。低效林生长量变化规律大体上呈随林龄增长而差距逐渐增大的趋势。

（3）低效林森林成熟变化规律。黑松低效林树高、胸径和材积生长高峰期比正常林提前2~3年，持续时间短；数量成熟龄比正常林提早6~11年，表明低效林自然成熟早、早衰严重，防护成熟期也较短。

（4）低效林林分结构特征。立木密度稀密不均，成过熟林密度大者为4000~5000株/hm²，稀者仅500~700株/hm²，前者林冠层短，大致占树高的1/3~1/4，后者林冠稀疏，疏透度大，防护功能差。过密林分中小径木占86.4%，中径木仅占13.2%，基本不成材。总体上看，黑松低效林生态、经济效益很差。

10.1.2 黑松低效林的形成原因

黑松低产、低质、低效林形成原因比较复杂，总的来看是受自然因素和人为因素的共同影响所致。根据山东省沿海黑松基干林带防护林经营现状，归结为以下几种主要原因：

(1)立地条件差，土壤肥力低。海岸带防护林土壤质地疏松，漏肥、漏水，土壤干旱瘠薄。虽然每年都有一定数量的枯枝落叶返还土壤，但数量有限，相对于大树只是很少一部分，还需长时间矿化、腐殖化作用才能被林木吸收。这样长期下去林地土壤肥力逐渐呈下降趋势，加之有些地段的枯枝落叶被搂去作燃料，土壤养分归还量大大减少，甚至从林地内取土，土壤肥力衰退现象更为明显。

(2)风沙、海潮、海雾等自然灾害严重。沙质海岸基干林带台风、飞沙、海潮、海雾等自然灾害频繁，沙粒和空气中有一定盐分含量，沙粒逐年向内陆浸移和扩展；部分防护林松毛虫、松干蚧等病虫危害严重，造成部分林分生长不良，林分稳定性差。

(3)林龄过大，林木的长势减弱，生长衰退。山东省沿海黑松防护林大都是20世纪五六十年代营造，现已进入成过熟龄阶段，林木生长减弱，自然枯损严重，造成林分结构恶化，生态和防护效能逐年降低。

(4)经营管理粗放，林分密度过大。沿海地区是少林地区，渔业发达，对海岸带防护林的重要性缺乏高度认识，再者林业生产周期长，见效慢，长期以来被沿海地区所忽视。部分林分由于造林密度过大，间伐不及时，也是造成林分生长不良，防护效能降低的一个重要因素。

(5)人为干扰破坏，林相不整齐，形成残次林多。由于不合理经营(如重修枝等)或毁林、取土等人为造成部分防护林生长不良，林相不整齐，形成残次林现象仍较严重。20世纪70年代后期至80年代初是重修枝高发期，此后虽有收敛，但已对树木生长留有遗害，且至今不同程度的过度修枝在部分地段仍相当严重。

(6)种质资源低劣，苗木品质差。在前期造林工作中，由于对种源、苗木质量等问题重视不够，一些遗传品质低劣的种子用于育苗造林，造林成活率和保存率低，林木生长不良，大部分形成长势较差的“小老头”林，成林不成材，林分防护功能和生产力均很低。

(7)树种单一，结构简单，林分稳定性差。山东省海岸带防护林树种主要为黑松(占70%以上)，其次为刺槐和麻栎(占15%以上)，其他树种很少。因而造成现有防护林树种结构不合理，纯林多、混交林少，单层林多、复层林少。特别是大部分林分已进入成过熟阶段，树势逐年衰退，病虫害严重。虽然自20世纪70年代以来，向沙岸引入一些乔灌等诸多树种，但目前情况，滨海沙滩树种比较单一的格局，仍未发生根本性转变，防护林稳定性和抗逆性仍较差。

(8)部分地区采用“拔大毛”的方式取材，加之人为盗伐毁林等不良因素造成林分更新质量下降。年复一年，林分由被压木、残次株和天然下种的幼树取而代之，林分更新质量下降，演替为低产、低质、低效的残次林分。

10.1.3 黑松低效林分类型及改造途径

10.1.3.1 黑松低效林分类型

由于海岸地貌和微地形的分异，在海风、土壤类型等生境条件方面存在较大差异，这些因素对林带结构特征、生长状况和防风效能等起制约作用，使林带在这些方面呈现多样性，从而为林带主要类型划分和更新技术的确定提供理论依据。因此，依据低效林分的生长特征和形成原因，将黑松低效林划分为残次林、罹害林、过熟林、过密林、稀疏林等类型(表10-1)。其中以残次林和过密林分布最广、面积最大，属改造的重点。黑松低效林分改造是沿海黑松防护林可持续经营的重要任务，由于黑松低质低效林分面积较大，应分期分批逐步进行改造，针对不同类型低效林的特点，因地制宜地采取改造措施。

表10-1 黑松低效林的主要类型及其改造途径

林分类型	林分结构特征	形成原因	改造途径
残次林	林分郁闭度小于0.7,长势差,树干低矮、弯曲,枝干枯损,多呈灌丛状,防护效能差	立地条件恶劣,造林种苗质量差,或“拔大毛”式经营	用黑松或其他适生树种的壮苗重新造林,改造为多树种混交林
过熟林	防护成熟期已过,林木基本停止生长,林冠稀疏,病虫严重,防护功能下降	林木自然衰老,更新不及时	及时更新,用黑松的壮苗造林或同其他优良阔叶树种混交
罹害林	林木风折断梢、风倒缺株、枯死病腐严重,大多郁闭度小于0.5,林分质量差,防护效能低	台风、强海风、海潮海雾,土壤干旱、病虫为害或人为盗伐	林下补植或间隔带状采伐更新,培育多树种混交林
过密林	林分郁闭度大于0.8,林木分化严重,自然整枝高达1/2以上,树冠发育不良,干材形质差,林内卫生状况欠佳	造林密度大,抚育间伐不及时	及时间伐,间伐量适中,下层疏伐
稀疏林	林分郁闭度小于0.3,出现林中空地,杂草丛生,林分生产力和防护功能低	造林成活率和保存率低,严重地人为毁林	人工补植,促其提早郁闭成林,形成复层针阔混交林

10.1.3.2 黑松低效林分改造途径

黑松低产、低质、低效防护林更新改造是沿海黑松防护林可持续经营中的重要内容，只有及时、合理地进行更新改造，才能发挥出沿海防护林应有的多种效能。由于黑松低效林分面积较大，并担负一定的防护效能，在现有经营条件下，应采取逐步更新和改造方法，针对不同类型低效林的形成特点分类管理，因地制宜地采取逐步更新改造的方法和措施，逐渐地提高林分质量和防护功能。

(1)确定合理更新方式和改造技术，使其形成针阔混交林。为了确保黑松海防林的生态经济效益，应根据沙质海岸不同立地条件、低效林类型，确定适宜的更新方式和改造技术，以发挥各种营林措施的整体效应。对于林木自然衰老以及受自然灾害或人为破坏，林木生长衰退，防护效能低下，失去培养利用前途的过熟林、残次林等，应及早进行采伐更新，采伐后使用黑松和适生针阔叶树种的壮苗进行人工造林。通过更新黑松优良品系，混栽或补植适生阔叶树种，逐步针阔混交，优化树种结构，提高林地生产力。

(2)调整林分结构，改善林木生长条件。对密度过大，造成林木生长分化严重，小径木和被压木多，林分稳定性差的低效林，必须及时地进行适度间伐，伐去部分被压木和病虫危害的林木，同时对保留木进行适度修枝，调整林分密度和林分群体结构，改善林分生长条件；对土壤十分瘠薄、沙化严重低效林，通过调整林分结构，采取林下套种绿肥植物，使更新后的林分形成乔灌草结合的复层林结构，增加枯枝落叶层，扩大有机质的来源，培肥林地土壤，提高林分生产力。

(3)加强中幼林抚育管理，促进林木生长。对于立地条件较好有望恢复生长和培育成材，但经营粗放的中幼龄林分，应采取合理营林措施，加强抚育管理，改善土壤条件，可有效地恢复其长势和培育成材；对于人为毁坏或林木保存率低的疏林地，应根据立地条件特点，合理补植阔叶树种，提高林分密度，促进林分提早郁闭成林，使其发展成为针阔混交林。稀疏的黑松林下可补植黑松和部分灌木，以改善林相和森林环境，提高防护效能。

(4)采取封禁保护措施，恢复植被和提高林地肥力。对立地条件极差，人为破坏严重的前沿基干林带的低效林分，应采取严格封滩育林措施，禁止过度修枝、林内取土及搂走枯枝落叶，改善生态环境，恢复森林植被，逐渐形成乔灌草混交或针阔混交林。一方面可以减少病虫害，提高林分抗逆性；另一方面使林地形成良好枯枝落叶层，促进养分循环，改善林地土壤环境。

10.2 黑松低效林更新方式

我国在农田防护林更新方面，已经有了比较丰富的成功经验，包括更新的理论、方法和方式等均有较多的研究。但是，沿海黑松基干林带的更新技术，如更新方式、方法、更新树种和更新造林关键技术还缺乏深入研究，并亟待解决。本试验研究主要依据两方面的更新基础理论：①林带生境条件，生长状况、结构特征和防护要求不同，不同低效林分类型的更新要采用不同的更新方式、树种配置和造林配套技术；②基干林带大多自海岸线向内陆集中连片，林带宽度一般几百米以上，立地条件差异较大，更新要按一定时间和空间秩序进行合理规划和布局，要保持其整体防护功能的永续性，这是基干林带更新的前提条件。

10.2.1 林冠下更新

林冠下更新造林试验结果(表 10-2)表明，造林成活率和幼树保存率均随郁闭度减小而减小，按其郁闭度 0.0、0.1、0.3、0.5、0.7 的顺序，造林成活率分别为 74.3%、77.0%、84.0%、88.3%和 89.0%。但 5 年生幼树生长量以郁闭度 0.5 的最大，其大小顺序为：0.5 >0.3 >0.7 >0.1 >0.0，不同郁闭度的林木平均树高和地径生长量存在极显著差异，说明林分郁闭度对黑松更新效果有显著影响，较适宜的林分郁闭度为 0.5 左右。

表 10-2 不同郁闭度林冠下更新黑松幼树生长量

郁闭度	树高(cm)	地径(cm)	成活率(%)	F 值	
				树 高	地 径
0.0	120	3.4	74.3	89.19	173.56
0.1	133	3.9	77.0		
0.3	148	4.3	84.0		
0.5	158	4.7	88.3	$F_{0.05}=3.84$	
0.7	145	4.2	89.0	$F_{0.01}=7.01$	

10.2.2 伐桩萌芽更新

留伐桩萌芽更新试验结果(表 10-3)表明，留伐桩萌芽更新对黑松林分生长有明显影响。3 种伐桩高度处理的萌芽更新效果主要表现为树高生长有明显差异，5 年生树高生长量依次为 222cm、205cm、193cm，以伐桩高度 15cm 处理的生长最好；5 年生地径生长量差异不明显，依次为 6.2cm、5.9cm、5.6cm，但植苗造林 5 年生树高生长量显著低于伐桩萌芽更新的幼树生长量。留伐桩萌芽更新与植苗造林比较，更新容易、成本低、效果好。在立地条件差，风沙危害严重地段，用这种方法更新较稳妥，不至于引起风沙危害，是一种较合理的更新方式。

表 10-3 不同伐桩高度萌芽更新黑松幼林生长量

伐桩高度(cm)	树高(cm)	地径(cm)	F 值	
			树 高	地 径
15	222	6.2	1298.16	403.20
30	205	5.9		
45	193	5.6	$F_{0.05}=4.76$	
Ck	109	2.9	$F_{0.01}=9.78$	

10.2.3 隔行更新

对更新林分实施隔行采伐，在采伐行中更新造林。其更新造林效果(表 10-4)表明：更新造林成活率依次为隔 1 行伐 1 行 > 隔 2 行伐 2 行 > 隔 1 行伐 3 行 > 皆伐。5 年生幼林树高平均生长量依次为 148cm、137cm、128cm 和 118cm，地径平均生长量依次为 4.6cm、

4.2cm、3.7cm 和 3.1cm。方差分析表明，各处理间树高和地径生长量均有极显著差异，以隔 1 行伐 1 行处理的林木生长量最大。

表 10-4 隔行更新处理黑松幼林的生长量

处理	树高(cm)	地径(cm)	成活率(%)	F 值	
				树高	地径
隔 1 行伐 1 行	148	4.6	91.2	90.21	87.51
隔 2 行伐 2 行	137	4.2	90.6		
隔 1 行伐 3 行	128	3.7	86.9	$F_{0.05}=4.76$	
皆伐	118	3.1	80.5	$F_{0.01}=9.78$	

10.2.4 带状更新造林

按照采伐带宽度进行间隔带状采伐更新，采伐带分为窄带、等带和宽带 3 种。5 年更新试验调查结果列表 10-5。造林成活率和幼林保存率的大小顺序为窄带 > 等带 > 宽带，成活率分别为 95%、92% 和 87%，保存率分别为 87%、83% 和 70%。树高生长量为窄带 > 等带 > 宽带，树高生长量分别为 133cm、125cm、和 111cm；林内平均温度和起沙量为窄带 < 等带 < 宽带。相对湿度、防风效能为窄带 > 等带 > 宽带。从更新效果和防护效能指标看，基干林带后沿黑松基干防护林带更新应采用窄带更新的方式效果较好，采伐带宽度不应超过 60m。

表 10-5 不同带状更新方式黑松幼树生长情况及其防护效益

处理	造林密度(m)	生长量		成活率(%)	保存率(%)	温度		相对温度		起沙量		防风效能	
		H (cm)	$D_{地}$ (cm)			平均(℃)	比(%)	平均(%)	比(%)	平均(t/hm^2)	比(%)	平均(%)	比(%)
窄带	1×2	133	3.87	95	87	24.4	100.0	71.0	100.0	40.2	100.0	72.2	100.0
等带	1×2	125	3.42	92	82	25.0	102.5	65.0	91.5	48.5	120.5	61.4	85.0
宽带	1×2	111	3.02	87	70	26.1	107.0	59.0	83.1	55.7	138.6	40.3	57.2

10.2.5 人工促进天然更新

对胶东半岛黑松海防林天然更新情况调查(表 10-6、10-7)，表明不同立地条件对天然更新效果的影响不同。在土壤质地方面为细沙 > 粗沙，在地下水位深度方面为 1.0~2.0m > 2.0~3.0m > 0.5m~1.0m，主要为天然更新幼苗数量有明显增加。在林分郁闭度方面，调查结果发现，林分郁闭度过小(<0.4)或过大(>0.7)都会对天然更新产生不良影响。郁闭度过小，光照强，杂草丛生，土壤水分不足，对幼苗产生灼伤，成苗率低；而郁闭度过大，则光照不足，枯枝落叶分解慢，凋落物堆积多，种子发芽困难，幼苗也不易成活。通过人工调整郁闭度至 0.5~0.6，进行人工促进天然更新效果较好。

表 10-6 不同立地条件黑松防护林天然更新调查情况表

标地数量(块)	土壤质地	成土过程	地下水(m)	苗木数量(株/hm²)
37	粗沙(>0.1mm)	风积沙土	0.5~2.5	705
41	细沙(<0.1mm)	风积沙土	2.0~3.0	2535
61	细沙(<0.1mm)	风积沙土	1.0~2.0	7290
25	细沙(<0.1mm)	风积沙土	0.5~1.0	1905

表 10-7 不同郁闭度黑松天然林内小气候变化及更新情况

郁闭度	光照强度(Lx)	温度(℃)	相对湿度(%)	更新情况												总计株数	死亡株数
				6 年生		5 年生		4 年生		3 年生		2 年生		1 年生			
				株/hm²	H(cm)	株/hm²	H(cm)	株/hm²	H(cm)	株/hm²	H(cm)	株/hm²	H(cm)	株/hm²	H(cm)		
0.3	426	26.9	58			7500	60	2500	45							7500	
0.4	317	26.6	62	5000	95			5000	43	7500	30					12500	
0.5	239	26.3	68	1000	92	20000	55	12500	37	7500	28					50000	
0.6	181	26.4	74	0	95	15000	70	17500	50	5000	33					52500	
0.7	104	26.7	64	1500		5000	55	10000	38	2500	25	7500	15			47500	
0.8	48.4	25.8	66	0						0		10000	20	7500	10	17500	2000

10.3 黑松低效林抚育改造技术

10.3.1 稀疏林补植造林技术

6~9 年生黑松低效幼林，造林保存率低；郁闭度 <0.3 的疏林地，人工栽植刺槐、麻栎、紫穗槐等阔叶树种及黑松优良品系，造林后 4 年生林分郁闭度明显增加，林地覆盖度 85% 以上，对林内环境有明显改善，但林木生长、土壤肥力、林下植被变化不甚明显，有待进一步观测和研究。

10.3.2 林地土壤培肥技术

6~9 年生郁闭度 >0.5 的黑松幼林，采取林下套种紫穗槐、松土施肥，保护枯落物等林地土壤培肥措施，4 年后调查和测定发现，三种措施均能显著提高土壤肥力。其土壤养分含量，松土施肥 > 套种紫穗槐 > 保护枯落物 > 对照；有机质含量均比对照林地约增加 1 倍左右。土壤微生物(真菌、细菌)数量，其顺序为套种紫穗槐 > 松土施肥 > 保护枯落物 > 对照(表 10-8)。试验结果对今后黑松低效林抚育改造和提高土壤肥力的营林措施提供了可以借鉴的经验。

10.3.3 低效林抚育修枝技术

对株行距 1.0m×1.5m 的 13 年黑松幼龄林，进行不同强度修枝试验，其修枝强度按冠高比分别为 4∶1、3∶1、2∶1 三种。修枝 3 年后调查表明，合理修枝能显著提高林木干形和材质，促进林木个体生长发育。由于该项试验年限较短，不同强度修枝对林木生长量影响尚不明显。

表 10-8　不同营林措施对黑松林地土壤肥力的影响

处　理	土壤养分含量						土壤微生物	
	有机质（%）	全 N（%）	全 P（%）	速效 N（mg/kg）	速效 P（mg/kg）	速效 K（mg/kg）	真菌（10^4/g）	细菌（10^8/g）
套种紫穗槐	0.272	0.0130	0.0076	20.51	2.66	29.50	3.24	3.60
松土施肥	0.297	0.0141	0.0084	19.78	2.78	27.38	2.91	2.79
保护枯落物	0.260	0.0130	0.0083	19.04	2.25	28.88	2.35	2.35
对　照	0.130	0.0112	0.0073	11.72	1.96	20.75	1.92	1.87

10.4　更新改造效益评价

研究试验示范区位于山东省荣成市成山林场、莱州市过西林场和龙口市龙口林场。在进行本底调查基础上，采用科学的更新改造技术，对现有的沿海防护林进行更新改造规划和试验设计。经过 5 年组织实施，共建成试验示范林 102hm^2。由于采用的更新改造技术较为合理、规范，使试验区黑松防护林在更新改造过程中，基本上未降低其总体防护效益，且更新和改造林带成活率和保存率高，林木生长较快，并在其结构和功能、促进农业增产、增加林木蓄积和林副产品、降低造林和抚育成本等方面取得较好的效果，现总结评价如下：

10.4.1　结构与功能评价

(1)改善了林分结构，增强了防护功能。更新改造后的防护林带具有树种多样性、层次结构复杂性和较强抗逆性，形成多树种结合、针阔叶树种混交、乔灌草配置等林分林带结构模式，形成多林种、多树种、多层次有机结合的新型防护林体系，显著地提高了海防林的防风固沙、防潮防雾、改良土壤、改善小气候的功能和作用。

(2)调整了龄级结构，实现了可持续经营的要求。海防林龄级结构调整是在确定其防护成熟和更新年龄的基础上，通过因地因林制宜，合理地选择更新方式和改造技术，改变现有黑松防护林单层同龄和衰退老化现象，从时间和空间序列上逐步调整其年龄结构和空间布局，以达到防护林区域轮伐和效益永续的要求。经过近 5 年的组织实施，试验区黑松防护林林龄结构趋于合理，为今后沿海防护林的持续经营奠定了基础。

(3)加强了经营管理，提高了防护林更新质量。针对目前海防林存在造林初期成活率和保存率低，经营管理粗放，林木难以成林成材等问题，在适地适树基础上，重点采取改良土壤、疏林补植、修枝抚育和间伐、良种壮苗等项配套技术措施，对黑松防护林实施配套经营技术，提高综合经营水平。试验观测证明，通过采取一系列配套经营技术措施，促进了林木生长，其防护功能增强，显著地提高了沿海防护林质量和效益。

总之，通过运用科学的更新改造配套技术，改善了防护林林种结构，优化了防护林的树种组成和龄级结构，调整了更新林带的空间格局和分布秩序，一方面提高了基干林带黑松防护林的更新质量，增强其防护功能，另一方面保证林带防护功能和防护效益持续和稳定地发挥，为沿海防护林可持续经营奠定了良好基础。

10.4.2 经济效益评价

(1)直接经济效益。该项目在莱州、荣成、龙口三县(市)共营建试验示范林 $102hm^2$，辐射推广面积3000多 hm^2，直接经济效益增长的总值为1262.9万元。其经济效益主要来源包括立木增长蓄积、木材(主伐和间伐材)、薪材、经济灌木产品等。据试验区内多次、多点测试材料计算，林木蓄积增长值为336.5万元，采伐修枝增长值72.5万元，薪材和剩余物增长值为83.8万元，灌木产品增长值为63.3万元。同时，节省造林、苗木及病虫害防治等费用187.5万元。辐射推广增长值为519.3万元。其成本效益比为1:3.5。

(2)间接经济效益。更新改造后的沿海防护林不但提高了防护林直接经济效益，更重要的是提高其间接经济效益。即通过提高防护林质量和抗逆性，增强防风固沙能力，培肥林地土壤，调节小气候等，促进当地工农业稳产高产，同时也提高了森林医疗保健、森林旅游、鸟类栖息、净化空气等其他方面效益。据调查，选用适宜造林树种和优良品系及配套技术，使沿海防护林造林成活率从30%~60%提高到85%以上，林带郁闭度由0.3~0.6提高到0.7以上，加快了林带成林郁闭。黑松低效林更新改造后，基干林带背风面20倍树高处防风效能提高10.6%~24.3%，后沿片林的林内风速下降12.5%~28.7%，防护效能显著提高。黑松与刺槐、麻栎、紫穗槐等树种混交形成针阔混交林，在夏季林内气温较纯林降低1.2~3.4℃，相对湿度提高0.8%~1.2%，有效地改善了林内小气候环境，同时也提高林地土壤肥力。由于海岸带防护林结构配置合理，防护林的生态功能明显增强，使海岸防护林在增加农作物产量，改善沿海地区投资环境和提高旅游收入等方面的间接效益有很大改观，并随着防护林林龄增长，将发挥更大的生态经济作用。

10.5 小 结

(1)系统地阐明了导致沿海防护林大面积低产、低质、低效的原因，依据其立地和生长状况，确定了低效林分类型及其量化指标，提出其更新改造途径和措施。为黑松防护林的更新改造、抚育管理提供了依据和参考。

(2)根据黑松防护林更新试验结果，提出了较合理的林冠下更新造林、留伐桩萌芽更新、隔行更新造林、人工促进天然更新，以及带状(或块状)更新造林等适宜沿海不同立地条件和不同类型基干林带黑松防护林的更新方式。对前沿基干林带，立地条件较差，防护要求较高，宜采用林冠下更新、隔行更新、留伐桩更新和人工促进天然更新等方式；对后沿基干林带，立地条件较好，防护要求相对较低的防护林，宜采用带状更新方式。上述5种更新方式的关键技术分别为：林冠下更新的林分郁闭度宜保持在0.5~0.6；隔行更新林分，一般以隔1行伐1行或隔2行伐2行造林效果为好；留伐桩更新适用于林分长势明显衰退，大部分林木根部有萌芽条的低效林分，伐桩高度以15cm为宜；带状更新的带宽以30m左右为宜，最大不能超过60m；人工促进天然更新方式适用于天然更新效果较好的成、过熟林带，通过人工渐伐或疏伐，调整林分郁闭度(0.4~0.7)和透光量，逐步完成其更新和健全生长。上述几种更新方式均具有积极稳妥，成功把握性高的优点，特别是在风沙危害较严重的地段，更为适宜，不至于引起风沙等危害。

(3)对现有黑松低效防护林采取稀疏林补植、林下种植灌木或绿肥压青、封禁保护枯落物、修枝抚育等项技术措施，均能有效地提高林地覆盖度，促进林木生长，增强防护功能，同时培肥林地土壤，显著地提高了沿海防护林的质量和效益。

(4)提出的黑松防护林低效林更新方式及抚育改造技术等与防护林生态工程建设紧密结合，具有科学性和示范性强，实用面广，综合效益高，操作简单易行等特点，深受当地林业生产部门和群众欢迎，已大面积推广应用，取得显著的生态、经济和社会效益。

参考文献

[1] 贾福功，刘炳英. 关于建设生态高效沿海防护林工程体系的几个问题. 山东林业科技，1994，专辑：135~140

[2] 许景伟，王卫东，乔勇进，等. 沿海沙质岸基干林带黑松防护林的更新方式. 东北林业大学学报，2003(6)：16~17

[3] 许景伟，王卫东，王月海，等. 沿海黑松防护林低产、低质、低效成因的调查报告. 东北林业大学学报，2003(5)：43~46

[4] 许景伟，王卫东，辛斌，等. 沙质岸黑松海防林更新改造技术的研究. 山东林业科技，2001，5(136)：1~5

[5] 许景伟，王卫东. 影响海岸带黑松防护林天然更新的几个主要因子. 山东林业发展论坛，2003：75~77

[6] 叶功富，潘惠忠，隆学武，等. 木麻黄低效林分特点及其改造途径. 防护林科技，1996，专辑：65~68

[7] 张水松，叶功富，徐俊森，等. 海岸带木麻黄防护林更新方式、树种选择和造林配套技术的研究. 防护林科技，2000，专刊：51~63

11 沙质海岸防护林不同环境梯度群落结构特征研究

本研究按胶南森林生态网络体系灌草带—基干林带—丘陵水土保持林带—经济林带—农田林网从沿海至内陆梯度带的发展，对其中的主要模式的生态环境效应进行了分析与评价。应用 GIS 先进技术，采取资料查阅和实地踏查相结合的方法，调查胶南森林生态网络体系的格局和主要模式的空间配置结构；应用典型取样法，对主要模式的多样性状况进行调查；应用常规方法对主要模式的改良土壤效应、涵养水源效应及改善小气候效应进行了调查和分析；以草甸为对照，应用层次分析法对主要模式的综合生态环境效应进行了评价。

11.1 沙质海岸防护林群落在环境梯度上的空间分布格局

胶南森林生态网络体系是从 2000 年开始在原来胶南市沿海防护林体系的基础上，按照森林生态网络体系建设规划的原则和思路，以增加植被及建立层层防护的网络体系为中心，按照气候条件、土壤条件和适生树种情况，通过资源优化配置、结构调整、模式优化，以胶南市区、乡镇、村庄、水库等为单元点，以海岸线、河流、道路等为主线，以山区丘陵、沿海森林公园等为面，对原来的沿海防护林体系进行补充、更新及管理，植被覆盖率由原来的 19.75% 提高到 25.41%，至今已形成了以基干防护林带为主，与水土保持林、水源涵养林、农田林网等相结合，防护林与用材林、经济林、风景林、环境保护林相结合的逐步向内陆延伸的多林种、多层次、多功能、多效益的以灌草带—基干林带—丘陵水土保持林带—经济林带—农田林网为格局的沿海防护林体系。

11.1.1 森林群落在环境梯度上的空间分布格局

在沿海环境梯度上，网络体系格局为依次分布灌草带、基干林带、丘陵水土保持林带、经济林带和农田林网，各梯度带的空间分布范围及应用的主要模式如下：

(1)沿海灌草带。沿海灌草带位于基干林带的最前沿，距离海岸最近，宽度大约为 50～100m 左右。其构建模式主要有紫穗槐 + 草本模式和柽柳 + 草本两种模式。其主要植物植物有：鸭跖草、结缕草、茅草、芦苇、碱蓬、筛草、禾本类、柽柳、紫穗槐等。草本盖度一般达 60% 以上。

(2)基干林带。基干林带是沿海森林生态网络体系的第一道具有乔木层的防线，在防风固沙、预防海岸灾害性天气中起着最主要的作用，其配置结构的好坏直接影响着沿海防护林的功能，是沿海防护林建设的关键。基干林带一般宽度在 200～500m 之间，最宽处达 1000m 以上。主要由黑松纯林(残次林)、黑松低效改造林、黑松幼龄纯林、刺槐纯林、黑松 + 紫穗槐混交林和黑松 + 刺槐 + 火炬松 + 侧柏 + 白蜡混交林 6 种模式构成。主要植物有：黑松、刺槐、火炬松、白蜡、紫穗槐、鸭趾草、加蓬等。本文选择该区较典型的黑松纯林(残次林)、刺槐纯林和黑松 + 刺槐 + 火炬松 + 白蜡混交林为研究对象。

(3)沿海丘陵水土保持林带。丘陵水土保持林带分布在胶南土层较薄、坡度较大的低山或丘陵地带，主要起到抵御海风、防止水土流失和涵养水源的作用。含护坡林、侵蚀沟防护林、林缘缓冲林、山脊林等。构建模式一般为黑松纯林和针阔混交林，采取封山育林与人工造林结合。树种为适应性强，生长旺盛、根系发达、固土能力强，耐瘠薄、耐干旱且具有较大容水量和透水性死地被凋落物的树种，如：黑松、火炬松、火炬树、麻栎、刺槐等。主要植物有黑松、麻栎、火炬松、刺槐、火炬树、胡枝子、蔷薇、莎草、结缕草、苔草、鸭趾草等。本文以沿海丘陵较典型的黑松纯林和黑松+麻栎混交林为研究对象。

(4)经济林带。经济林一般在基干林带后沿200~300m宽的退耕还林地和丘陵梯田堤堰等。经济林树种主要为板栗、苹果、梨、桃、杏、葡萄、无花果、山楂、柿树、枣树、银杏、香椿、桑树、茶树等。构建模式一般为经济林纯林和经济林与农作物间作等。

(5)农田防护林网。农田防护林网有两种类型，一是靠近城区或风景区的农田，其林网建设一般由观赏型和经济型树种组成，在发挥林网防护效益同时，提高林网的生态功能和经济价值；二是距城区较远的乡村农田，网格面积一般在300亩以内，建成田成方、林成网的格局，树种主要为107杨、108杨、I-69杨、箭杆刺槐、水杉等速生丰产优质品种。本文选择乡村农田林网(杨树林网)为研究对象。

11.1.2　主要模式类型在环境梯度上的空间配置结构

群落空间结构是群落各组成成分的空间分布或配置，包括各组成部分在空间上的规模、尺度、分布、排列以相位关系的总和。可分为水平配置结构和垂直配置结构。水平配置结构是指群落中各种群的水平配置格局或在水平方向的物种变化；垂直配置结构是指生物在群落中空间上的垂直分布，或垂直分层现象，这种分层现象与环境条件、生物种类组成有关。林分配置结构的好坏，直接影响到林分功能的发挥。各梯度带内主要群落的空间配置模式如下：

11.1.2.1　水平结构

(1)灌草带。两个模式中的灌木均为均匀分布，紫穗槐和柽柳的株行距分别为为1m×1m和0.9m×1m。草本在紫穗槐+草本模式中均匀分布，盖度达60%，而在柽柳+草本模式中聚集分布，平均盖度为50%。由此可见，紫穗槐+草本模式的水平结构要好于柽柳+草本模式。

(2)基干林带。3个模式中刺槐纯林的水平结构最为合理，其乔木、灌木和草本均呈均匀分布，灌木和草本盖度分别达30%和60%。而黑松纯林中没有灌木，混交林中的灌木在林地内聚集分布，盖度仅为15%。草本植物在两种模式中的分布不均匀，有的呈聚集分布，有的随机分布，平均盖度不足50%。

(3)水土保持林带。两个模式的乔木均呈均匀分布，黑松+麻栎混交林中两个树种的比例为黑松:麻栎为19:22。黑松纯林中灌木和草本均呈均匀分布，而黑松+麻栎混交林由于郁闭度过大，导致缺乏灌木，草本呈聚集分布和随机分布。由此可见，黑松纯林的水平结构好于黑松+麻栎混交林。

11.1.2.2　垂直结构

(1)灌草带。由图11-1可以看出，紫穗槐+草本模式的垂直结构好于柽柳+草本模式，前者具有3个层次，而后者只有2个层次，没有植物个体处在0.5~1m高度。

(2)基干林带。刺槐纯林的垂直层次上最为复杂，高度层次上具有5个层次，且层次之间分布较匀，其更新层0.2～2m处分布个体数最多。而另两种模式只有4个层次，草本层0～0.2m处分布个体数最多。混交林中由于火炬松和白蜡适应性差，其乔木层2～3.5m处的个体数较少，因此是最不稳定的结构。

(3)丘陵水土保持林带。图11-1表明，黑松+麻栎混交林模式的垂直结构与黑松纯林的基本没有差异，均为4个层次。草本层0～0.2m分布的个体数较多。黑松纯林灌木层和更新层0.2～1m处个体数较多，而黑松+麻栎混交林中没有灌木，更新亦不够丰富。

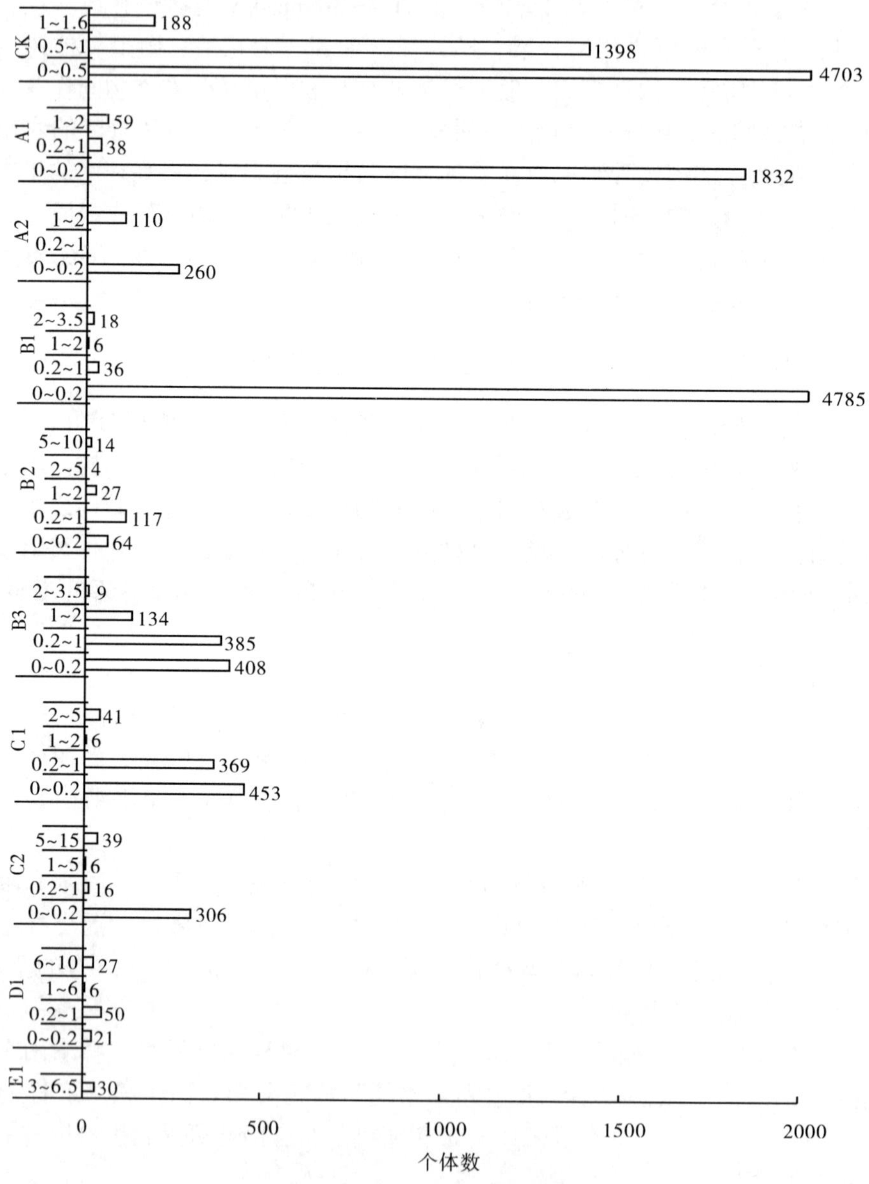

图11-1 主要模式垂直层次图

11.1.3 主要模式面积在环境梯度上的分布格局

在灌草带→基干林带→丘陵水土保持林带→经济林带→农田林网的梯度带上，2000～

2005 年，总体植被覆盖率提高了 5.66%，不同环境梯度带的面积比例均有不同程度的增加，其中增幅较大的是基干林带、丘陵水土保持林带。同时对各梯度带内的主要群落配置模式的面积比例进行了优化调整(表 11-1)。

表 11-1 各梯度带主要模式面积分配比例

梯度带	2000		2005		模 式	2000		2005	
	面积（hm^2）	覆盖率（%）	面积（hm^2）	覆盖率（%）		面积（hm^2）	覆盖率（%）	面积（hm^2）	覆盖率（%）
CK	110	0.06	100	0.06					
A	100	0.06	150	0.08	A1	50	50	95	63.33
					A2	50	50	55	36.67
B	6515	3.68	10420	5.88	B1	3500	53.72	4000	38.39
					B2	500	7.67	2050	19.67
					B3	1500	23.02	1000	9.6
C	16350	9.23	21410	12.09	C1	5600	34.25	6260	29.24
					C2	2900	17.74	4980	23.26
D	10900	6.15	11000	6.21	D1	2500	22.94	3020	27.46
E	1000	0.56	1930	1.09	E1	900	90	1500	77.72
合 计	34975	19.75	45010	25.41					

注：CK 代表海边草甸，为对照；A 代表灌草带；B 代表基干林带；C 代表丘陵水土保持林带；D 代表经济林带；E 代表农田林网；A1 为紫穗槐 + 草本混交模式；A2 为柽柳 + 草混交模式；B1 为黑松纯林模式；B2 为刺槐纯林模式；B3 为黑松 + 刺槐 + 火炬松 + 白蜡混交模式；C1 为黑松纯林模式；C2 为黑松 + 麻栎混交林模式；D1 为板栗纯林模式；E1 为杨树林网模式(以下各表和图相同)。

11.2 沙质海岸防护林群落在环境梯度上的结构特征

胶南市森林生态体系网络格局的各梯度带主要群落的结构特征差异很大(图 11-2)。现分别描述如下：

群落物种组成在一定程度上反映了群落中物种的多样性，优势种组成差异在一定程度上反映着群落的结构多样性特征。通过对胶南森林生态网络体系各梯度带主要模式的人工群落物种组成调查表明(表 11-2)，胶南市沿海防护林体系 4 个梯度带主要模式中共含 55 个植物种，其中乔木 7 种，灌木 7 种，草本 41 种。物种个体数在群落中变化较大，为 201～4731，而对照草甸的个体数为 6386，由此可见 4 个梯度带的个体数小于草甸。各模式中多数群落优势种较明显，黑松、刺槐、麻栎、板栗、紫穗槐、胡枝子、柽柳、碱蓬、筛草、毛鸭嘴草、白茅、结缕草、芦苇、苔草、加拿大蓬和狗尾草等是胶南市沿海防护林体系主要模式中较占优势的植物种类。由此可见，胶南市沿海防护林体系中乔木层和灌木层物种较少，物种多样性较低，群落稳定性差。

(1)沿海灌草带。通过对灌草带两种模式物种组成调查显示(表 11-2)，灌草带共含灌木 2 种，草本 12 种。紫穗槐 + 草本模式的物种个体数为 1926 个，而柽柳 + 草本模式的为 620 个，分别比对照草甸低 69.84% 和 90.29%。两种灌草混交模式中灌木层都只含有 1 种灌木，物种组成的差异体现在草本层。紫穗槐 + 草本混交模式中含草本植物 8 种，其中禾本植物占主要的优势，其个体数达 1700 株，相对多度为 93.10%，其次为还洋参和鸭趾草。柽柳 + 草本混交模式中含有 5 种草本植物，其中占优势的为白茅，相对多度达 88.24%，其次为结缕草和加拿大蓬。柽柳 + 草本混交模式中的物种数目小于紫穗槐 + 草混交模式中，可能是由于柽柳林有周期性的积水，而在水中能生长的植物物种较少的缘故。

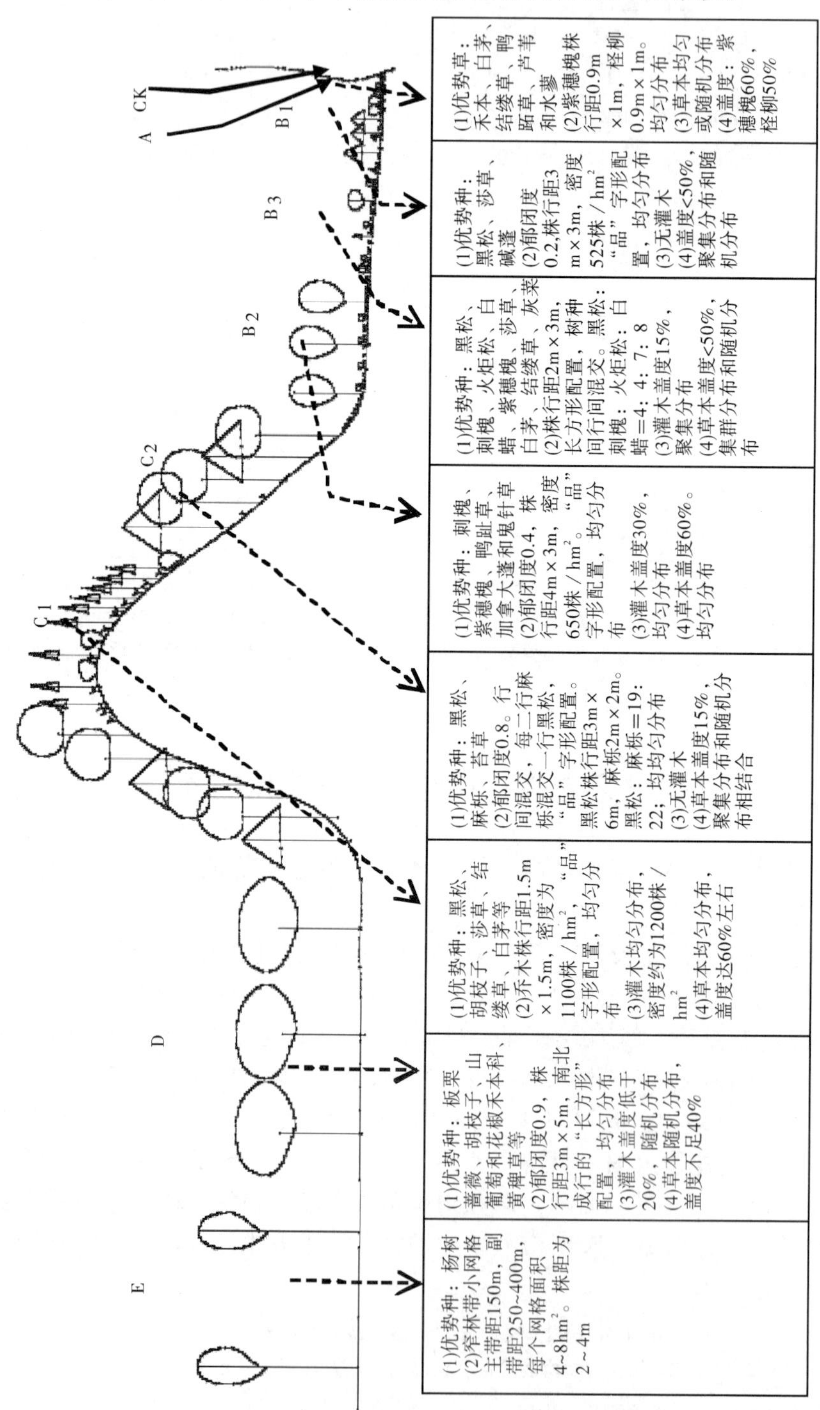

图 11-2　网络体系梯度带及主要模式空间配置结构示意图

(2)基干林带。由表 11-2 可以看出，黑松纯林和刺槐纯林中都只含有一种乔木，而混交林中含有 4 种乔木，且个体数分布比较均匀。黑松纯林中缺乏灌木层，其余两种模式中都只含有一种灌木紫穗槐。对于草本层，黑松纯林含有 14 种草本植物，且优势种明显，碱蓬是最为优势的种，其相对多度达 89.60%，其次为莎草。刺槐纯林中的草本层与黑松纯林相比，个体数分布较均匀一些，其中最占优势的是鬼针草，个体数为 43，相对多度为 24.57%，其次为加拿大蓬和野山药，相对多度分别为 23.43% 和 22.86%。混交林中含有 17 种草本，其中占优势的草种是莎草，相对多度为 36.46%，其次为白茅，相对多度为 19.53%。黑松纯林中的优势种比较明显主要是由于乔木层残次，林分郁闭度较低，且缺乏灌木层，是适合当地环境的碱蓬生长极为旺盛，从而导致其他草种的比例有所下降，长期以来有可能会降低黑松纯林的物种多样性。刺槐纯林中的个体数分布比较均匀有利于提高物种多样性和群落的稳定性。

(3)丘陵水土保持林带。丘陵水土保持林带中黑松纯林模式的物种数量明显多于黑松麻栎混交林模式，特别是草本层表现更为明显。草本层中，黑松纯林含有 17 种草本植物，其中莎草占最主要的优势，相对多度达 52.49%，其次为结缕草，相对多度为 27.56%。而黑松麻栎混交林中只含有一种草本植物(苔草)，这是由于其林分郁闭度较大，林下草本植物不易生长所致。黑松纯林中乔木层优势种很明显，而黑松 + 麻栎混交林中两种乔木的数量分布较均匀。对于灌木层，黑松纯林中只含有一种灌木——胡枝子，且密度较大，黑松 + 麻栎混交林中由于乔木层郁闭度较大而不含有灌木。由此可见黑松 + 麻栎混交林模式要注意林分的间伐以提高其物种多样性，增加群落的稳定性。

(4)经济林带。由表 11-2 可以看出，板栗林中含有 5 种灌木，且数量分布均匀，相对多度在 16%~24% 之间。草本层含有 11 种草本植物，优势种有禾本科植物、穿龙薯蓣和黄稗草，相对多度分别为 23.73%、20.34% 和 18.64%。经济林中含有较多的灌木和草本植物可能是与管理不善，且经济林中土壤肥力状况较好有关。

表 11-2　不同梯度带各模式物种组成

物种名称	CK	A		B			C		D
		A1	A2	B1	B2	B3	C1	C2	D1
乔木层 Layer of tree									
黑松 *Pinus thunbergii*				21		4	42	19	
刺槐 *Robinia pseudoacacia*					13	4			
火炬松 *Pinus taeda*						7			
白蜡 *Fraxinus chinensis*						8			
火炬树 *Rhus typhina*							1		
麻栎 *Quercus acutissima*							1	22	
板栗 *Castanea mollissima*									40
灌木层 Layer of shrub									
紫穗槐 *Amorpha fruticosa*		100			13	6			
胡枝子 *Lespedeza bicolor*							51		4
柽柳 *Tamarix chinensis*			110						
南蛇藤 *Celastrus orbiculatus*									4

（续）

物种名称	CK	A		B			C		D
		A1	A2	B1	B2	B3	C1	C2	D1
蔷薇 *Rosa multiflora*									6
山葡萄 *Vitis amurensis*									6
花椒 *Zamhoxylum bungeanum*									5
草本层 Layer of herbage									
艾蒿 *Arte misia argyi*							8		
白茅 *Imperata Koenigii*			450		10	150	70		
穿龙薯蓣 *Dioscorea nipponica*							1		12
肾叶打碗花 *Calystegia soldanella*					1	20			
丹参 *Salvia miltiorrhiza*									1
狗尾草 *Setaria viridis*	203	4	5	5					
鬼针草 *Bidens pilosa*		4			43				
含羞草 *Mimosa pudica*				6		2			
禾本 Poaceae	42	1700		3		20	10		14
还洋参 *Crepis diversifolia*		54		4	9				
黄背草 *Themida japanica*									11
灰菜 *Chenopodium album*	49	5				44			
灰绿藜 *Chenopodium glaucum*					2		1		
鸡眼草 *Potamogeton cristatus*						2	3		
蒺藜 *Tribulus terrester*	15				1	5	1		
加拿大蓬 *Conyza canadensis*	128		20	20	41	37	1		
碱蓬 *Suaeda glauca*	5460			4220					
结缕草 *Zoysia japonica*			30	40		90	210		
菊蒿 *Tanacetum vulgare*									4
苦荬菜 *Txeris chinensis*									1
抱茎苦荬菜 *Ixeridium sonchifolium*	3		5						
芦苇 *Phragmites communis*	290					10			
马鞭草 *Verbena officnalis*	40	5		43		1			
针蔺 *Eleocharis valleculosa*	1				1	8			
三叶草 *Trifolium*							2		
球穗扁莎 *Pycreus globosus*				253		280	400		
筛草 *Carex kobomugi*				54					
石竹 *Dianthus chinensis*	103			2					
水稗草 *Echinochloa hispidula*		5				20			
苔草 *Carex*							34	240	
唐松草 *Thalictrum aquilegifolium*							1		
桃叶蓼 *Polyonum persicaria*							1		
霞草 *Gypsophila Oldhamiana*									7
香蒿 *Arte misia annua*				9					
鸭跖草 *Tradescantia albiflora*	15	49		49	26	39	1		3
羊胡子草 *Eriphorum vaginatum*									1
野大豆 *Glycine soja*									3
野苋 *Amaranlnus nitrides*							3		2
野山药 *Dioscorea japonica*	37			2	40	25			
月见草 *Oenothera biennis*					1	15	14		
合　计	6386	1926	620	4731	201	797	857	281	124

11.3　沙质海岸防护林群落在环境梯度上的多样性特征

11.3.1　不同梯度群落类型物种多样性分析

表 11-3　不同梯度带各模式群落多样性

梯度带	模式	层次	*S*	*D*	*H'*	*Jsw*	*E*	*C*
CK		草	13	0.27	0.69	0.29	0.36	0.73
A	A_1	灌	1	0	0	—	—	1
		草	9	0.13	0.35	0.15	0.36	0.86
		总	10	0.13	0.35	0.15	0.36	1.86
	A_2	灌	1	0	0	—	—	1
		草	5	0.22	0.49	0.27	0.43	0.78
		总	6	0.22	0.49	0.27	0.43	
B	B_1	乔	1	0	0	—	—	1
		灌	0	—	—	—	—	—
		草	14	0.19	0.51	0.21	0.37	0.81
		总	15	0.19	0.51	0.21	0.37	
	B_2	乔	1	0	0	—	—	1
		灌	1	0	0	—	—	1
		草	11	0.8	1.79	0.88	0.82	0.19
		总	13	0.8	1.79	0.88	0.82	
	B_3	乔	4	0.73	1.34	0.97	0.94	0.24
		灌	1	0	0	—	—	1
		草	17	0.8	2.05	0.85	0.6	0.2
		总	22	1.53	3.39	1.82	1.55	
C	C_1	乔	3	0.09	0.22	0.13	0.4	0.91
		灌	1	0	0	—	—	1
		草	17	0.64	1.36	0.68	0.61	0.36
		总	21	0.73	1.57	0.81	1.01	
	C_2	乔	2	0.5	0.69	0.99	0.99	0.49
		灌	0	—	—	—	—	—
		草	1	0	0	—	—	1
		总	3	0.5	0.69	0.99	0.99	
D	D_1	乔	1	0	0	—	—	1
		灌	5	0.79	1.59	0.99	0.98	0.17
		草	11	0.84	2.04	0.93	0.8	0.14
		总	17	1.64	3.63	1.92	1.78	

表 11-3 表明，胶南森林生态网络体系的丰富度指数变化范围为 3～22。乔木层的丰富度指数为 1～4，其中绝大部分只有一种或两种树种组成，层次十分单一。灌木层除经济林带外，其余梯度带的植物丰富度为 0～2。各模式物种丰富度主要由草本层来决定，除黑松 + 麻栎混交林外，其余模式草本层的丰富度指数为 6～17，占总体丰富度指数的比例均在 65% 以上。根据课题组对日照沿海防护林的研究，日照沿海防护林的丰富度指数为 12～25，由此可见，胶南森林生态网络体系的丰富度指数仍然偏低。

灌草带两种模式丰富度表现为紫穗槐+草本模式(10)>柽柳+草本模式(6)，这主要是由于柽柳+草本混交模式所在地点容易周期性积水，水中能生长的草本植物较少，从而导致其丰富度指数较低。基干林带三种模式的丰富度指数依次为黑松+刺槐+火炬松+白蜡混交林(22)>黑松纯林(15)>刺槐纯林(13)。这主要是由于混交林长势极其衰退，郁闭度极低，从而使其下层草本生长较旺盛，致使草本丰富。黑松纯林也是由于老龄化，成为残次林分，大多数顶部枯死，郁闭度也较低，林下草本较丰富。丘陵水土保持林带无论是乔木层、灌木层还是草本层，都表现出黑松纯林的丰富度指数高于黑松+麻栎混交林。这是由于黑松纯林老龄化，有少数的另外两种更新树种火炬树和麻栎，从而导致其乔木层的丰富度指数较高，而且黑松+麻栎混交林由于郁闭度特别大，可达0.8，致使其中下层灌木层和草本层极不丰富，从而也导致了其总体丰富度指数也低于黑松纯林。

11.3.2 不同梯度群落类型的多样性指数

由表11-3不难看出，胶南森林生态网络4个梯度带的乔木层和灌木层的多样性较低。乔木层Simpson指数和Shannon-Wiener指数范围分别为0~0.73和0~1.34，其中基干林带乔木层的植物多样性最大，丘陵水土保持林带次之，其余梯度带均为0。这是由于基干林带和丘陵水土保持林带中多为混交林的缘故。除经济林带外，其余模式灌木层多样性指数均为0。除黑松+麻栎混交模式外，胶南森林生态网络中的植物多样性一般主要由草本层来体现，草本层的Simpson指数和Shannon-Wiener指数分别为0.13~0.84和0.15~2.04。总体Simpson指数和Shannon-Wiener指数变化范围为0.13~1.64和0.15~3.39，课题组对日照沿海防护林的研究表明，日照Simpson指数的变化范围为0.35~3.36，由此可见胶南森林生态网络体系中植物多样性偏低。

11.3.2.1 灌草带

灌草带两种模式的多样性指数表现出一定的差异，Simpson指数和Shannon-Wiener指数都表现出柽柳+草本混交模式>紫穗槐+草混交模式。柽柳+草本模式的Simpson指数和Shannon-Wiener指数分别比紫穗槐+草本模式的高69.23%和40%。紫穗槐+草混交模式的丰富度指数大于柽柳+草本混交模式的，而多样性指数却小于柽柳+草本混交模式的，这是由于多样性指数除与丰富度指数有关，还与物种的个体数和物种个体数分布的均匀程度有关。

11.3.2.2 基干林带

三种模式不同层次的植物多样性指数都表现出草本层最大，乔木层次之，灌木层最小。草本层的Simpson指数变化范围为0.19~0.80，乔木层为0~0.73，而灌木层的全部为0，因此基干林带中的植物多样性主要由草本来体现，灌木层缺乏，今后要注意灌木层的管理。

表11-3表明，混交林的乔木层Simpson指数和Shannon-Wiener指数最高分别为0.73和1.34，两种纯林模式分别为0。三种模式的灌木层由于丰富度指数为1导致其多样性指数都为0。草本层的多样性指数为混交林的最高，Simpson指数和Shannon-Wiener指数分别为0.80和2.05，刺槐纯林的次之，分别为0.80和1.79，黑松纯林的最低分别为0.19和0.51。这与黑松纯林近乎残次且受人为放牧等破坏有关，因此应加强对黑松残次林的管理，促进其人工更新。

总体多样性指数为混交林最高，刺槐纯林次之，黑松纯林最差。从Simpson多样性指数来看，混交林比刺槐纯林和黑松纯林分别高 90. 13% 和 688. 45%，从 Shannon-Wiener 多样性指数来看，混交林分别比刺槐纯林和黑松纯林分别高 89. 13% 和 569. 64%。这是由混交林的乔木层和草本层的丰富度指数高所决定的。

11. 3. 2. 3　丘陵水土保持林带

乔木层的多样性指数为混交林大于纯林，黑松 + 麻栎混交林的乔木层丰富度指数虽然低于黑松纯林的，但是其多样性指数却大于黑松纯林，这是由于 Simpson 指数和 Shannon-Wiener 指数除了与物种数有关，还与其中某一物种个体数所占总个体数的比例有关系，黑松纯林中黑松占主要优势，因此导致其多样性指数低。从草本层的多样性指数来看，黑松纯林的 Simpson 指数和 Shannon-Wiener 指数分别比黑松 + 麻栎混交林的高，从而也导致了黑松纯林的总体多样性指数高于黑松 + 麻栎混交林。

黑松纯林草本层多样性占优势，草本层 Simpson 指数和 Shannon-Wiener 指数占总体多样性指数的比例分别为 87. 89% 和 86. 23%. 而黑松 + 麻栎混交林的植物多样性表现为乔木层占优势，因此，黑松 + 麻栎混交林需要加强对灌木层和草本层的管理，还有乔木层的间伐管理。

11. 3. 3　不同梯度植被类型的均匀度和生态优势度指数

均匀度可以定义为群落中不同物种的数量（或多度、生物量、盖度或其他指标）分布的均匀程度。而生态优势度是群落水平的综合数值，是把群落作为一个整体而把各个种的重要性总结为一个合适的度量值，以表征群落的组成结构特征。

4 个梯度带 Peilou 指数和 Alatalo 指数的变化范围分别为 0. 21 ~ 0. 93 和 0. 40 ~ 0. 80，草本层生态优势度指数为 0. 14 ~ 0. 82。从 Alatalo 均匀度指数来看，灌草带、基干林带、水土保持林带和经济林带分别比对照草甸模式高 10. 62%、65. 99%、69. 02% 和 121. 22%。4 个梯度带中，经济林带的生态优势度最低，比其他 3 个梯度带分别降低 82. 55%、63. 84% 和 78. 88%。由此可见，从沿海至内陆沿不同梯度带，植物群落的均匀度逐渐增高，生态优势度逐渐降低，即更有利于保持草本层植物的多样性。

（1）沿海灌草带。从表 11-3 可以看出，两种模式的 Pielou 均匀度指数和 Alatalo 均匀度指数都表现出柽柳 + 草本模式 > 紫穗槐 + 草本模式。柽柳 + 草本混交的 Pielou 均匀度指数为 0. 27，紫穗槐 + 草混交的为 0. 15，比柽柳 + 草本模式低 0. 12。柽柳 + 草本混交模式的 Alatalo 均匀度指数为 0. 43，比紫穗槐 + 草本混交模式高 19. 44%。相应的生态优势度表现为紫穗槐 + 草本模式（0. 86）> 柽柳 + 草本模式（0. 78）。由此可见，柽柳 + 草本模式的均匀度较高，而生态优势度较低，物种个体数分布较均匀，更容易保持群落的稳定性和物种多样性。

（2）基干林带。草本层的均匀度指数为刺槐纯林最大，黑松 + 刺槐 + 火炬松 + 白蜡混交林次之，黑松纯林最小。与刺槐纯林草本层相比，黑松 + 刺槐 + 火炬松 + 白蜡混交林和黑松纯林的 Pielou 指数分别降低 3. 53% 和 76. 39%，Alatalo 指数分别降低 26. 62% 和 55. 57%。相应地，生态优势度为黑松纯林的最大为 0. 81，混交林的次之为 0. 20，刺槐纯林的最小是 0. 19。因此，刺槐纯林中的草本层多样性的分布要比其他两种模式好，更利于提高草本层的群落多样性。

由表 11-3 可以看出，各模式的总体均匀度，无论是 Pielou 指数还是 Alatalo 指数，都表现出黑松 + 刺槐 + 火炬松 + 白蜡混交林最大，分别为 1. 82 和 1. 55；刺槐纯林次之，分别为

0. 88 和 0. 82；黑松纯林最小，分别为 0. 21 和 0. 37。混交林的最大是由于其乔木层的均匀度指数高于纯林模式，从而提高了整个群落的均匀度指数。

(3) 丘陵水土保持林带。黑松 + 麻栎混交林的 Pielou 指数和 Alatalo 指数分别为 0. 99，而黑松纯林的仅为 0. 13 和 0. 4，相应地黑松纯林的乔木层生态优势度比黑松 + 麻栎混交林的高 0. 42。由此可见，黑松 + 麻栎混交林中两个树种数量分配较均匀，优势种不明显。

综上所述，胶南森林生态网络体系的植物多样性总体上较低。但是由于不同梯度带在物种组成、结构和功能等多方面存在着一定的差异，从而决定了它们在植物多样性（丰富度、多样性、均匀度、优势度）特征上也有一定的差异，从沿海之内陆沿不同梯度带有增高的趋势。丘陵水土保持林带由于混交林郁闭度较高，导致其灌草层植物多样性较低，从而降低了该梯度带的植物多样性。经济林带由于人为的管理及环境和土壤条件的改善，其植物多样性是 4 个梯度带中最高的。另外，从群落不同的层次来看，群落植物多样性主要由草本层来体现。乔木层和灌木层的植物多样性特别低，物种数量少，林分单一，因此在下一步营造胶南沿海防护林时，要注意营造乔灌草混交林，并注意乔木层的间伐修枝，使乔木层、灌木层和草本层平衡发展，以提高胶南沿海地区的森林植物多样性。

11. 4 小 结

胶南森林生态网络体系已形成了以基干防护林带为主，与水土保持林、水源涵养林、农田林网等相结合，防护林与用材林、经济林、风景林、环境保护林相结合的逐步向内陆延伸的多林种、多层次、多功能、多效益的以灌草带 - 基干林带 - 丘陵水土保持林带 - 经济林带 - 农田林网为格局的沿海防护林体系。

胶南森林生态网络体系主要模式的空间配置结构较简单。乔木层多为品字形或长方形配置，均为均匀分布；灌木层有均匀分布、聚集分布和随机分布 3 种方式，草本层的盖度一般在 40% 以上，有均匀分布、随机分布和聚集分布 3 种方式。垂直结构一般为 2 ~ 5 个层次，更新在大多数群落中较丰富。

灌草带中紫穗槐 + 草本模式的空间配置好于柽柳 + 草本模式。基干林带中刺槐纯林的空间结构最为合理。水土保持林带中黑松纯林的水平结构好于黑松 + 麻栎混交林，但是二者的垂直结构没有差异。

胶南森林生态网络体系主要模式多样性较低，群落稳定性差。从沿海至内陆沿不同梯度带，多样性状况逐渐变好。主要模式中共含 55 个植物种，其中乔木 7 种，灌木 7 种，草本 41 种。物种个体数在群落中变化较大，为 201 ~ 4731；多数模式中优势种较明显，黑松、刺槐、麻栎、板栗、紫穗槐、胡枝子、柽柳、碱蓬、莎草、白茅、结缕草、芦苇、苔草、加拿大蓬和狗尾草等是胶南森林生态网络体系主要模式中较占优势的植物种类。丰富度指数变化范围为 8 ~ 17，Simpson 指数和 Shannon - Wiener 指数变化范围为 0. 13 ~ 1. 64 和 0. 15 ~ 3. 39。Peilow 指数和 Alatalo 指数的变化范围分别为 0. 21 ~ 0. 93 和 0. 40 ~ 0. 80，从 Alatalo 均匀度指数来看，灌草带、基干林带、水土保持林带和经济林带分别比对照草甸模式高 10. 62%、65. 99%、69. 02% 和 121. 22%。

从多样性状况来看，灌草带紫穗槐 + 草本模式好于柽柳 + 草本模式，前者的丰富度指数和 Simpson 指数分别比后者高 66. 67% 和 69. 23%。

基干林带中黑松+刺槐+火炬松+白蜡混交林的多样性好于其他两种纯林模式，其丰富度、多样性指数和均匀度都是最高的，其 Simpson 指数分别比刺槐纯林和黑松纯林高 91.25% 和 705.26%。

从保护物种角度来看，丘陵水土保持林带的黑松+麻栎混交林好于黑松纯林。虽然黑松+麻栎混交林由于郁闭度过大导致其缺乏灌木层，草本层物种单一，丰富度指数较低，但是其多样性指数和均匀度指数均高于黑松纯林。

各植被梯度带的土壤物理性状均好于草甸的土壤物理性状，而且，除基干林带外，其余梯度带的土壤物理性状随着从沿海至内陆的发展，土壤物理性状逐渐变好，土壤的保水保肥能力逐渐增强，干旱贫瘠的状况逐渐减轻。土壤养分随植被梯度带的变化与土壤物理性状表现出相同的趋势。

参考文献

[1] 陈秀明，李荣伟，王乐辉，等．岷江上游亚高山典型森林植被群落数量特征研究．四川林业科技，2004，25(3)：17~21

[2] 程瑞梅，肖文发．河南宝天曼栓皮栎林群落特征及物种多样性．植物资源与环境，1998，7(4)：8~13

[3] 仇才楼，梁珍海．苏北沿海防护林对土壤渗透性的影响．生态学杂志，1997，16(2)：13~16

[4] 贺金生，陈伟烈，李凌浩．中国中亚热带东部常绿阔叶林主要类型的群落多样性特征．植物生态学报，1998，22(4)：303~311

[5] 康立新，张纪林，季永华，等．沿海防护林体系生态环境效益及评价技术．林业科技开发，1998(2)：31~32

[6] 李清河，杨立文，周金星．北京九龙山植物群落物种多样性特征对比分析．应用生态学报，2002，13(9)：1065~1068

[7] 李荣锦，仇才楼．沿海防护林体系对农业环境的保护功能及效益．江苏林业科技，2000，27(6)：44~47

[8] 卢义山，梁珍海，张金池，等．如东县海堤林业资源生态经济效益初步评估．江苏林业科技，1999，26(3)：20~24

[9] 马克平．生物群落多样性的测度方法 I α 多样性的测度方法(下)．生物多样性，1994，2(4)：231~239

[10] 张家来，刘立德．江滩农林复合生态系统综合效益的评价．生态学报，1995，15(4)：442~449

[11] 张金池，臧延亮，曾锋．盐质海岸防护林树木根系对土壤抗冲性的强化效应．南京林业大学学报，2001，25(1)：9~12

[12] 赵明华，杨延春，邹志国，等．江苏沿海地区生物措施提高水土保持效益研究．水土保持研究，2004，11(3)：233~236

[13] 周择福，王延平，张光灿．五台山林区典型人工林群落物种多样性研究．西北植物学报，2005，25(2)：321~327

[14] Alatalo R V. Problems in the measurement of evenness in ecology. Oikos, 1981, 37: 199~204

[15] Kvalseth T O. Note on biological diversity, evenness, and homogeneity measures. Oikos, 1991, 62(1): 123~127

[16] Mailly D, et al. Forest floor and mineral soil development in casuarinas equisetifolia plantations on the coastal sand dunes of Senegal. Forest Ecology and Management, 1992, 55 (1/4): 259~278

[17] White, Alan S, et al. Relationship between plant species richness and biomass in a coastal Maine *Quercus-Pinus* forest. Journal of Vegetation Science, 1999, 10(5): 755~762

12 沙质海岸防护林生物多样性研究

12.1 群落多样性测度方法概述

随着人口的迅速增长和社会经济的迅猛发展，作为人类赖以生存最为重要基础的生物多样性受到了严重的威胁，导致生物多样性的丧失比历史上任何时期都快，当今世界生物灭绝速率为其自然灭绝速率的1000多倍。生物多样性保护及其持续利用已成为国际关注的三大热点之一，并受到各国政府和有关国际组织的高度重视。在Lubchenco等(1991)提出的十大生态学课题中，生物多样性保护占据第五位。因此人们开展了大量的基础研究和保护实践工作，以其维护和保护地球上的生物多样性。

生物多样性研究的一个重要任务是对以前和现有物种进行多样性测度。森林群落多样性是生物多样性的重要组成部分，关于森林群落多样性的测度方法，前人有过诸多研究。马克平等(1994a；b；1995)、刘灿然等(1998)、谢晋阳等(1994)、陈灵芝等(1997)曾对温带某些地区的森林群落多样性测度方法作过系统阐述，叶永忠等、高贤明等(1995)、关文彬等(1997)曾在温带森林群落多样性的研究中对多样性测度方法进行了很有效的应用。各种测度方法所揭示的生态学意义不尽相同，在暖温带森林群落中，选择合适的测度方法才能获得令人信服的群落多样性特征。

12.1.1 群落生物多样性调查方法

一般研究群落物种多样性的组成和结构多采用临时样地法中的典型取样法；研究群落功能和动态多样性则采用永久样地法；研究物种多样性的梯度变化特征，采用样带或样线法。取样面积和取样数量对测度结果有很大的影响，刘灿然等(1997)对取样数量进行分析表明：一般需要20多个样方(5m×5m)，各丰富度指数(Richness index)才能达到稳定；多样性指数只需少数几个样方就达到稳定状态；均匀度指数(Evenness index)比较稳定，也只需几个样方就达到稳定状态。刘灿然等(1998)对植物群落临界抽样面积的分析发现，要得到比较稳定可靠的结果，可用10条种-面积曲线来确定临界抽样面积。因此，在温带森林群落多样性调查时可以此为基础确定适当的方法、面积与数量。

12.1.2 群落多样性计测方法评述

通常认为多样性可分为α多样性、β多样性、γ多样性、δ多样性。δ多样性是最近由于先进工具的使用才出现的，相当于自然地理尺度的多样性。下面主要从森林生物群落内的多样性(α多样性)、群落间的多样性(β多样性)和总体多样性(γ多样性)三个方面对温带森林群落多样性的测度方法予以评述。

12.1.2.1 α多样性的测度方法

α多样性的测度方法一般又可以分成：物种丰富度指数、物种相对多度模型、物种丰富度与相对多度综合形成指数，即物种多样性指数和生态多样性指数、物种均匀度指数。其中，物种相对多度模型在温带森林群落多样性的研究中应用较少。

群落内各个种群的个体数是群落多样性的重要测度指标。但是，由于不同生长型的植物个体大小差异悬殊，植物的个体数，特别是草本植物的个体数计数难度较大，以个体作为多样性测度指标肯定会带来很大的误差。由于植物这种特殊性，Pielou、Whittaker 等学者建议采用相对盖度、重要值或生物量等作为多样性测度的指标，避免了由于物种个体数受样方大小的影响而造成的误差。例如马克平等(1994a，b；1995)等对北京东灵山地区植物群落多样性的研究中，利用重要值来测度丰富度、均匀度和物种多样性，较好地揭示了北京东灵山的生物多样性。因此，在度量温带森林生物多样性时最好选用重要值来计算。

12.1.2.2　β 多样性

β 多样性指沿着环境梯度的变化物种替代程度，它包括不同群落间物种组成的差异。不同群落或某环境梯度上的不同点之间的共有种越少，β 多样性越大。精确的测度 β 多样性具有重要的意义：①它可以指示生境被物种分隔的程度；②β 多样性测定值可以用来比较不同地段的生境多样性；③β 多样性和 α 多样性一起构成了总体多样性或一定地段的生物异质性。根据调查数据的属性不同，β 多样性的测度方法可以分成二元属性数据的 β 多样性测度方法和数量数据测度方法两类。

二元属性数据测度方法没有考虑每一个物种的个体数量或相对多度，势必过高估计稀疏种的作用，而导致不合理的结论，数量数据的 β 多样性指数弥补了它的不足，主要应用的有 Bray—Curtis 指数 CN 和 Morisita—Horn 指数 CMH。研究证实，二元属性数据的 β 多样性指数不如数量数据 β 多样性指数敏感。

12.1.2.3　γ 多样性

Primack 和季维智认为 γ 多样性是“不同地带的同一类型生境中，物种组成随着距离或地理区域的延伸而改变的程度”。γ 多样性在应用中可以认为是景观水平的多样性，景观水平多样性的测度，生态学家大多沿用了 α 多样性指数以及在此基础上改良的指数，区别在于解释的角度不同。据文献分析，对 γ 多样性的讨论一般很少，直接以 γ 多样性来描述群落多样性的文献并不多见，γ 多样性可用 α 多样性和 β 多样性来代替。

12.1.2.4　各种测度方法的比较

群落多样性测度指标是度量一个群落或一个地区群落多样性的重要依据，合理地选择群落多样性测度指标才能有效地表征一个群落多样性的状况。在选择群落多样性测度指标时要具体情况具体分析。马克平认为多样性指数选择应根据以下 4 个指标：判别差异的能力；对于样方大小的敏感程度；强调哪一个多样性组分是稀疏种还是富集种；被利用和理解的广泛性。在对温带森林群落多样性进行研究和评价时，亦可根据具体情况选择不同的指标。

群落内的多样性(α 多样性)、群落间的多样性(β 多样性)、总体多样性(γ 多样性)是通常情况下度量群落多样性的指标，而 γ 多样性可由 α 多样性和 β 多样性来代替，因此在研究温带森林群落多样性时一般选用 α 多样性指数和 β 多样性指数来进行测度。

α 多样性测度指标中，对于物种丰富度指数，用一定面积内的物种数目来表示要比用物种密度和物种数目随样方增大而增大的速率来表示更简便、更广泛；对于物种多样性指数，Simpson 指数和 Shannon—Wiener 指数的生态学意义比其他的物种多样性指数更明显，应用也更广泛；对于均匀度指数，Alatalo 均匀度指数不受样方大小的影响，而其他的均匀度指数对样方大小敏感。因此，在研究温带森林群落间的 α 多样性时，值得推荐的有物种丰富度指数(S)、Simpson 指数、Shannon-wiener 指数、Alatalo 均匀度指数。另外，亦可选用种间相遇机率(PIE)和生态优势度指数等。以上各指数最好用重要值来进行计算。

β 多样性测度指标，对于二元属性数据的 β 多样性测度方法，Whittaker 指数反映了 α 多样性、β 多样性与 γ 多样性之间的关系，比 Routkedge 指数应用的更广泛。因此在研究温带森林群落多样性时，建议选用 Whittaker 指数。另外，Cody 多样性指数、Wilson-Shimda 指数和群落相似系数 Jaccard 指数与 Morisita-Horn 指数也是重要的测度指标。对于数量数据的 β 多样性测度方法，建议采用 Bray-Curtis 指数等。由于二元属性数据过高估计了稀疏种的作用而容易导致不合理的结论，因此，最好选用数量数据的 β 多样性测度方法。

近年来，随着森林群落多样性研究的深入，一些新理论和新方法逐渐地被应用到群落多样性的测度和评价上．利用 3S 技术(地理信息系统 GIS、遥感 RS、地理定位系统 GPS)编制出区域森林群落类型图、地貌图、地质图、气候图等，并编制各种数据库，建立生物多样性信息系统，为群落多样性的测度提供良好的条件。分维几何是目前国际上广泛应用的非线性模型，应用到植被群落异质性分析可以弥补 β 多样性指数在取样尺度的局限性。相关分析、DCA 分析、聚类分析等分析方法是对温带森林群落多样性进行测度、研究并进行评价时有利的方法。总之，新理论和新方法的应用使生物多样性测度指标得到更广泛的应用，使生物多样性的研究更为深入。

12.2 沙质海岸防护林群落 α – 多样性分析

本研究以胶南市环海林场和日照市大沙洼林场的海防林群落为研究对象，重点考察了丰富度指数、多样性指数、均匀度指数等在主要群落间的变化。胶南市和日照市的主要海防林群落基本情况见表 12-1、12-2。

表 12-1 胶南市环海林场主要群落基本情况

样地号	群落类型	平均高度(m)	郁闭度(或盖度)(%)	海拔高度(m)	土壤类型
1	草 甸	0.60	55	2	沙壤
2	黑松纯林	3.50	70	300	棕壤
3	板 栗 林	8.00	90	260	棕壤
4	刺 槐 林	6.00	85	270	棕壤
5	草 甸	0.25	30	4.5	沙壤
6	草 甸	0.55	80	3.5	沙壤
7	黑松残次林	2.50	20	3.0	沙壤
8	刺 槐 林	1.50	80	3.5	沙壤
9	撂 荒 地	0.40	20	2.5	沙壤
10	紫穗槐林	0.25	90	3.0	沙壤
11	黑松纯林	4.50	80	7.5	沙壤
12	火炬松 + 白蜡	3.50	70	9.0	沙壤
13	火炬松 + 白蜡	5.00	85	180	棕壤

表 12-2 日照市大沙洼林场主要群落基本情况

样地编号	类　型	平均高度(m)	平均胸径(cm)	郁闭度	土壤类型
1	水杉纯林	28.61	27.68	0.9	沙土
2	黑杨类纯林	23.70	19.02	0.9	沙土
3	黑松纯林	8.56	16.48	0.6	棕壤
4	黑松纯林	7.77	10.56	0.3	沙土
5	黑松纯林	8.42	14.1	0.3	沙土
6	黑松纯林	9.02	15.1	0.2	沙土
7	黑松 + 麻栎	12.03	3.29	0.4	沙土
8	黑松 + 火炬松 + 旱柳	9.55	10.3	0.4	沙壤

12.2.1 丰富度指数

物种丰富度(richness)即群落内的物种数，是群落内物种多样性最直观的测度指标。日照市和胶南市的群落内物种丰富度的共同特点是草本层 > 灌木层 > 乔木层。其中各群落间乔木和灌木层的物种丰富度指数较低。说明各群落丰富度指数的差异主要取决于草本植物的物种数目。从总的丰富度指数来看，阔叶林的丰富度指数大于针叶林的丰富度指数，纯林的大于混交林的。

日照市海防林中混交林(样地 7、8)的丰富度指数要明显高于纯林的丰富度指数(图 12-1)。样地 7 和样地 8 乔木的丰富度指数 S 分别为 2 和 3 外，其他样地均为纯林，其他乔木种尚未侵入到主林层。就灌木而言，样地 2 的 S 指数为 5，样地 3 为 3，而样地 1 为 0，其余仅 1 种，这是由于样地 1 水杉林分生长良好，胸径 20 ~ 30cm，林分密度过大，郁闭度 95%，林下偶见野蔷薇。草本植物中，样地 2 的 S 值最大，样地 6 的最小，其差异值为 14。主要原因为样地 2 位于林海宾馆池杉林南侧，无人为的干扰，且是 4m 间隔的台地造林，局部地段水湿，该样地的密度、均匀度、郁闭度适中，草本植物以芦苇、鸡肠子草、苔草、蟋蟀草等为主，所以其 S 指数较高；而样地 6 为黑松刚松林，上层黑松经间伐后郁闭度降为 0.2，但下层人工更新的刚松的密度极大，平均年龄为 10 年左右，郁闭度高达 0.70，光照不足，所以草本植物较少，S 指数较小。

胶南市海防林乔木绝大部分是由 1 种或 2 种优势种组成，林分类型较单一(图 12-2)。乔木中只有黑松、刺槐、火炬松和白蜡较适合沿海地区生长，灌木中只有紫穗槐生长良好，这主要是由于沿海地区的特殊地理位置和恶劣的气候因素及土壤类型决定的。在总的丰富度指标中草本起主要作用。草本的丰富度指数在 6 ~ 17 之间，集中在 10 ~ 16 之间，丰富度较大；乔木的丰富度指数在 0 ~ 5 之间，集中在 1 ~ 2 之间，说明乔木样地中林分类型较单纯；灌木的丰富度指数是 0 ~ 7，集中在 0 ~ 1 之间，说明灌木中优势种比较明显。样地 2、3 和 4 中植物的丰富度的大小顺序是草本 > 乔木 > 灌木，且大于其他样地，这是因为这三块样地设置在保护比较好的同一座山上。在沿海地区，由于其所处的环境与内陆不同，乔木、灌木很难生长，只有少数的几个乡土树种适应当地的环境可以生长，即使已经引种成功的树种其生长状况也不如内陆生长的好。

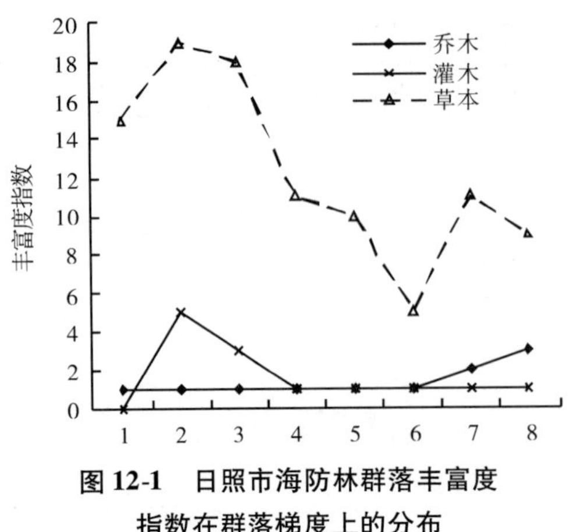

图 12-1 日照市海防林群落丰富度指数在群落梯度上的分布

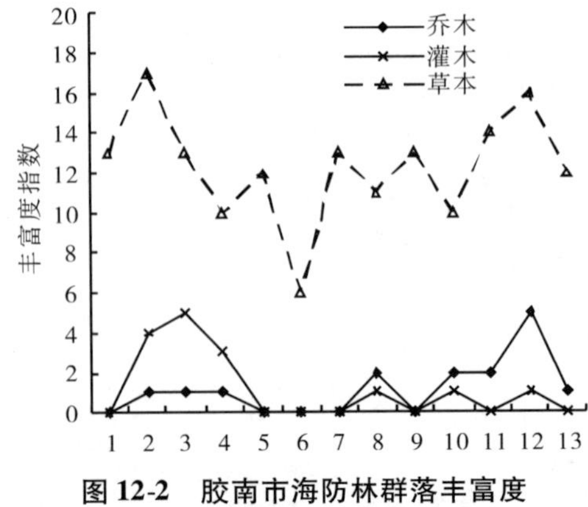

图 12-2 胶南市海防林群落丰富度指数在群落梯度上的分布

12.2.2 多样性指数

群落中生物种类多，代表了该群落的复杂程度高，Shannon-Wiener(H')指数被认为是代表一个群落的“不确定性”或“信息”。它的组成变化越大，它的每一个样本的变化也越大。Simpson 指数(D)则对稀有种敏感。D 和 H 多样性指数不高，其变化趋势基本一致，都表现为：草本 > 灌木 > 乔木。这说明在沿海地区物种的多样性主要是由草本起作用。

日照市各个群落中总的多样性指数从大到小排列顺序为：样地 2 > 样地 8 > 样地 7 > 样地 3 > 样地 4 > 样地 1 > 样地 5 > 样地 6，与前面分析的丰富度指数大小相吻合(图 12-3 和图 12-4)。在所研究样地的乔木中，样地 7 和样地 8 较其他的样地高，其他样地的 λ 和 H'多样性指数均为 0，这是因为除了样地 7 和样地 8 为混交林外，其他的样地均为纯林。就灌木来说，由于样地 2 和样地 3 的密度、郁闭度适中，林下采光良好，所以这两样地的 D、H 指数比其他样地高出 56%；而草本植物，D、H 曲线均为 S 型，差异性很大。

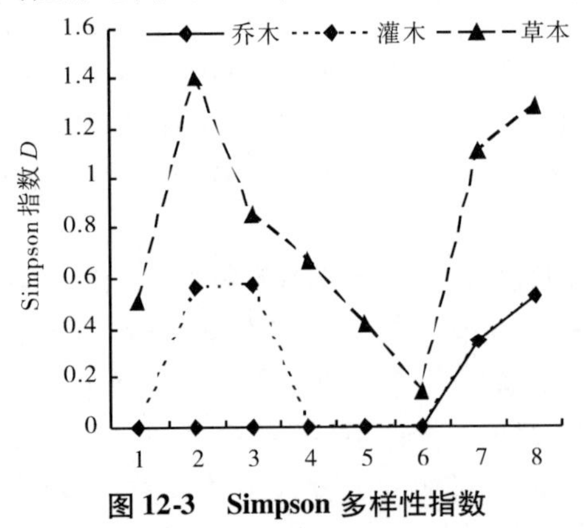

图 12-3 Simpson 多样性指数

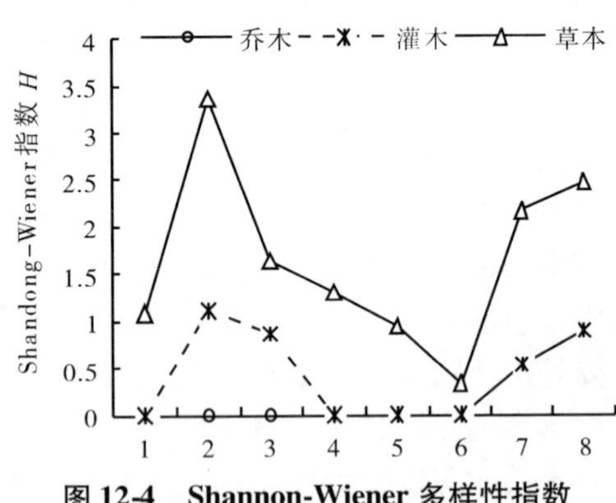

图 12-4 Shannon-Wiener 多样性指数

胶南市样地 3 号样地的 Simpson 指数和 Shannon-Wiener 指数分别是 0.86 和 3.12，最低的是 10 号样地，其数值分别是 0.135 和 0.538。主要原因是 3 号样地土壤肥厚，干扰因素少，植被自然更新和生长良好，而 10 号样地是撂荒地，土壤贫瘠。样地 2、3 和 4 的多样性指数相比较：样地 3 > 样地 4 > 样地 2。即它们的 Simpson 指数和 Shannon-Wiener 指数也是随海拔的增高而减少，说明在山地海拔高度的变化是决定群落物种多样性的主导因子(图 12-

5、12-6)。灌木多样性指数最高的也是 3 号样地，其 Simpson 指数值是 0.798，最小为 0(即仅有 1 个种或无)；乔木多样性指数最大的是 12 号样地，其 Simpson 指数数值是 0.762 ，最小为 0(即仅有 1 个种或无)，Shannon-Wiener 指数值是 2.178，最小的是 0。

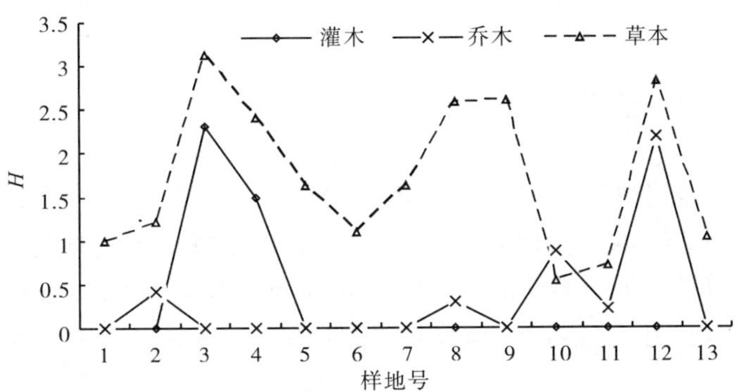

图 12-5　Shannon-Wiener 指数在不同群落类型上的分布

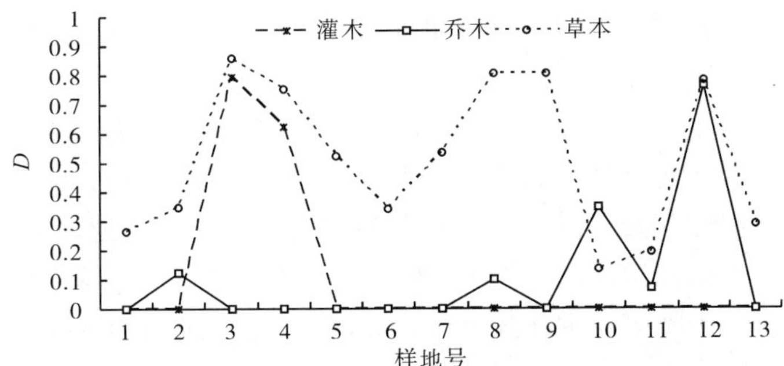

图 12-6　Simpson 指数在不同群落类型上的分布

12.2.3　物种均匀度

均匀度是种间个体数的分配，当所有种的个体数均相等的时候，种的均匀度最大。图 12-7 和图 12-8 表现了胶南市不同生长型 Alatalo 均匀度指数 *Eu* 的变化。从草本层均匀度指

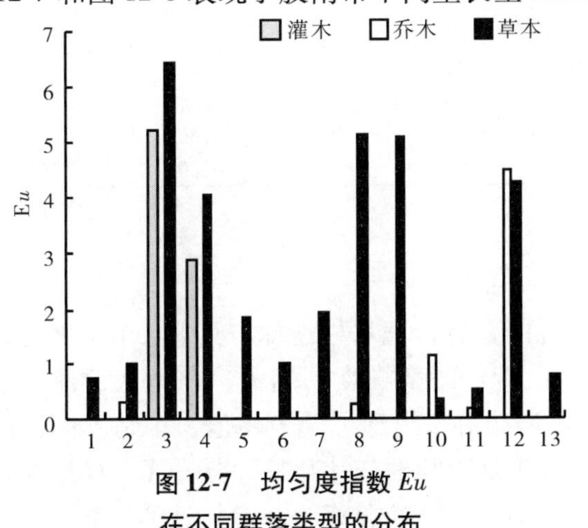

图 12-7　均匀度指数 *Eu* 在不同群落类型的分布

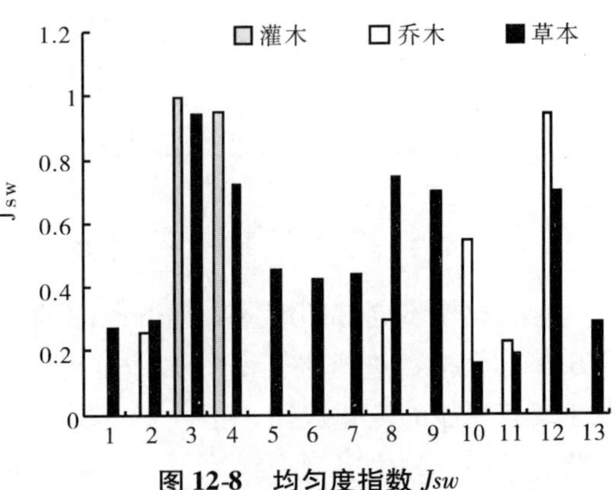

图 12-8　均匀度指数 *Jsw* 在不同群落类型的分布

数上看，草本群落的要好于人工林，由于草地受人类活动影响较小，多是自然竞争形成的格局，均匀度在样地间差别不大，换言之，样地间乔木层和灌木层均匀度的差异远大于草本层。由于 Pielou 均匀度指数 *Jsw* 在群落类型上的分布趋势和 Alatalo 均匀度的分布一致，所以其结论和上述一致。

12.3 植物群落 β-多样性测度分析

Cody 指数是 β-多样性的一种二元属性的相异性指数，其值越小，则样地的相似性越大，即环境或群落间的相似性越大，相异性越小。Cody 指数侧重于物种的更替，即新增加的和失去的物种数目。通过分析该群落的生长状况和林分结构的变化，从而对林下植物的组成和个体数量产生较大的影响，β 多样性指数的动态变化在一定程度上能较好的反映林下植物演替进程的特点。

12.3.1 二元属性数据的分析

本研究按照郁闭度梯度由大到小对日照森林公园的 8 个不同群落的 β－多样性指数进行了计算，其计算结果见表 12-3。

从表 12-3 可以看出，Cody 指数矩阵由左至右大部分都表现为减小的趋势，这说明郁闭度对该地区的群落多样性及更替有着重要的影响。随着郁闭度梯度的减小，群落间的 Cody 指数变小，群落的相似性变大，群落间的共有种越多，物种更替速率越小。即 Cody 指数与群落的郁闭度有关，群落间郁闭度差异值越大，β_c 值也越大，群落多样性就越高，差异越明显，更替速率越快。矩阵中有少数并不符合此规律，这说明郁闭度并不是影响该地区群落多样性及群落间更替的唯一的因子，还有其他的因子影响该地区的群落多样性及群落间的更替。

表 12-3 各样地 β-多样性的测度结果矩阵

方 法	样地号	1	2	3	4	5	6	7
β_c	2	10.5						
	3	13.00	15.50					
	4	12.00	11.50	12.00				
	5	10.50	10.00	10.50	4.50			
	6	12.00	10.50	12.00	4.00	6.50		
	7	11.50	10.00	14.50	5.50	6.00	6.50	
	8	10.50	10.50	8.00	7.00	4.50	6.00	7.50

12.3.2 水杉纯林与其他各样地间差异性分析

为了比较不同郁闭度的森林群落间的 β-多样性的差异，把水杉纯林与其他 7 个样地之间的 β-多样性指数进行比较得图 12-9，可以看出，沿着郁闭度梯度的增大，该地区群落的多样性具有明显的变化规律，指数 β_c 基本上均呈 M 型趋势，出现了两个峰值，正是不同群落类型的分界，分别表现在样地 3 和样地 6 上，样地 3 是阔叶林与针叶林的分界线，样地 6 是纯林与混交林的分界线。这说明不同的群落类型也影响到植物群落的 β-多样性的差异。

样地1为水杉阔叶林，其郁闭度最大为90%，比样地3黑松纯林高30%，所以它们之间β_c的差异值最大，为13。样地6是黑松、火炬、旱柳混交林，其郁闭度比样地1小60%，所以β_c的差异值也较大为12。由图12-10还可以看出，样地1与其他样地的Cody多样性指数(β_c)波动的幅度很大，这表明随着郁闭度梯度的降低，样地1与其他7个样地间的物种替代速率增大，反映了人类的旅游活动等已经对这一地区的植被产生了比较大的影响。同时，生境梯度的变化也并非是均匀的，加之抽样调查的误差等都会在一定程度上对β-多样性的测度结果产生一定的影响。

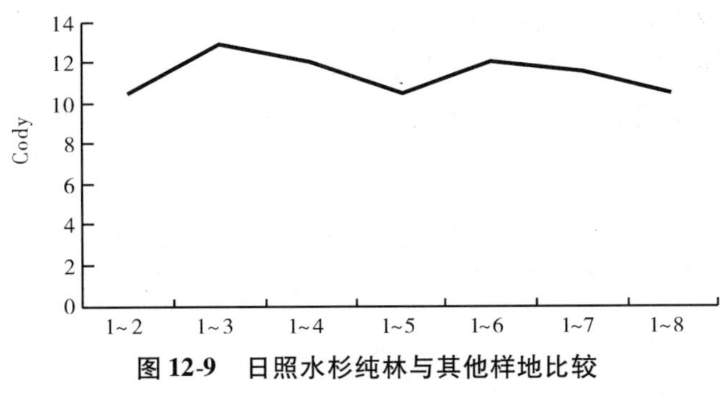

图12-9 日照水杉纯林与其他样地比较

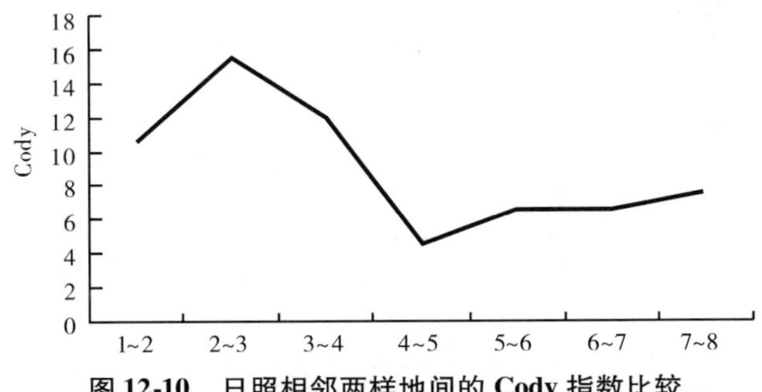

图12-10 日照相邻两样地间的Cody指数比较

12.3.3 相邻样地间的差异性分析

把每两个相邻样地之间的β-多样性指数进行比较得到图12-10，可以看出，Cody指数的变化趋势呈Z型，并出现两个极点，分别出现在样地2~3和样地4~5的比较上。样地2与样地3的β_c差异值最大，呈现出一个峰值，这是因为样地2的郁闭度为90%，样地3的郁闭度为60%，其差异值为30%，是所有相邻样地中郁闭度差异最大的。又因为样地2为杂交杨林，而样地3为黑松纯林，其土壤类型、坡度、坡位及光照等生境的差异导致了样地2和样地3的Cody指数差异性最大，共有种少，差异明显。样地4与样地5的Cody指数最小，这是由于从样地4与样地5的概况来看，样地4的郁闭度和样地5的郁闭度都是40%，丰富度指数分别为14和13。这两个样地均为混交林，其Cody指数差异性最小，所以在图12-5中出现了一个低谷，这说明这两个群落间的差异性很小。由此我们很容易得出：Cody指数与群落的郁闭度有关，群落间郁闭度差异值越大，β_c差异值也越大，群落多样性就越高，差异越明显，更替速率越快。

12.4　群落多样性与乔木更新的关系

群落中更新树种频率的高低一般决定于各种植物生理生态学特性和生境的一致性程度(Wolda，1983)。从日照的更新情况可以看出，在所研究的8个群落样地中，有5个群落的更新频度在50%以上，但是调查中发现，天然更新的比重较小，实生苗仅见黑松、麻栎和刺槐，而且比例较小。该地区的绝大多数群落的更新为人工更新(表12-4)，样地6更新的频度最大达70%，这是由于样地6为黑松林，生长严重衰弱，经过间伐，树干下部的枝叶已大部分干死，其郁闭度仅为0.2。上层稀疏的乔木层有利于下层更新树种的生长，森林公园已连续几年对其人工更新，主要树种为黑松、刚松、黑杨类和麻栎，长势较好且保存率较高。

表12-4　日照市大沙洼林场群落的更新情况

样地编号	更新情况			
	种类	个体数	频度(%)	分布格局
1	无	—	—	—
2	刺槐	2	20.0	均匀分布
	槐树	1		
	合欢	3		
3	刺槐	12	55.1	随机分布
	杜梨	3		
	黑松	3		
4	麻栎	12	56.7	集群分布
	合欢	13		
	黑松	11		
5	黑松	8	26.7	均匀分布
6	刚松	12	70.0	随机分布
	黑松	8		
	麻栎	9		
	杨树	1		
7	黑松	11	50.0	随机分布
	麻栎	4		
8	刺槐	2	66.7	随机分布
	旱柳	3		
	黑松	10		
	火炬	11		
	桃	2		

样地6中更新数目最多的为刚松，其次为麻栎和黑松，这三个树种都是比较适合在沿海地区生长的树种，因此样地6很可能在未来的几年内逐渐由黑松纯林发展成为混交林。样地1(水杉林)虽然其林龄达35年，但其自然整枝良好，长势较好，郁闭度达90%，所以并没有对其进行人工更新，由于林下过度阴湿，不适合其他树种的更新，其更新频度为0。样地

2(杂交杨林)更新频度较低，只有20%，这是由于该群落的郁闭度较高达90%，不利于更新树种的生长。

就分布格局来看，更新频度在50%以上的样地中，除样地4为集群分布外，其余的都为随机分布。这是受人为旅游及地形等因素的影响所致。因此仍需要加强人工更新管理。更新频度在50%以下的3个样地中，除更新频度为0的样地1外，其余两个样地的分布格局都为均匀分布。由于样地2和样地5的更新频度分别为20%和26.7%，更新状况不佳，对此要加强人工更新管理，以促进群落更新。

12.5　群落多样性与小气候的关系

由前面分析可以看出，胶南市海防林样地1号和样地11号的物种丰富度指数、多样性指数和均匀度指数差异不明显，而它们的风速表现出了草甸的要大于黑松纯林的，平均大64%，说明黑松纯林提高了防护效能(表12-5)；其相对湿度的变化差异不明显，这主要是与受海洋性气候影响有关。从样地11号和样地12号测试结果还可以看出：群落降低风速和提高相对湿度的作用均为火炬松与白蜡混交林 > 黑松纯林 > 空旷地。这表明植物群落物种多样性能够影响群落小气候。

表12-5　胶南市环海林场各样地风速和相对湿度变化

日　期	测定指标	样地号	8:00	10:00	12:00	14:00	16:00	18:00
8月9日	风速(m/s)	1	2.1	3.5	1.5	1.3	2.86	3.66
		11	0.9	0.9	0.6	0.2	1.3	1.0
	相对湿度(%)	1	62	57	54	63	42	54
		11	65	57	51	57	41	53
8月10日	风速(m/s)	0	4.5	3.9	3.7	3.1	2.8	2.4
		11	0.7	1.5	1.6	1.2	0.9	0.7
		12	0.6	1.0	0.9	1.0	0.8	0.4
	相对湿度(%)	0	60	52	47	45	49	49
		11	60	52	44	42	44	51
		12	65	53	47	43	45	51

注:0样地为对照(空地)。

在图12-11中可以看出，样地1号的地表温度大于样地11号，相差最大时在中午12时，差值为3.3℃，相差10%；但在10时、14时，样地11号要大于样地1号，说明林地对气温的影响很明显，草地对地表温度影响相对林地来说要小。

在图12-12中可以看出：样地12号的地表温度略低于样地11号的，但二者要远大于空旷地的，地表温度变化最大的是空旷地，空旷地的地表温度最大时在14时为43.5℃，此时样地11号的地表温度是34.7℃，样地1 2号的是34.2℃，与空旷地相比分别降低了8.8℃和9.3℃，即降低了16.3%和17.4%。这说明有林地可以显著地降低地表温度。而对气温的影响相差不大，这主要是因为他们都处在沿海地区，决定气温变化的主导因子是海洋性气候。

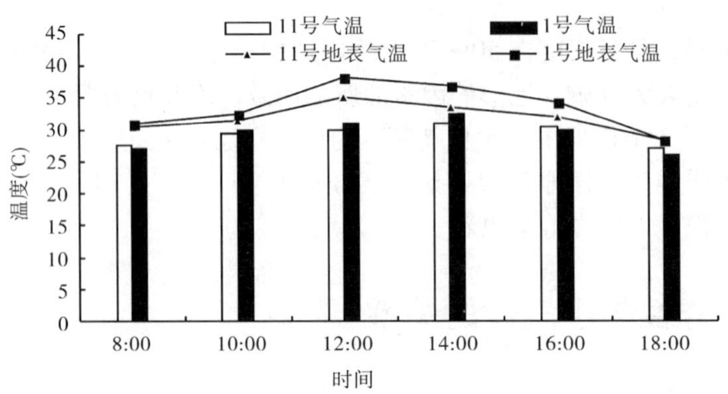

图 12-11　气温和地表温度的日变化

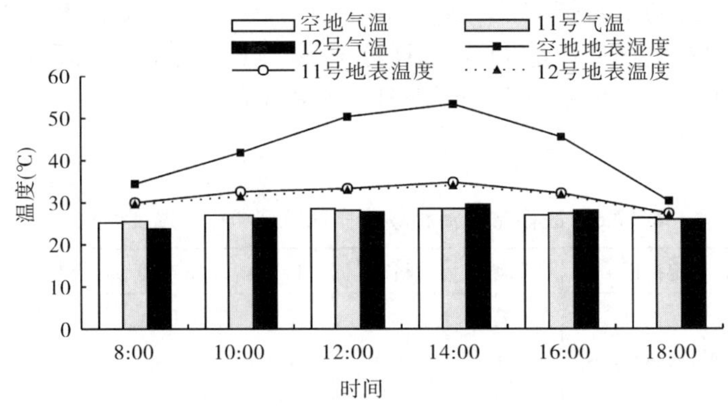

图 12-12　气温、地表温度的日变化

12.6　小　结

(1)无论是用物种多样性指数(Simpson 指数，Shannon-Wiener 指数)还是用物种均匀度指数(*Jsw*、*Jsi* 和 Alatalo 指数)测度胶南沿海防护林群落的物种多样性，都反映出基本一致的趋势。

(2)群落中植物生长型与物种多样性指数的关系表现为：乔木层与灌木层的物种丰富度指数相近，但明显低于草本层；各群落间灌木层和乔木层的物种均匀度指数相近，变动幅度较小，但草本层的变动幅度很大；物种的多样性指数则表现出草本层 > 乔木层 > 灌木层。

(3)样地 10 号是前几年人工皆伐迹地，人为毁坏较重，刺槐萌生苗生长旺盛，抑制了草本植物的生长。因此，其各种指数数值为乔木 > 草本。说明植物的多样性也与人为因素有很大的关系。

(4)在沿海地区，防护林群落植物物种多样性对风速的影响，乔木林明显优于草甸；对地表温度的影响，有林地明显优于空旷地，混交林要好于纯林。但物种多样性对植物群落气温和相对湿度的影响不明显，这主要是与群落受海洋性大气候影响有关。

参考文献

[1] 陈灵芝，陈清郎，刘文华．中国森林多样性及其地理分布．北京：科学出版社，1997

[2] 高贤明，黄建辉，万师强，等．秦岭太白山弃耕地植物群落演替的生态学研究（Ⅱ）演替系列的群落 α 多样性特征．生态学报，1997，17(6)：619～625

[3] 关文彬，陈铁，董亚杰，等．东北地区植被多样性的研究Ⅰ寒温带针叶林区域植被多样性分析．应用生态学报，1997，8(5)：465～470

[4] 金则新．浙江天台山常绿阔叶林次生演替序列群落物种多样性．浙江林学院学报，2002，19(2)：133～137

[5] 李建民，谢方，张思玉，等．不同干扰强度下光皮桦群落树木物种多样性比较．浙江林学院学报，2001，18(4)：359～361

[6] 刘灿然，马克平，于顺利，等．北京东灵山地区植物群落多样性的研究（Ⅳ）样本大小对多样性测度的影响．生态学报，1997，17(6)：584～592

[7] 刘灿然，马克平，于顺利，等．北京东灵山地区植物群落多样性研究（Ⅶ）几种类型植物群落临界抽样面积的确定．生态学报，1998，18(1)：15～23

[8] 刘世荣，蒋有绪，史作民，等．中国温带森林生物多样性研究．北京：中国科学技术出版社，1998

[9] 马克明，叶万辉，桑卫国，等．北京东灵山地区植物群落多样性研究Ⅹ不同尺度下群落样带的 β 多样性及分形分析．生态学报，1997，17(6)：626～634

[10] 马克平，黄建辉，于顺利，等．北京东灵山地区植物群落多样性的研究Ⅱ丰富度、均匀度和物种多样性指数．生态学报，1995，15(3)：268～277

[11] 马克平．生物群落多样性的测度方法（Ⅰ）α 多样性的测度方法（上）．生物多样性，1994，2(3)：162～168

[12] 马克平．生物群落多样性的测度方法（Ⅰ）α 多样性的测度方法（下）．生物多样性，1994，2(4)：231～239

[13] 钱迎倩，马克平．生物多样性研究的原理与方法．北京：中国科学技术出版社，1994

[14] 尚占环，姚爱兴，郭旭生．国内外生物多样性测度方法的评价与综述．宁夏农学院学报，2002，23(2)：69～73

[15] 汪殿蓓，暨淑仪，陈鹏飞，等．深圳南山区天然森林群落多样性及演替现状．生态学报，2003，23(7)：1415～1422

[16] 谢晋阳，陈灵芝．暖温带落叶阔叶林的物种多样性特征．生态学报，1994，14(4)：337～344

[17] 谢应忠．生物多样性的生态学意义及其基本测度方法．宁夏农学院学报，1998，19(3)：13～20

[18] 谢正生，古炎坤，陈北光，等．南岭国家级自然保护区森林群落物种多样性分析．华南农业大学学报，1998，19(3)：61～66

[19] 叶永忠，翁梅，杨秀．伏牛山栎类群落多样性研究．植物学通讯，1995，12(生态学专辑)：79～84

[20] 周择福，王延平，张光灿．五台山林区典型人工林群落物种多样性研究．西北植物学报，2005，25(2)：321～327

[21] Lubchenco J, Olson A M, Brubaker L B, et al. The sustainable biosphere initiative and ecological research agenda. Ecology, 1991, 72(2): 371～412

[22] May R M. Conceptual aspects of the quantification of the extent of biological diversity. in D L Hawksworth. Biodiversity measurement and estimation. Oxford: Chaman and Hall in association with The Royl Society, 1995, 13～20

[23] Routledge R D. On Whittaker's components of diversity. Ecology, 1997, 58: 1120～1127

[24] Wolda H Diversity. Diversity indices and tropical cockroaches. Oecologia, 1983, 58: 290～298

13 沙质海岸黑松防护成熟期及更新采伐年龄研究

山东省的黑松海防林面积超过7万hm^2，占山东省海岸带防护林面积的70%以上，并与滨海农田林网、梯田地堰和山丘岸段防护林相结合，形成沿海综合防护林体系。但由于大部分黑松海防林是20世纪五六十年代营造的，立地条件差，较大林龄的林分已进入成熟、过熟阶段，林分分化衰退和病虫危害现象严重，已严重地影响其防护功能和多种效益的正常发挥。因此，探讨沙质海岸黑松防护林的防护成熟期并提出其合理的更新年龄，可为沿海防护林持续经营利用提供依据。

13.1 关于防护成熟的概念

防护林的防护成熟与一般概念的森林成熟有着密切的联系，但二者又有着严格的区别。森林成熟一般被定义为森林在生长发育过程中达到最符合经营目的和任务的状态。由于森林功能的多样性，导致人们对森林有益性能经营利用的专一与分化，因此，森林成熟也相应地有着多种表现形式。以发挥防护效益为经营目的的各种防护林的成熟称为防护成熟。防护林是防止各种自然灾害、改善生态环境，为人类社会提供多种效能的人工森林生态系统。如何保持或充分发挥防护林这些防护作用是防护林的主要目的和任务。国内外关于防护成熟的定义提法较多，有代表性的定义主要有三种：第一，原苏联学者B·B·巴姆菲洛夫(1957)给出的“第一类森林(水源涵养林、保土林、护田林、卫生保健林等)发挥防护效益最大时(的年龄)即为防护成熟(龄)”。第二，北京林学院(1984)主编的《森林经理学》对防护成熟作了这样的描述：“确定防护成熟，不仅以木材的数量和质量作为判断的指标，更重要的是从森林的有效性能发挥的程度上去分析，当树木或林分发挥的防护作用最大时的年龄就是防护成熟龄，超过这个年龄防护性能就可能逐渐下降”。第三，З. Н. ФАПЕЕВ(1980)认为防护成熟龄的确定应以树冠生物量达到最大时的状态为依据，即防护林树木的树冠对周围环境改造作用达到最大时的年龄。比较这三个定义并无实质的差别，即都认为防护成熟是森林处于防护效益(作用)最大时的状态，所对应的时间即为防护成熟龄，定义的核心是“效益最大”，作为树木或林分其防护效益最大，很容易被理解为这是效益的峰值，其所对应的时间只能是防护林生命周期中短暂的时间，而经营防护林的总体目标应是通过最大限度地发挥树木与林分的防护作用，使之达到全面、有效、持续的防护目的。显然，效益最大包括在全面、有效、持续的目标之中，对照前述森林成熟的定义，单纯用效益最大的表达则不免引起歧义。研究防护林成熟与以收获为目的的用材林成熟的不同在于，后者以最大数量指标作为成熟的标准，目的在于集中收获利用，所以，“最大”的特征是表达成熟的关键；而经营防护林决不能把最大效益状态的林分作为更新的依据。恰恰相反，人们追求的是有效防护的延续，因此，从防护经营角度考虑，应尽量延长林分全面、有效防护的时间，而确定这段时间的起点与终点比之寻找最高点更有实际意义。

遗憾的是到目前为止，国内外对包括农田防护林在内的不同类型防护林的防护成熟问题的研究还很不够，特别是有关沿海防护林防护成熟的研究更少。因此，我们对沙质海岸黑松防护林防护成熟期及更新年龄进行了研究，旨在为沿海防护林持续经营利用提供理论依据，为黑松海防林更新改造技术的研究奠定基础。

13.2 防护成熟评价指标分析

防护林类型很多，与各种防护成熟有关的因素和指标也是不相同的，甚至是复杂的。国内外关于林带的防护效益和性能研究，尤其是林带与小气候的研究资料甚丰，基本一致的观点认为，林带削弱风速改变气流运动形式的空气动力效应是引起一系列小气候因素得以改善并明显减少自然灾害发生，保障农业生产的主导因子，而林带对风速的削弱程度则取决于林带高度和结构，因此，判断林带是否处于防护成熟状态，实际上要看林带在所控制比较直观易测的空间内是否把害风(或其他灾害因子)降低到临界值以下或最低程度，所以，一般选用树高作为林带防风效能的评价指标。海防林有多种防护作用，可防风固沙、防潮防雾、改良土壤、改善小气候，保护工农业生产等，效果十分显著。据荣成市观测，海防林前沿(距海岸线100~200m处)，年平均风速7.2m/s；海防林后沿防护区域内(距海岸线8km处)，年平均风速2.7m/s，风速减弱近3倍。本项研究在对影响海防林防护成熟的各个因子调研分析的基础上，通过专家评定和以往研究，充分考虑到其多功能、多效益的特点，坚持防护效益评定指标应具有代表性、相对独立性、可行性、可测性和可比性原则，确定选用林分平均树高、林分平均木生物量两项因子，作为黑松海防林防护成熟的评定指标。这是因为海防林对风沙或海潮、海雾等其他灾害因子的防护作用主要取决于防护林的高度和林分生物量。林分生物量是由林木生物量和林分密度决定的。一般设计合理的黑松海防林一旦郁闭即可进入较合理的状态，林木各器官的生长发育，林木生物量较高，林分稳定，可保证防护林最大限度的发挥防护效益。因而，可利用林分平均木生物量指标代替林分生物量指标进行防护成熟的分析和研究。林分高度是决定有效防护距离远近的关键，林分生物量是决定林分对周围环境改造作用能力的主要指标。很多研究表明林分树高生长和生物量生长均由其生物学特性决定的，受林分密度及其他人工措施的影响较小，因此，认为林分平均树高和林分平均木生物量2个因子能较准确地反映林分的自然生长规律，是确定防护成熟(龄)的重要因子。

13.3 防护成熟(龄)确定方法分析

防护林成林若干年后，防护效能的发挥、防护林本身的价值等都随之发生重大的变化。尤其是防护效能可能会因树木的自然衰老而大大降低。表现防护效能变化的主要指标是防护成熟(龄)，它决定着防护林的合理更新和永续利用，是防护林经营实践中的技术关键。

(1)Φ·Π·莫依申科(1955)的《保土林的成熟期及其主伐年龄》是早期研究防护成熟的重要文献。作者认为，要确定保土林的成熟龄，首先要了解主要灾害因子和保土林的保土特性，确定风与地表径流是破坏土壤的主要灾害因子。之后对不同疏密度和不同年龄的干燥松林内的土壤孔隙度和土壤紧实度进行调查，确定保土林的成熟龄。用同样方法，作者又研究了水源涵养林的成熟期。首先考虑各种林型在不同林龄、不同疏密度及不同森林结构的土壤中水分变化状况，以此作为确定水源涵养林防护成熟的主要依据。

(2)黑龙江省林科所森林经理室(1973)以林带树高达到最大的年龄作为防护成熟龄，据此确定了泰来县小青杨的防护成熟龄。

(3)З. Н. ФАПЕЕВ(1980)认为防护成熟龄的确定应以树冠生物量达到最大时的状态为依据，即防护林树木的树冠对周围环境改造作用达到最大时的年龄。与此同时还应考虑到林分的其他组分(如树干、树枝、下木、草本、根系等)。提出防护成熟龄(A)按以下公式确定：

$$A = \sum P_i a_i / \sum P_i$$

式中：a_i 表示森林群落中某组分的生物量达到最大时的年龄；p_i 表示某组分存在的生物量对森林防护效能相对作用的程度参数。

(4)马文起(1986)对旱柳林带的防护成熟作了研究，认为林带发挥大面积固沙作用时的林龄即为防护成熟，得出旱柳林带的防护成熟龄。

(5)蔡壮飞等(1988)对加拿大杨林带的防护成熟研究表明，当林带接近20年时，高生长趋于停止，树势减退，有些地段出现枯梢、自然稀疏、病虫害等现象，防护效益逐渐下降，表明林木的高生长已经停止，林带达到防护成熟。

(6)姜凤岐等(1991；1994)对农田防护林防护成熟研究中，根据其防护成熟的理论，分析了影响林带成熟的各个因子，确定林带高度和木材材性变化规律是决定初始防护成熟的主要因子，林带结构和材积生长为表征终止防护成熟指标。据此划分了林带树木的生长发育阶段和确定了杨树林带的更新龄。

(7)赵岭等(1991)根据农田防护林主要树种解析木年生长量资料，建立了各树种的胸径、树高、材积及干形生长过程模型，并利用这些模型确定出半干旱地区农田防护林主要树种的适宜成熟期。

(8)任珺等(1996)通过对甘肃省主要林区的落叶松人工林的实地调查，根据防护成熟的基本理论，用层次分析法在多因子中判断防护林的综合防护成熟，并结合经济成熟的研究，确定防护成熟龄。

防护成熟的确定是受多因子综合影响的，由于防护林防护成熟理论上的不健全，使得防护成熟的确定受到影响，同时防护成熟龄与更新年龄有所混淆。目前防护成熟的确定多数是通过几个单一因子的调查，凭工作者多年的工作经验来确定的，缺乏精确、有效的确定方法。防护林种类很多，对于不同的防护林种，其多功能、多效益的特性不同，因此，确定其防护成熟应有各自的评定指标和确定方法，进行全面综合地研究。如Φ·П·莫依申科(1959)用实验分析的方法研究确定的保土林和水源涵养林的防护成熟，从防护林防护特性着手，弄清防护林的防护指标，然后分析出该指标相关的林龄因子，最后得出防护成熟龄，并据此得出了更新年龄。该种确定防护成熟的方法在其他防护成熟的研究中值得借鉴。姜凤岐等(1991和1994)利用初始防护成熟和终止防护成熟的理论，确定农田防护林防护成熟的一系列方法和З. Н. ФАПЕЕВ(1980)利用防护林树木的树冠生物量对周围环境改造作用达到最大时的年龄，确定保土林防护成熟龄的方法等均值得借鉴和参考。

综合以上分析，结合海防林生产实际和防护要求，在黑松林防护成熟的研究中，依据姜凤岐等(1994)确定防护成熟的理论，用数学方法分别不同立地类型或生长类型进行综合分析确定其防护成熟。

13.4 黑松防护成熟期及更新采伐年龄研究

不同立地类型和生长类型的防护林其经营方法、措施和防护成熟指标均有差异。因此，该项研究首先划分黑松海防林立地类型，并在此基础上，根据不同立地类型上林分生长指标，按林分生长优劣进一步划分林分生长类型，以便科学、合理地确定其防护成熟期及其更新年龄。

13.4.1 林分生长类型划分

根据黑松海防林的典型调查和抽样调查资料，把黑松海防林林地划分为11种立地指数类型(表13-1)。表中可以看出，立地指数Ⅰ到立地指数Ⅱ在标准年龄时的林分优势木树高依次降低。

表13-1 主要立地类型及树高生长量

立地类型号	立地因子				林分优势木平均高(m)
	土壤质地	成土过程	有机质含量（%）	地下水深度（m）	
1	沙壤	风积	>0.25	1.0~2.5	8.04
2	沙壤	风积	0.10~0.25	1.0~2.5	7.59
3	细沙	风积	>0.25	1.0~2.5	7.47
4	细沙	风积	0.10~0.25	>2.5	6.66
5	细沙	潮积	0.10~0.25	<1.0	6.56
6	粗沙	风积	0.10~0.25	1.0~2.5	6.60
7	粗沙	风积	<0.10	>2.5	5.50
8	粗沙	潮积	<0.10	<1.0	5.51
9	粗沙	潮积	0.10~0.25	<1.0	5.22
10	粗沙	残积	<0.10	1.0~2.5	5.39
11	砾沙	残积	<0.10	>2.5	5.02

对243块标准地材料分别11种立地类型进行归类整理，并采用系统聚类方法对11种立地类型上的黑松海防林进行林分生长类型划分，结果见图13-1。

根据类间距离变动情况，可将研究区黑松海防林林分划分为3种生长类型(表13-2)。即生长类型Ⅰ(高生产力)、生长类型Ⅱ(中生产力)、生长类型Ⅲ(低生产力)。立地类型1、2、3号的黑松海防林林分，标准年龄时的林分优势木树高7.47~8.04m，为生长类型Ⅰ；立地类型4、5、6号的林分，优势木树高6.56~6.66m，为生长类型Ⅱ；立地类型7、8、9、10、11号的林分，优势木树高5.02~5.51m，为生长类型Ⅲ。生长类型Ⅰ的林分主要是栽植在沙壤质、风积沙土、较好肥水条件下的防护及防护兼用材林，分布在基干林带后沿；生长类型Ⅱ的林分，也分布在基干林带后沿，但生境条件较差，林木生长量与生长类型Ⅰ的差异

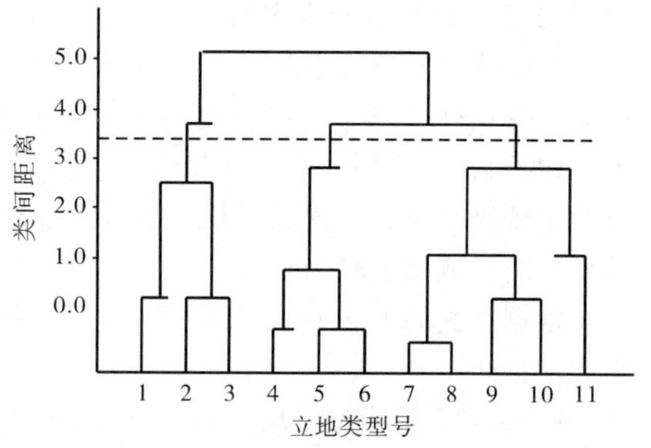

图13-1 立地类型聚类分析图

显著；生长类型Ⅲ的林分，生境条件恶劣，主要是分布在基干林带前沿的防护林。

表 13-2 林分生长类型及树高生长量

生长类型	立地类型号	林分种类	优势木平均高(m)
Ⅰ	1,2,3	基干林带后沿防护兼用材林	7.47～8.04
Ⅱ	4,5,6	基干林带后沿防风固沙林	6.56～6.66
Ⅲ	7,8,9,10,11	基干林带前沿防风固沙林	5.02～5.51

注：标准年龄为20年。

13.4.2 防护成熟期确定

防护成熟应是一种状态的持续，即林带从初始防护成熟龄到终止防护成熟龄这段时间内都是防护成熟，称之为防护成熟期(姜风岐等，1994)。

13.4.2.1 数学模型选配

(1)树高、胸径生长模型。根据不同生长类型黑松海防林林分平均木树干解析资料，建立林分平均木生长模型。按照相关系数最大，标准差最小的选配原则，确定不同生长类型林分平均木的生长模型为：

生长类型Ⅰ(7株解析木资料)：

$H=8.5619/(1+11.6686e^{-0.2629A})$ $R=0.9358$

$D=21.37\times(1-e^{-0.1A})2.6389$ $R=0.9497$

生长类型Ⅱ(9株解析木资料)：

$H=7.1602/(1+8.9881e^{-0.2338A})$ $R=0.9474$

$D=11.3859/(1+21.4677e^{-0.3165A})$ $R=0.9571$

生长类型Ⅲ(10株解析木资料)：

$H=4.9341/(1+9.8635e^{-0.2775A})$ $R=0.9157$

$D=9.3108/(1+17.6819e^{-0.3027A})$ $R=0.9502$

(2)生物量生长模型。利用调查得到的26株黑松海防林林分平均木的生物量资料，建立林分平均木生物量与其树高、胸径间的回归模型。以回归模型 $W=0.1584(D^2H)^{0.8981}$，相关系数最大($R=0.9628$)，标准差最小，经检验，精度在95%以上，适用性较好。

13.4.2.2 初始防护成熟龄

初始防护成熟龄指防护林开始发挥较大防护作用的状态所对应的时间，主要以树高生长指标为依据进行确定。根据国内外学者对树高生长规律的研究(朱教君等，1993；姜风岐等，1992)，认为树高生长加速度是一个更能反映树高生长变化的重要参数，当树高生长加速度达到极小值时，树高生长基本进入稳定状态。因此，利用树高生长加速度确定黑松海防林初始防护成熟龄较为合适。

根据选配的Logistic生长模型，求不同生长类型林分树高生长加速度的极小值。计算过程如下：

Logistic 生长模型：$H_{(A)}=K/(1+me^{-rA})$ (1)

求该函数一阶导数，即其连年生长量为：

$$C_{(A)} = H'_{(A)} = Kmre^{-rA}/(1+me^{-rA})^2 \tag{2}$$

求该函数二阶导数，即得出树高生长加速度：

$$A_{(A)} = H''_{(A)} = Kmr^2e^{-rA}/(me^{-rA}-1)/(1+me^{-rA})^3 \tag{3}$$

再依据树高生长加速度 $A_{(A)}$ 为极小值点时确定黑松防护林的初始防护成熟龄的表达式为：

$$\mathrm{IPMA} = [\ln(m) + 1.317]/r \tag{4}$$

根据黑松防护林树高生长模型，利用树高生长加速度表达式(4)即可计算出黑松海防林的初始防护成熟龄。确定黑松不同生长类型防护林初始防护成熟龄及其相应树高值(表13-3)。即生长类型Ⅰ为14.4年；生长类型Ⅱ为13.8年；生长类型Ⅲ为13年。不同生长类型和立地类型黑松海防林初始防护成熟龄均在10～15年之间，但不同生长类型的防护林其初始防护成熟龄有所不同，其大小次序为生长类型Ⅰ＞生长类型Ⅱ＞生长类型Ⅲ。

表13-3　不同生长类型黑松防护林初始防护成熟龄及其树高

生长类型	立地类型	初始防护成熟	
		年龄(年)	树高(m)
Ⅰ	1,2,3	14.4	6.77
Ⅱ	4,5,6	13.8	5.63
Ⅲ	7,8,9,10,11	13.0	4.18

13.4.2.3　终止防护成熟龄

终止防护成熟龄(TMPA)是指林分防护效能明显下降时的状态。即林分生长发育开始衰弱，不能正常发挥其有效防护功能和防护效益的状态，此时所对应的时间称为终止防护成熟龄(朱教君等，1993)。终止防护成熟龄的确定以林分平均木生物量指标为依据。用选定的黑松海防林林分平均木生物量生长模型和不同生长类型林分平均木树高、胸径生长模型，计算出不同林分生长类型条件下各林龄的林分平均木生物量，并绘制出生物量生长曲线。根据初始防护成熟龄确定的终止防护成熟龄分别为：生长类型Ⅰ56.5年，生长类型Ⅱ 31.2年，生长类型Ⅲ 27.6年(图13-2)。

13.4.2.4　防护成熟期

通过对黑松海防林的初始防护成熟龄和终止防护成熟龄的研究(姜凤岐等，1994)，可确定不同生长类型黑松海防林的防护成熟期(表13-4)。

由表13-4可看出，林分生长类型不同黑松海防林防护成熟期差异较大。生长类型Ⅰ的林分立地质量较好，黑松生长速度快，且持续时间长，其防护成熟的持续时间也较长，可达40年以上，防护成熟期为15～57年；生长类型Ⅱ、Ⅲ的林分，立地质量较差，黑松生长速度较慢或生长不良，其防护成熟的持续时间也较短，大致为15～18年，只有前者的2/5和1/3左右，防护成熟期分别为14～32年和13～28年。

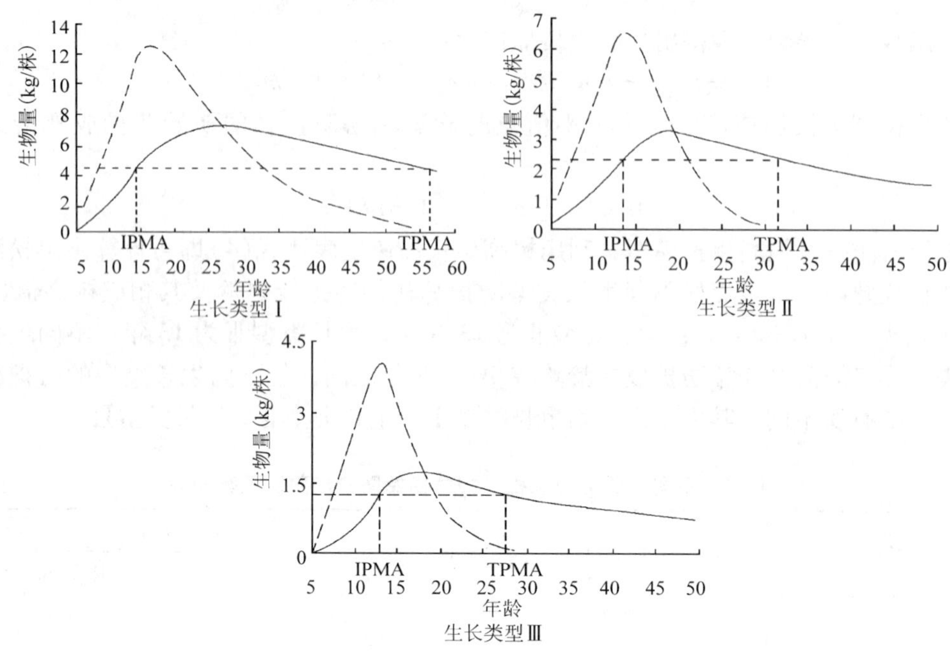

图 13-2 不同生长类型林分平均木生物量生长曲线

——平均 - - - 连年

表 13-4 不同生长类型防护林的防护成熟期

生长类型	初始防护成熟		终止防护成熟		防护成熟期(年)
	年龄(年)	生物量(kg/株)	年龄(年)	生物量(kg/株)	
Ⅰ	14.4	65.94	56.5	259.12	15~57 (14.4~56.5)
Ⅱ	13.8	33.85	31.2	76.74	14~32 (13.8~31.2)
Ⅲ	13.0	17.02	27.6	36.21	13~28(13.0~27.6)

13.4.3 更新期确定

从沿海防护林经营目的出发，我们期望防护成熟期持续时间越长越好，应尽量延长林分的有效防护作用的时间。但是随着科技发展和社会进步，人们对沿海防护林经营要求越来越高，不单纯是防护利用，而且还注重生态、经济和社会效益。因此，在确定黑松防护林更新年龄时，不仅以防护成熟期为理论基础，还应考虑数量成熟和林分生长状态等，以便综合分析确定防护林更新年龄。对充分发挥防护林林地生产力和防护林多种效能具有重要现实意义。

黑松防护林更新期应从防护、数量、自然、经济等多种森林成熟进行综合研究确定。从防护效益的角度考虑，黑松海防林更新应为林分防护效益明显下降时的年龄，即林分达到终止防护成熟龄。从经济效益的角度考虑，确定林分更新的依据是数量成熟和工艺成熟。工艺成熟是目的材种材积平均生长量达到最大时的年龄。黑松属慢生树种，出材率低，目前的利用途径窄，在沿海防护林经营中主要是用于防护，其次是提供用材，没有定向培育的要求，故工艺成熟不宜作为主要指标。数量成熟是林分材积平均生长量达到最高时的年龄，是从林木生长的数量指标分析森林成熟。它通常出现在初始防护成熟龄之后，它是由林木材积平均生长量来表征的，是表征林分材积生长率的数量指标，其变化具有缓慢的特点，其峰值能维持一定的时间。在此期间，防护林树木不仅在木材数量上有所增加，其防护效益也有所提高。同时，林分达到数量成熟也反映林地生产力得到充分发挥，并且林分仍处于防护成熟状态(姜凤岐等，1994)。所以，数量成熟可作为确定更新期的主要依据。

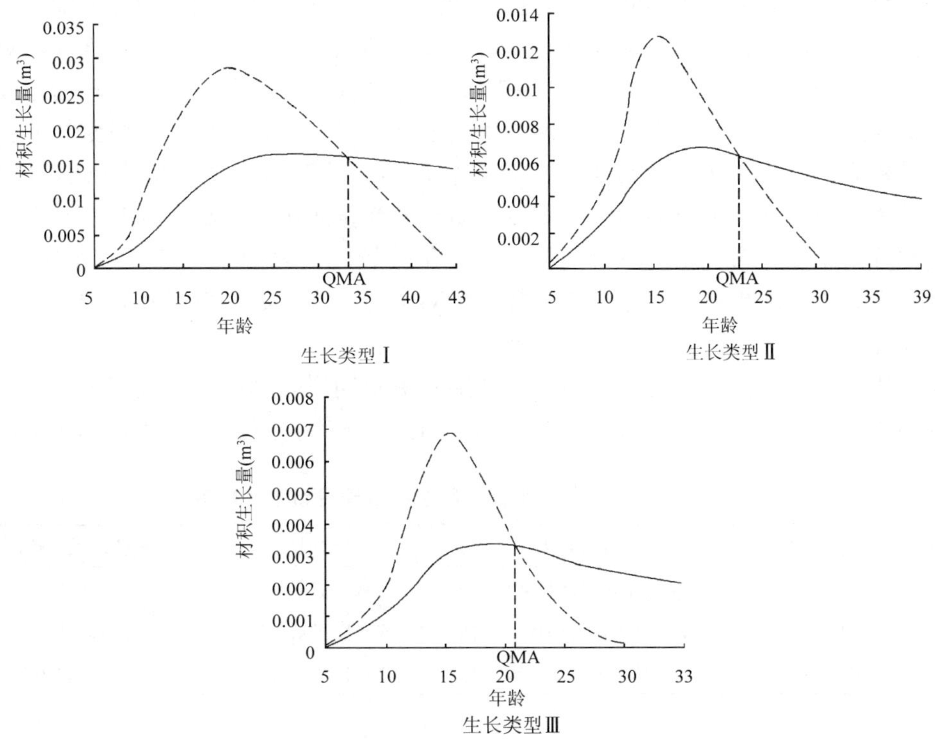

图 13-3　不同生长类型林分平均单株材积生长曲线

——平均 Average　　- - - - 连年 Current annual

注：生长类型Ⅰ为 7 株解析木的平均数；生长类型Ⅱ为 9 株解析木的平均数；生长类型Ⅲ为 10 株解析木的平均数。

依据上述原则和方法，黑松海防林更新期应以数量成熟龄(QMA)作为上限年龄，以林分达到终止防护成熟的年龄(TPMA)作为下限年龄。根据不同生长类型黑松海防林的林分平均木树干解析数据，绘制出林木材积生长变化曲线如图 13-3。从图中看出，黑松海防林生长类型Ⅰ的数量成熟龄为 33 年，生长类型Ⅱ的数量成熟龄为 23 年，生长类型Ⅲ的数量成熟龄为 21 年。结合表 13-4，确定不同类型黑松海防林的更新期(表 13-5)为：生长类型Ⅰ为 33 ~ 57 年，生长类型Ⅱ为 23 ~ 32 年，生长类型Ⅲ为 21 ~ 28 年。

表 13-5　不同生长类型防护林的更新期

生长类型	数量成熟		终止防护成熟		更新期(年)
	年龄(年)	材积(m^3/株)	年龄(年)	生物量(kg/株)	
Ⅰ	33	0.10640	56.5	259.12	33 ~ 57(32.2 ~ 56.5)
Ⅱ	23	0.02843	31.2	76.74	23 ~ 32(22.3 ~ 31.2)
Ⅲ	21	0.01296	27.6	36.21	21 ~ 28(21.0 ~ 27.6)

13.4.4 更新采伐年龄确定

黑松海防林经营的主要目的是持续高效地发挥林分的防护效益，故其合理更新年龄的确定应在保证充分发挥现有防护林的防护效益的基础上，提高其经济和社会效益。因此，在确定黑松海防林合理更新采伐年龄时，以防护林的防护成熟期和更新期为理论基础，根据黑松不同林分生长类型的培育目标、生长状态及自然灾害的程度等进行综合分析确定。对于生长类型Ⅰ的黑松林分，主要分布在基干林带后沿，立地条件较好，风沙危害较轻的地段，培育目标是防护兼用材，则主要以数量成熟龄为确定依据；对于生长类型Ⅱ的黑松林分，主要分布在基干林带后沿，但立地条件较差，风沙危害较重，培育目标主要是防风固沙、保持水土，是以发挥林分生态防护效益为主，则以海防林的终止防护成熟龄来确定；对于生长类型Ⅲ的黑松林分，主要分布在基干林带前沿，立地条件较差，风沙、海潮、海雾等危害严重，林分主要是用于生态防护目的，且这部分林分更新困难，为了尽量发挥其防护效益，更新采伐年龄应以海防林的终止防护成熟龄为依据。

根据上述原则和方法，在防护林防护成熟期和更新期研究基础上，确定黑松海防林合理更新采伐年龄为：生长类型Ⅰ为33年，生长类型Ⅱ为32年，生长类型Ⅲ为28年(表13-6)。

表13-6 不同生长类型黑松防护林合理更新采伐年龄

生长类型	立地类型	林分种类	确定依据	更新采伐年龄(年)
Ⅰ	1,2,3	基干林带后沿防护兼用材林	数量成熟龄	33(32.2)
Ⅱ	4,5,6	基干林带后沿防风固沙林	终止防护成熟龄	32(31.2)
Ⅲ	7,8,9,10,11	基干林带前沿防风固沙林	终止防护成熟龄	28(27.6)

13.5 小 结

根据沙质岸黑松海防林的典型调查材料，通过统计分析，编制出黑松海防林立地因子数量化得分表，并据此将黑松海防林林地划分为11种立地类型，1~11立地类型的林分优势木树高生长量(标准年龄20年)依次降低，范围为8.04~5.02m。该结果可为黑松海防林立地质量评价和生长预测提供依据。

采用系统聚类法，将黑松海防林划分为3种林分生长类型，不同林分生长类型间的生长量差异显著。生长类型Ⅰ的林分主要分布在基干林带后沿，立地条件较好的地段，立地类型包括1、2、3号，林分优势木树高可达8.04~7.47m；生长类型Ⅱ的林分也分布在基干林带后沿，但立地条件较差，立地类型包括4、5、6号，林分优势木树高为6.66~6.56m；生长类型Ⅲ的林分，主要分布在基干林带前沿，立地条件极差，风沙、海潮、海雾等危害严重，立地类型包括7、8、9、10、11号，林分优势木树高仅有5.51~5.02m。

立地类型和生长类型不同的林分，林木生长和发育的数量和时间指标都不尽相同，各种成熟龄也不一致。通过对树干解析材料、林木生物量材料进行统计分析，建立数学模型后，运用综合分析的方法，确定了黑松海防林防护成熟期、更新期及合理更新采伐年龄。

生长类型Ⅰ：防护成熟期为15~57年，更新期为33~57年，合理更新采伐年龄为

33 年。

生长类型Ⅱ：防护成熟期为 14 ~ 32 年，更新期为 23 ~ 32 年，合理更新采伐年龄为 32 年。

生长类型Ⅲ：防护成熟期为 13 ~ 28 年，更新期为 21 ~ 28 年，合理更新采伐年龄为 28 年。

该研究结果显示，立地条件越好则黑松林的防护成熟期越长，越有利于发挥林分的防护效能，反之，则黑松林的有效防护期越短。这与黑松海防林生长状况和生产经营实践基本一致，具有较好的适用性，可为沿海黑松防护林的抚育管理、更新改造和永续利用提供理论依据。

该项研究在综合分析大量相关研究的基础上，提出以林分平均木树高和平均木生物量作为防护林防护成熟的评定指标，具有直观、易测的优点。但是，由于沿海防护林的防护效能是综合的，对其主要灾害因子削弱程度的观测比较困难，该项研究未能收集防护效能方面的资料并做进一步检验，还有待继续深入研究。

参考文献

[1] 曹新孙. 农田防护林学. 北京：中国林业出版社，1983

[2] 陈玉琪. 甘肃省三北防护林数量、防护、经济成熟的调查研究. 甘肃农业大学学报，1990，增刊：40 ~ 44

[3] 胡耀山，陶家骥，辛明生，等. 陇东黄土高原防护成熟的研究. 甘肃林业科技，1992(3)：65 ~ 72

[4] 姜凤岐. 林带经营技术与理论基础. 北京：中国林业出版社，1992：44 ~ 48

[5] 姜凤歧，等. 农田防护林防护成熟理论的探讨. //林带经营技术及理论基础. 北京：中国林业出版社，1991

[6] 井上由夫. 森林经理学. 陆兆苏，译. 北京：中国林业出版社，1982

[7] 李美文，等. 油松华山松人工林工艺成熟及经济效益的研究. 山西林业科技，1993(2)：16 ~ 19

[8] 任珺，陈玉期，曲永宁，等. 落叶松人工林防护成熟的优化模型的研究. 甘肃农业大学学报，1996，31(4)：327 ~ 333

[9] 盛炜彤，惠刚盈，罗云伍，等. 大岗山杉木人工林主伐年龄的研究. 林业科学研究，1991(2)：113 ~ 121

[10] 王广钦. 国外农田防护林研究动态. 河北林业科技，1987(4)：1 ~ 7

[11] 许景伟，李琪，王卫东，等. 沙岸黑松海防林防护成熟期及更新年龄的研究. 林业科学，2003，2(39)：91 ~ 97

[12] 许景伟，王卫东，王月海，等. 沿海沙质岸黑松人工林生物量的估测数学模型. 山东林业科技，20045)：35 ~ 39

[13] 赵岭，俞冬兴，鞠瑞林，等. 农田防护林主要树种适宜成熟期的研究. 防护林科技，1991(2)：1 ~ 8

[14] 朱教君，姜凤岐. 国外防护林防护成熟的研究概况. 防护林科技，1993(3)：26 ~ 30

[15] 朱教君，等. 农田防护林防护成熟与更新. 林带经营技术及理论基础. 北京：中国林业出版社，1991

[16] Carborn J M. Shelterbelt and Microclimate. Great Britain：Bowering Press Plymouth，1965：71 ~ 84

[17] Dale O Hall. Financial maturity for even-aged and all-aged stands. Forest Science. 1988，26(4)：537 ~ 546

14 沿海防护林综合效益评价指标体系研究

沿海防护林有效地抵御了大风、暴雨、台风、海潮、海雾、风沙、干旱等自然灾害的影响，它的主要功能不同于其他防护林。因而在评价它的效益时，应从地区的实际出发，逐步把林农牧等各业的经营和管理建立在以生态学和经济学为指导的基础上，创造一个高效、稳产、优质、低耗的沿海防护林体系。目前，国内外虽然提出不少效益评价的指标体系，但有关沿海防护林效益评价的甚少，且大都在探讨和研究阶段，尚未形成一个完整的效益评价指标体系。衡量沿海防护林是否进行可持续经营以及评价是否处于可持续经营状态，建立一套科学、合理、具有可操作性的评价指标体系，便成为当前迫切需要研究和解决的问题。为此，通过分析研究国内外森林效益计量研究文献，结合世界各国的森林可持续发展评价指标体系，在充分考虑沿海防护林结构和功能特征的基础上，采用频度分析法、理论分析法、专家咨询法等方法相结合，对沿海防护林的效益评价指标体系进行研究，为沿海防护林综合效益的合理评价以及防护林规划设计和经营管理提供依据和参考。

14.1 评价指标筛选

14.1.1 筛选原则

不同区域条件、植被类型、经营目标其效益的评价指标有所不同。确定指标应遵守以下原则：

(1)代表性。各项指标既具有明显的差异性，又具有一定的普遍性，应真实、直接地反映沿海防护林的作用和功能。

(2)相对独立性。同一层次的各项指标能各自说明被评价客体的某一方面，尽量不互相重叠或存在相互包含的因果关系。

(3)系统性。各项指标在相互间的配合上，要比较全面、准确、系统地反应被评价对象的整体情况。各项指标要有明确的内涵和外延，又应把握各指标间的内在联系，防止片面追求“全面性”。

(4)可测性。各项指标应具有物质量(如径流量、起沙量等)、相对物质量(如风速降低、湿度降低率等)的可测性，这样才能反映沿海防护林经营状况的物质基础。

(5)可比性。各项评价指标要能产生一个指数。评价指数应该是一个相对值，数值的大小要反映出效益的优劣。指标间要具有相同的计算标准，能进行统一量比和确定统一的计算范围。

(6)可行性。各项指标一方面要求反映客观实际，另一方面要求其可供实际评价计算，因而应是一个较为确定的量。其评价指数计算方法应简洁、快速、便于应用。

14.1.2 筛选方法

建立科学、合理的评价指标体系关系到评价结果的正确性，是评价工作的重要内容和基础工作。目前，国内外虽然提出不少防护效益评价的指标体系，但在沿海防护林经营方面尚无系统的体系，在其他方面评价的指标和标准方面也存在一些问题：一方面人们为追求指标体系的完备性，不断地提出新指标，使指标体系不断增大；另一方面，由于缺乏科学有效的指标筛选方法，大都是靠评价者的经验选择指标，故存在很大的主观性。例如，海滨所特有的充足的阳光，温暖的海水，及舒适的沙滩，植物通过光合作用吸收二氧化碳，释放氧气，同时吸附尘埃，起到净化空气的作用；森林有调节气温、日照及风力的功能，给人们营造一种舒适的小环境。所以，选择评价指标要能表现出沿海防护林的特色，但在指标的选定、指数的确定等方面有待进行深入研究，以便使该评价指标体系逐步趋于完善。本文采用频度分析法、理论分析法和专家咨询相结合方法，首先从国内外 130 余篇有关研究文献中对各种指标进行统计分析，选择那些使用频度较高的指标，同时，结合山东沿海防护林的具体情况，依据指标筛选的原则进行分析、比较，选择那些针对性较强的指标，并进一步征询有关专家意见，对指标进行调整和完善。分三个层次，提出沿海防护林体系综合效益评价指标体系。

14.2　评价指标体系建立

14.2.1　基本原则

要建立一套科学、合理并具有可操作性的沿海防护林综合效益评价指标体系，必须遵循以下基本原则。

(1)系统性原则。沿海防护林综合效益评价指标体系是一个多属性、多层次、多变化的体系。表现在空间层次上以及防护林建设类型上。因此，评价指标体系不仅要反映沿海防护林多种效益的发生、发展和变化规律，而且还要反映对区域功能的促进，即防护林体系与环境、社会、经济等系统的整体性和协调性。

(2)科学性原则。指沿海防护林综合效益评价指标体系要建立在科学的基础上，并能反映评价对象的本质和特点。指标要少而精，概念明确，简便易算，评价方法易于掌握。

(3)全面性原则。沿海防护林综合效益评价指标体系作为一个有机的整体，应能够反映和测度被评价系统的主要特征和状况，以全面正确地评价其综合效益。

14.2.2　建立方法

采用层次分析法建立递阶层次的指标体系结构。首先确定沿海防护林体系综合效益评价的主要方面，然后分解为能体现该项指标的亚指标，按此原则再次进行分解，直至最底层的单项评价指标。这里构建了一个四层次的沿海防护林综合效益评价指标体系的结构框架(图 14-1)，它们的最高级(0 级)综合指标为效益的综合评价指数。

14.2.3　体系建立

根据构建沿海防护林综合效益评价指标体系的原则和思路，借鉴国内外相关研究的成果，结合山东沿海防护林的具体情况，采用层次分析法建立递阶层次的指标体系，构建了一个四层次的沿海防护林体系综合效益评价指标体系的结构框架(图 14-2)。其中总目标层是以沿海防护林体系综合评价指数，用以评价沿海防护林体系可持续经营的程度；目标层是由生态效益、经济效益、社会效益 3 项指标组成；准则层是根据前述评价指标选择的原则，选择若干因子所组成，主要以生态系统稳定性、改善小气候、水源涵养功能、森林公益效益等

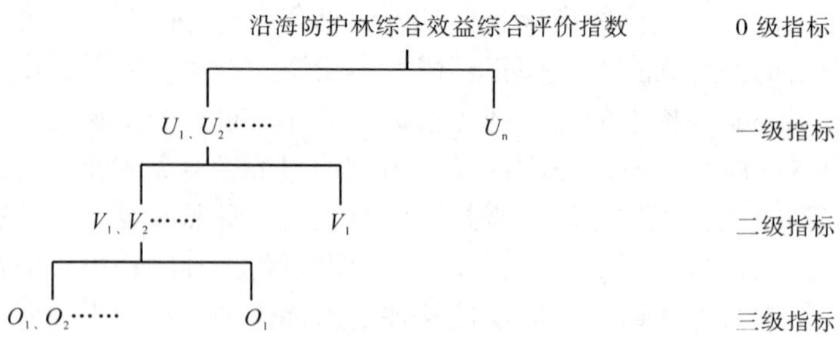

图 14-1 沿海防护林效益评价指标体系结构示意图

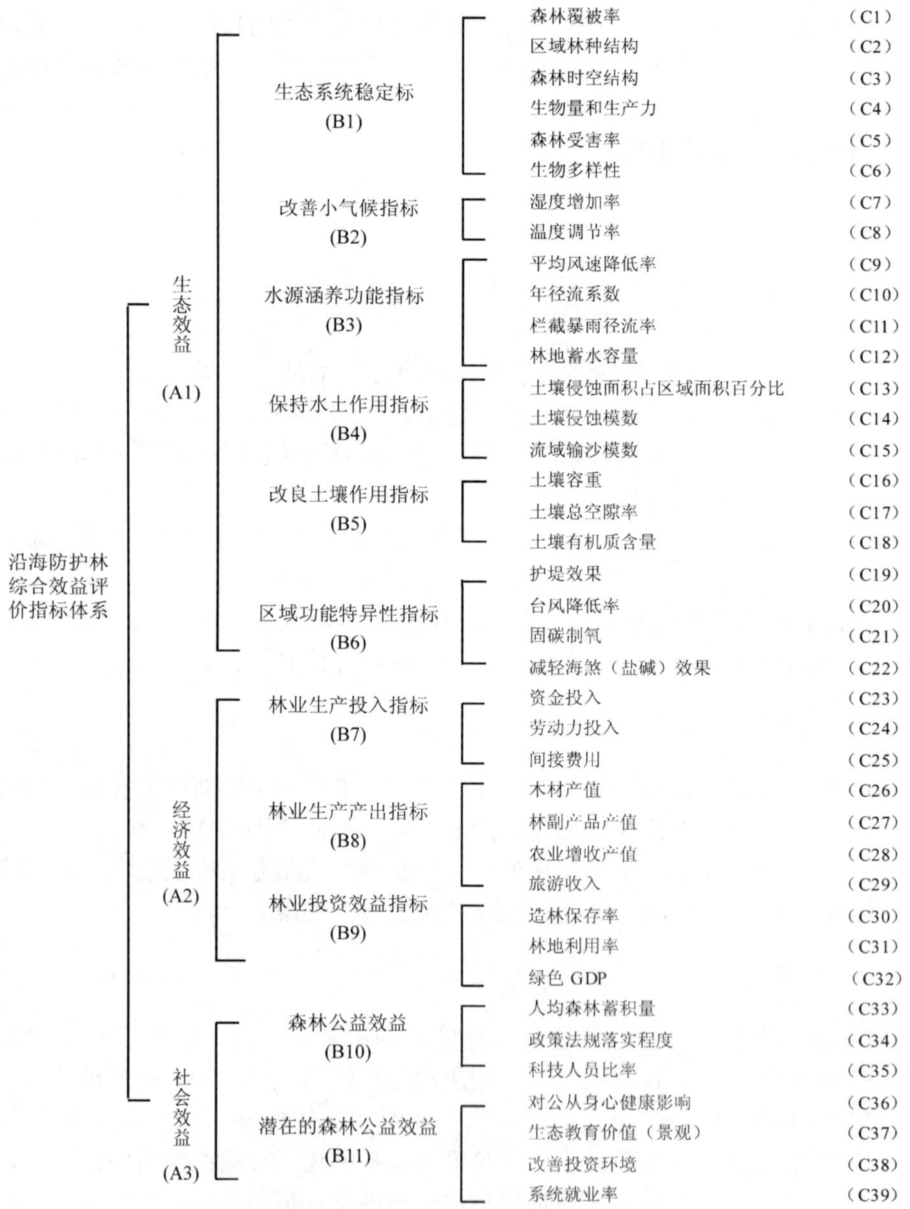

沿海防护林综合效益评价指标体系

- 生态效益（A1）
  - 生态系统稳定标（B1）
    - 森林覆被率（C1）
    - 区域林种结构（C2）
    - 森林时空结构（C3）
    - 生物量和生产力（C4）
    - 森林受害率（C5）
    - 生物多样性（C6）
  - 改善小气候指标（B2）
    - 湿度增加率（C7）
    - 温度调节率（C8）
  - 水源涵养功能指标（B3）
    - 平均风速降低率（C9）
    - 年径流系数（C10）
    - 栏截暴雨径流率（C11）
    - 林地蓄水容量（C12）
  - 保持水土作用指标（B4）
    - 土壤侵蚀面积占区域面积百分比（C13）
    - 土壤侵蚀模数（C14）
    - 流域输沙模数（C15）
  - 改良土壤作用指标（B5）
    - 土壤容重（C16）
    - 土壤总空隙率（C17）
    - 土壤有机质含量（C18）
  - 区域功能特异性指标（B6）
    - 护堤效果（C19）
    - 台风降低率（C20）
    - 固碳制氧（C21）
    - 减轻海煞（盐碱）效果（C22）
- 经济效益（A2）
  - 林业生产投入指标（B7）
    - 资金投入（C23）
    - 劳动力投入（C24）
    - 间接费用（C25）
  - 林业生产产出指标（B8）
    - 木材产值（C26）
    - 林副产品产值（C27）
    - 农业增收产值（C28）
    - 旅游收入（C29）
  - 林业投资效益指标（B9）
    - 造林保存率（C30）
    - 林地利用率（C31）
    - 绿色 GDP（C32）
- 社会效益（A3）
  - 森林公益效益（B10）
    - 人均森林蓄积量（C33）
    - 政策法规落实程度（C34）
    - 科技人员比率（C35）
  - 潜在的森林公益效益（B11）
    - 对公从身心健康影响（C36）
    - 生态教育价值（景观）（C37）
    - 改善投资环境（C38）
    - 系统就业率（C39）

图 14-2 沿海防护林综合效益评价指标体系框架图

11 项指标作为准则层的判断依据；指标层又是在目标层、准则层指标下选择的能充分体现沿海防护林体系经营效益的若干具体指标构成，如森林覆被率、区域林种结构、森林时空结构、生物量和生产力、生物多样性等 39 项指标，是沿海防护林体系综合效益评价指标体系的最基本层面。根据准则层项目的特征和意义，沿海防护林效益的综合评价指数可由各层指标的指数值通过一定的模型运算而获得。

沿海防护林综合效益评价指标体系的建立是一个渐进的参与过程，需要根据新的信息和经验的增加，经营能力的提高，技术的进步以及社会需要和优先性的变化，不断做出相应的调整，以提高评价指标体系的科学性和可操作性。构建沿海防护林可持续经营指标体系，是开展可持续经营评价工作的基础，可以对其资源本底有一个比较清楚的了解，为将来制定科学的经营决策提供基本的评判依据。该研究结合山东省沿海地区社会经济状况、林业发展，首次提出了山东省沿海防护林综合效益的评价指标体系，试图为沿海地区可持续林业建设提供评价、诊断、调控依据，又为建立和制定山东省沿海防护林可持续经营的测度指标及标准提供前期成果．但是由于经营水平和数据资料限制，尚未对各项指标进行量化，需在实践中进一步完善。

14.3　小　结

结合山东沿海防护林的实际情况，采用频度分析法、理论分析法与层次分析相结合的方法，选择分别代表生态效益、经济效益、社会效益的 39 项具体评价指标，均较适合生产实际，基本反映了防护林综合效益的总体目标，有较好的适用性。由此建立的效益评价指标体系，为沿海防护林可持续经营的评价提供依据和参考。

参考文献

[1] 程根伟，钟祥浩．防护林生态效益定量指标体系的研究．水土保持学报，1992，6(3)：79~90
[2] 代力民，王宪礼，王金锡．三北防护林生态效益评价要素分析．世界林业研究，2000
[3] 范军祥，程荣庆，薛涛．水源涵养林的效益及其计量．广东林业科技，1999
[4] 宫伟光，等．防护林体系区域性生态效益的评价．东北林业大学学报，1997
[5] 洪涛，刘发明．防护林区域生态效益评价指标体系．甘肃林业科技，1997
[6] 康立新，等．沿海防护林体系生态环境效益及评价技术．林业科技开发，1998
[7] 廖为明．森林综合效益计量评价方法浅析．江西林业科技，1993(1)：59~62
[8] 慕长龙．长江中上游防护林体系综合效益评价．北京林业大学学报，1999，21(6)：12~16
[9] 孙立达，朱金兆．水土保持林体系综合效益研究与评价．北京：中国科学技术出版社，1995
[10] 王棣，李林英，李永生，等．中条山森林植被涵养水源功能的综合评价．东北林业大学学报，1996，24(6)：21~27
[11] 许景伟，王卫东，王月海，等．沿海防护林综合效益评价指标体系的研究．山东林业发展论坛，2003
[12] 姚建．AHP 法在县域生态环境质量评价中的应用．重庆环境科学，1998
[13] 张金池，益卢义山，康立新．苏北海堤主要防护林类型的防护效益研究，1999
[14] 周庆生，等．生态经济型防护林体系效益评价原则和指标体系．林业经济，1993，(6)：54~58
[15] 周晓峰．黑龙江省森林效益计量与评价．哈尔滨：东北林业大学出版社，1999
[16] 周毅，苏志尧．公益林生态效益计量研究进展．世界林业研究，1998，11 (2)：13~17

15 胶南市沿海防护林体系结构优化研究

沿海防护林体系综合效益的大小是由其自身的生态效益、社会效益和经济效益共同决定的，而这些效益又是通过各林种和树种的有机结合来体现的，只有防护林体系的结构布局达到合理、有序状态，才能发挥出防护林体系最佳效益。目前，由于发展规划理念滞后，建设目标不明确，地域上条块分割严重等原因，造成现有沿海防护林体系林种、树种结构比例不合理，整体防护功能低等问题。因此，开展沿海防护林体系结构优化方面，对提高沿海防护林体系的整体质量和效益，实现区域社会经济可持续发展均有重要意义。近年来，国内虽然开展大量的防护林体系结构优化的研究，但是这些研究多集中于江河、山区防护林体系方面，而针对沿海防护林体系方面的研究仍是空白。为此，本研究以胶南市为对象，利用层次分析等方法，对胶南沿海防护林体系结构进行优化，探讨防护林体系林种、树种结构优化调整的途径和方法，为沿海防护林体系建设提供规划和决策依据。

15.1 胶南市沿海防护林资源现状与结构评价

15.1.1 资源现状

从图 15-1 看，胶南市自新中国建立后共经历了 2 个大规模造林阶段。第一阶段是 20 世纪 50 年代末至 60 年代中期，共完成荒山荒滩造林 2 万余 hm^2，四旁树木 700 万株，发展紫穗槐 3000 多万墩，栽植各种果树 200 多万株，使全市的造林绿化工作跃上了一个新台阶。第二阶段是 80 年代末至 90 年代中期，制定了“山顶松、山腰槐、山脚花果树，河滩植用材，平原洼地建林网，沟沟阡阡种棉槐”的林业发展规划，约十年的时间新建农田林网 8000 hm^2，河滩丰产林 2000 多 hm^2，苹果、山楂为主经济林 6000 多 hm^2；完成了次生林改建 2600 多 hm^2，70% 以上的村庄实现了绿化。

根据 2003 年进行的森林资源二类调查结果，胶南市土地总面积为 186000 hm^2，其中：林地面积 65400 hm^2，占 35.16%；非林地面积 120600 hm^2，占 64.84%。在林地面积中：有林地面积 47291.0 hm^2，占 72.3%；灌木林地面积 1376.0 hm^2，占 2.1%；苗圃地面积 920.0 hm^2，占 1.4%；疏林地面积 469.4 hm^2，占 0.7%；宜林地面积 1142.6 hm^2，占 1.8%；其他林木折合面积 14201.0 hm^2，占 21.7%。有林地面积中，按混交方式分：纯林 46038.7 hm^2，占 97.4%；混交林 1252.3 hm^2，占 2.6%。按林种分：用材林 15933.3 hm^2，占 33.7%；防护林 18024.7 hm^2，占 38.1%，经济林 13333 hm^2，占 28.2%。全市森林或林木覆盖率 33.8%。其中，山区达到 54.6%；丘陵达到 33.4%；平原达到 26.5%。

综观胶南市沿海防护林建设现状，主要存在以下几个特点：第一，取得了巨大的成绩，但是大部分林分是 20 世纪五六十年代营造的，林龄老化严重，亟需更新改造；第二，造林树种和林分结构都比较单一，造林树种仍然以黑松为主，伴有少量刺槐、紫穗槐等，以黑松纯林为主；第三，由于缺乏统一规划、统一造林施工，林种树种结构不合理；第四，由于人为或自然原因，稀疏、断带不同程度存在，有少量的近海沙滩等困难立地尚未绿化。这些问题不同程度上导致海防林防护效能低下。因此，引入科学的方法，利用系统观和整体观的思想对沿海防护林的整体结构和模式进行优化和配置，成为沿海防护林体系工程建设中亟待解决技术关键。

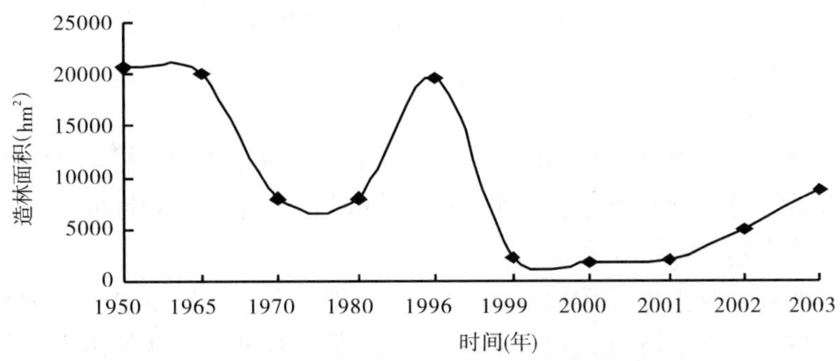

图 15-1 胶南市海防林造林面积变化情况

15.1.2 结构评价

15.1.2.1 农林结构评价

土地利用结构是衡量农、林等各业协调关系的程度指标，也是确定防护林体系建设规模、数量的基础和前提。在一个区域范围，沿海防护林体系要发挥强大的防风固沙、涵养水源、保持水土等作用，必须要达到一定规模。但沿海防护林的面积和规模受到土地利用结构，特别是农、林土地利用结构的制约和影响。土地利用结构中林业用地多少、农林用地中适宜农业耕种的用地面积多少，是判断一个区域土地利用结构合理与否的重要因素。在分析农、林、牧结构时，不能只局限于农、林比例，还必须深入分析各种用地组成和结构是否合理，才能准确把握和判断农、林土地利用结构的合理性。

表 15-1 2003 年胶南市土地利用结构现状统计

土地利用方式	农业用地	林业用地							总面积
		有林地	宜林荒地	疏林地	灌木林地	苗圃地	其他林木折合	小计	
面积(hm^2)	117672	47291	1142.6	469.4	1376	920	14201	65400	186000
比例(%)	63.26	72.31	1.75	0.72	2.10	1.41	21.71	35.2	100

从土地利用结构现状看(表 15-1)，胶南市土地利用以农业为主，占土地总面积的 63.26%，林业用地占 35.16%，林业用地基本比例达到了沿海防护林体系建设标准，农林比例为 1.8∶1，土地利用较为合理。然而，随着经济的发展和人们环境意识的提高，在当前，充分利用土地、扩大农田防护林网和护路护岸林的面积是扩大森林覆盖率的有效措施。沿海防护林作为抵御重大自然灾害，保护内陆地区的工农业生产的重要生态屏障，显然林业用地面积 35.16% 的比例还不能满足这种需求。因此，应通过宜林荒地造林、疏林地和灌木林地改造等措施增加森林覆盖面积。

表 15-1 中显示，到 2003 年，胶南市仍存在宜林荒地 1142.6 hm^2，占林业用地面积的 1.75%，疏林地和灌木林地 469.4 hm^2 和 1376 hm^2，分别占林业用地的 0.72% 和 2.1%，林

地利用还不充分，提高有林地面积的空间还较大，仍需要继续植树造林和进行疏林地和灌木林地的更新和改造。

从生产力水平来看，胶南市农业总产值为505724万元，其中农业收入占30.81%(含经济林收入)，林业收入仅占到占2.49%。胶南市农林结构仍然是以农业经济为主，林业的经济功能还远远没有充分发挥。

15.1.2.2 林种结构评价

林种结构是沿海防护林体系结构的重要组成部分，直接影响着防护林体系的功能和效益。探讨胶南市沿海防护林林种结构现状和存在问题，才能有针对性的调整林种结构，使沿海防护林体系的结构达到最佳状态。

从地域结构来看，胶南市中部山区和西北部丘陵地区，以建设水源涵养林、水土保持林和各种经济林为主；东南沿海以建设防御海潮、海雾、海风和固沙的沿海防护林带为主；西南吉利河、白马河、潮河、甜水河则以建设用材林基地为主。林地的地域分布基本符合胶南市的地貌特点。

从各林种面积(表15-2)可以看出，胶南沿海防护林体系的林种结构存在一定的不合理之处，主要表现在2个方面，一是用材林所占比例较大，达39.63%以上，而防护林所占比例较小，仅占37.28%，与生态防护型防护林体系还有一定差距；二是特用林比例较小，作为正在发展中的沿海城市，海防林的经营应该在坚持以生态功能为主的前提下，紧跟时代发展的步伐，大力发展营造风景林等特用林，既可以为人们提供休闲度假的场所，又可以挖掘林业的经济功能，提高沿海防护林的社会效益。

表15-2 2003年胶南市沿海防护林各林种面积统计

林　种	防护林	用材林	经济林	薪炭林	特用林
面积(hm^2)	23266.67	24733.33	14000.00	380.40	22.60
比例(%)	37.28	39.63	22.43	0.61	0.04

15.1.2.3 树种结构评价

合理的林种、树种结构是沿海防护林发挥其最佳效益的前提，只有通过各林种和树种的有机结合才能实现沿海防护林体系的最佳总体效能。胶南沿海防护林树种主要包括黑松、刺槐、麻栎等一些传统的造林树种，也包括新引进的或新发展的火炬松、杨树等树种。

从表15-3看出：①杨树占造林树种的40.92%，面积最广，主要集中在农田防护林网种植，是近几年发展起来的较好的速生用材树种。但是杨树在用材林中的比重偏大，不利于维持生态平衡和病虫害的防治，应注意挖掘乡土树种或引进优良树种用于用材林建设。②在防护林中，松类主要以黑松和赤松为主，分别占到了23.65%和2.96%。③据本课题组对不同模式沿海防林的效益评价结果显示，刺槐、麻栎等树种具有较高的涵养水源、保持水土、改良土壤等生态功能，但是它们种植面积还太小，尤其是麻栎，仅占到0.22%。④研究表明，适当增加紫穗槐等伴生灌木种，比较容易形成林下植被丰富的乔灌草复层结构，这种林分在改良土壤、涵养水源等方面具有较好的功能，但是目前紫穗槐等灌木的生长面积太小，面积最多的紫穗槐也仅有687.7 hm^2。⑤柽柳是适生于防护前沿的优良的防风固沙树种，由于沿海堤坝的修建，阻挡了部分海风海潮的侵害，改善了近海区的小气候，使许多乔木树种能够在近海生存，因此柽柳防风固沙的优势被弱化，柽柳林逐渐退化或者被更新，其面积已经缩减到0.1 hm^2。

以上分析表明，胶南沿海防护林体系的树种结构单一、物种多样性较差；纯林化突出；林下植被较少，不能广泛形成林下植被丰富的复层林结构等，这些问题影响着海防林生态、经济和社会效益的发挥。亟需对胶南沿海防护林体系结构进行优化，使林种、树种有效配置，发挥海防林体系的最佳总体效能。

表 15-3 2003 年胶南市海防林主要造林树种面积统计

树种	黑松	刺槐	麻栎	柽柳	赤松	侧柏	火炬松	杨树	果树
面积(hm^2)	14296	6000	132	0.13	1788	30	0.7	24733	13467
比例(%)	23.65	9.93	0.22	0.00	2.96	0.05	0.00	40.92	22.28

15.2 沿海防护林体系结构优化

15.2.1 指导思想

胶南沿海防护林体系建设是一项规模宏大的林业生态工程，其农林、林种、树种结构优化，是一项涉及范围广、内容丰富、技术难度大的综合性问题，既要考虑到防护林体系本身内部的结构优化，提高内涵质量问题，又要考虑到影响或制约沿海防护林体系发展的外部因素。在进行沿海防护林体系结构优化时，应以防护林体系时空结构优化调整为重点，充分利用优越的自然环境条件和丰富的生物资源优势，协调林农、林关系，把结构调整与水源涵养相结合，结构调整与区域经济建设相结合，长期效益与近期效益相结合，生态、经济、社会效益相结合，因地制宜，因林施调，分类优化，使沿海防护林体系发挥出最佳的生态、经济及社会效益，达到改善生态环境和发展区域经济的目的。

15.2.2 体系结构优化模型的建立

15.2.2.1 基本原理

沿海防护林体系是由多因素之间的关系构成的复杂系统，传统的主观分析方法不能对各种因素全面考虑，因此本研究选用了层次分析法(AHP)。它是美国匹兹堡大学 Saaty T L 教授于 20 世纪 70 年代中期提出的一种系统分析方法，它能将定性分析和定量分析相结合，是研究多目标、多准则复杂大系统的有效数学工具。其思路首先是建立指标体系的框架并确定各组成因素，即将复杂的问题分解为各个组成因素，将这些因素按照支配关系、从属关系分组形成有序的递阶层次结构。然后构造两两比较判别矩阵，即通过德尔菲法(专家咨询法)对同一层次中的诸因素的相对重要性进行判断，处理后构建判别矩阵，再由判别矩阵计算被比较元素的相对权重。最后由相对权重和各因素的得分逐层计算得到各层的综合得分值，并进行一致性检验。根据综合得分值即可获得各层次不同因素在结构优化中所占的比例。

15.2.2.2 优化模型的建立

根据层次分析的基本原理和胶南市沿海防护林的实际，征求了 38 名长期从事海防林科研和生产的专家、教授、管理人员的意见，构造了沿海防护林体系整体效益评价指标层次分析结构模型(图 15-2)。

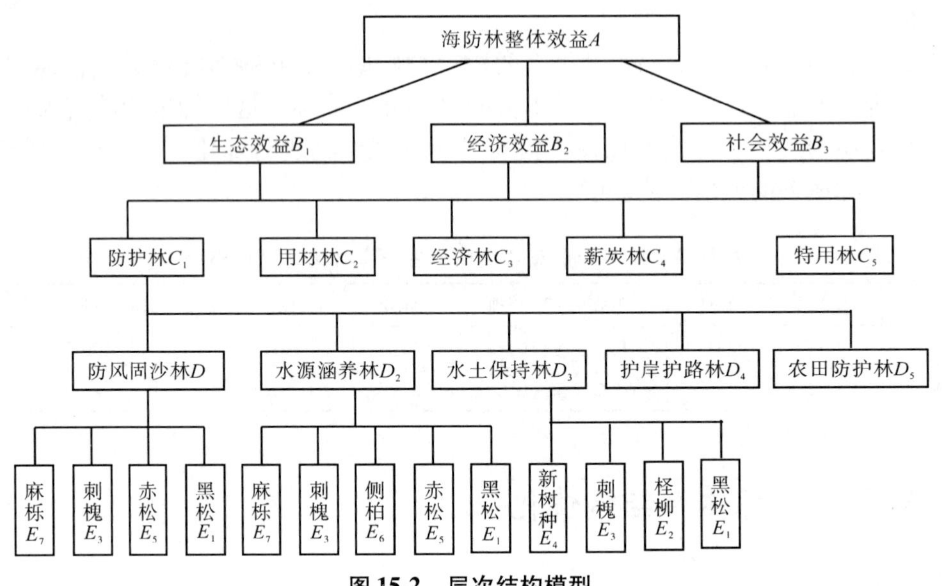

图 15-2　层次结构模型

考虑到防护林在胶南沿海防护林体系的特殊重要的地位，以及优化结果指导实践的可行性，本书仅对防护林中防风固沙林、水源涵养林和水土保持林这三种类型进行了树种的优化。此外，为了提高沿海防护林的树种多样性，在树种优化中增加了一些新树种，这些树种在沙质海岸前沿引种后生长适应性较好，而且生长较快，防风固沙效果较好，例如，黑赤松和刚松等，但是在胶南市沿海防护林体系建设中尚未引进或数量不多。

该模型共分 5 个层次，即海防林整体效益 - 分效益 - 林种 - 类型　- 树种。获得最大的海防林整体效益是规划林种、树种结构的最终目标，是规划问题的目标层，生态效益、经济效益和社会效益这三大效益是实现总目标准则层，当它们得到最优组合和充分发挥时，总目标才能达到最优，整体效益的实现需具体落实到林种、树种，构筑合理的林种、树种结构模式，这是实现总目标的措施层。基于以上分析，从第 1 层至第 5 层分析如下：

第一层(A)是目标层，沿海防护林体系的整体效益；

第二层(B)是准则层，选择了沿海防护林的生态效益(B_1 指涵养水源、保持水土、防风固沙、调节气候等)、经济效益(B_2 指经营森林的纯收益的净现值)、社会效益(B_3 指满足人们对森林游憩、科研等的需要)作为综合评价的准则；

第三层(C)是措施层Ⅰ，即决策的林种。划分为 5 个林种；

第四层(D)是措施层Ⅱ，即决策的防护林各种类型；

第五层(E)是措施层Ⅲ，即决策的主要造林树种。

15.2.2.3　构造判断矩阵

根据胶南沿海防护林体系层次分析模型，对每一层上各单元之间的相对重要性做出判断，判断时引入表 15-4 所示的标度，将判断结果列成判断矩阵。每一层次的判断矩阵是对于其上一层次的某单元而言，本层次与之有关单元之间的相对重要性的比较。

表 15-4 单元间相对重要性标度含义

标 度	含 义
1	表示两个因素相比，具有同等重要性
3	表示两个因素相比，一个因素比另一个因素稍微重要
5	表示两个因素相比，一个因素比另一个因素明显重要
7	表示两个因素相比，一个因素比另一个因素强烈重要
9	表示两个因素相比，一个因素比另一个因素极端重要

注：表中未给出 2，4，6，8 标度，其含义为它们是相邻判断的中值。

由于胶南沿海防护林体系的建设涉及面广，为了减少因个人所处的地位、层次和偏好等不同而带来的主观成分，判断矩阵采用群体判断的方法构造。通过咨询打分的方式，请长期从事海防林生产和科研的专家、教授、技术人员、管理干部 40 人，根据各单元间的相对重要性标度进行独立打分。发出咨询表 40 份，回收到的有效咨询表 38 份，回收率达到 90%。将专家打分逐项求其平均值(四舍五入取整)，即为最后的专家咨询结果，根据咨询结果构造判断矩阵。

15.2.2.4 一致性检验

采用方根法计算判断矩阵的特征向量和最大特征根，并进行一致性检验。在下述公式中，W 为判断矩阵的特征向量，λ_{max} 为判断矩阵的最大特征根，CI 为一致性或判断可靠性的度量，RI 为判断矩阵的平均随机一致性指标值，CR 为一致性比例。当 $CR<0.1$ 时，则认为判断矩阵的一致性是可以接受的。

(1) 相对于总目表层(A)准则层(B)各因素之间的相对重要性。由表 15-5 判断矩阵，经计算得出 $\lambda_{max}=3.03$，$CI=0.01$，$RI=0.52$，$CR=0.03<0.1$，有满意的一致性。由优先级可以看出，总体目标建立稳定、高效、多功能的沿海防护林体系准则层(B)的排序结果为生态效益($B_1=0.7514$)、社会效益($B_3=0.1782$)、经济效益($B_2=0.0704$)，符合胶南沿海生态防护型防护林体系的原则。

表 15-5 *A-B* 层判断矩阵

A	B_1	B_2	B_3	优先级
B_1	1	9	5	0.7514
B_2	1/9	1	1/3	0.0704
B_3	1/5	3	1	0.1782

(2)相对于生态效益(B_1)各林种(C)之间的相对重要性比较。由表 15-6 可以看出，相对于生态效益准则，各林种的排序结果为：防护林($C_1=0.5791$)，用材林($C_2=0.1858$)，经济林($C_3=0.1259$)，特用林($C_5=0.0706$)，薪炭林($C_4=0.0386$)。$\lambda_{max}=5.22$，$CI=0.05$，$RI=1.12$，$CR=0.05<0.1$，有满意的一致性。

表 15-6 B_1-C 层判断矩阵

B_1	C_1	C_2	C_3	C_4	C_5	优先级
C_1	1	4	7	9	7	0. 5791
C_2	1/4	1	2	6	2	0. 1858
C_3	1/7	1/2	1	4	3	0. 1259
C_4	1/9	1/6	1/4	1	1/2	0. 0386
C_5	1/7	1/2	1/3	2	1	0. 0706

(3)相对于经济效益(B_2)各林种(C)之间的相对重要性比较。由 $\lambda_{max}=5.36$，CI = 0. 09，RI = 1. 12，CR = 0. 08 < 0. 1，有满意的一致性。

由表 15-7 可知，相对于经济效益准则，各林种的排序结果为：经济林($C_3=0.4868$)，用材林($C_2=0.3383$)，防护林($C_1=0.0701$)，特用林($C_5=0.0555$)，薪炭林($C_4=0.0494$)。

(4)相对于社会效益(B_3)各林种(C)之间的相对重要性比较。由表 15-8 及算得 $\lambda_{max}=5.37$，CI = 0. 09，RI = 1. 12，CR = 0. 08 < 0. 1，有满意的一致性。由此可知，相对于社会效益准则，各林种的优先级排序结果为：防护林($C_1=0.4447$)，经济林($C_3=0.2202$)，用材林($C_2=0.1669$)，特用林($C_5=0.1115$)，薪炭林($C_4=0.0568$)。

表 15-7 B_2-C 层判断矩阵

B_2	C_1	C_2	C_3	C_4	C_5	优先级
C_1	1	1/7	1/8	3	1	0. 0701
C_2	7	1	1/2	8	5	0. 3383
C_3	8	2	1	9	6	0. 4868
C_4	1/3	1/8	1/9	1	2	0. 0494
C_5	1	1/5	1/6	1/2	1	0. 0555

表 15-8 B_3-C 层判断矩阵

B_3	C_1	C_2	C_3	C_4	C_5	优先级
C_1	1	4	2	7	3	0. 4447
C_2	1/4	1	1/2	5	2	0. 1669
C_3	1/2	2	1	5	1	0. 2202
C_4	1/7	1/5	1/5	1	1	0. 0568
C_5	1/3	1/2	1	1	1	0. 115

(5)B-C 层总排序及一致性检验。经计算结果(表 15-9)，CI = 0. 06，RI = 1. 12，CR = 0. 06 < 0. 1，有满意的一致性。根据优先级排序得，措施层Ⅰ(C)相对于准则层(B)的总排序为防护林($C_1=0.5193$)、用材林($C_2=0.1932$)、经济林($C_3=0.1681$)、特用林($C_5=0.0769$)、薪炭林($C_4=0.0426$)。

表 15-9 *B-C* 层总排序及一致性检验

B_4	B_1	B_2	B_3	层次 C 的总排序(W)
C	0.7514	0.0704	0.1782	
C_1	0.5791	0.0701	0.4447	0.5193
C_2	0.1858	0.3383	0.1669	0.1932
C_3	0.1259	0.4868	0.2202	0.1681
C_4	0.0386	0.0494	0.0568	0.0426
C_5	0.0706	0.0555	0.1115	0.0769

(6)相对于防护林(C_1)各林种(D)之间的相对重要性比较。由表 15-10 计算得，$\lambda_{max}=5.33$，CI = 0.08，RI = 1.12，CR = 0.07 < 0.1，有满意的一致性。

从优先级看出，对于各防护林林种，其排序结果为：防风固沙林($D_1=0.4032$)，水源涵养林($D_2=0.2262$)，水土保持林($D_3=0.2085$)，农田防护林($D_5=0.0997$)，护岸护路林($D_4=0.0624$)。

表 15-10 C_1-*D* 层判断矩阵

C_1	D_1	D_2	D_3	D_4	D_5	优先级
D_1	1	3	3	5	2	0.4032
D_2	1/3	1	1	5	3	0.2262
D_3	1/3	1	1	5	2	0.2085
D_4	1/5	1/5	1/5	1	1	0.0624
D_5	1/2	1/3	1/2	1	1	0.0997

(7)相对于防风固沙林(D_1)各树种(E)之间的相对重要性比较。由表 15-11 计算得，$\lambda_{max}=4.05$，CI = 0.02，RI = 0.89，CR = 0.02 < 0.1，有满意的一致性。

对于防风固沙林，各造林树种的排序结果为：黑松($E_1=0.5895$)，新树种($E_4=0.2586$)，刺槐($E_3=0.1056$)，柽柳($E_2=0.0463$)。

表 15-11 D_1-*E* 层判断矩阵

D_1	E_1	E_2	E_3	E_4	优先级
E_1	1	9	6	3	0.5895
E_2	1/9	1	1/3	1/6	0.0463
E_3	1/6	3	1	1/3	0.1056
E_4	1/3	6	3	1	0.2586

(8)相对于水源涵养林(D_2)各树种(E)之间的相对重要性比较。由表 15-12 计算得，$\lambda_{max}=5.20$，CI = 0.05，RI = 1.12，CR = 0.04 < 0.1，有满意的一致性。

对于水源涵养林，各造林树种优先级为：刺槐($E_3=0.4715$)，麻栎($E_7=0.3670$)，黑松($E_1=0.0757$)，侧柏($E_6=0.0515$)，赤松($E_5=0.0343$)。

表 15-12 D_2-E 层判断矩阵

D_2	E_1	E_3	E_5	E_6	E_7	优先级
E_1	1	1/7	2	3	1/8	0.0757
E_3	7	1	8	9	2	0.4715
E_5	1/2	1/8	1	2	1/8	0.0515
E_6	1/3	1/9	1/2	1	1/9	0.0343
E_7	8	1/2	8	9	1	0.3670

(9)相对于水土保持林(D_3)各树种(E)之间的相对重要性比较。由表 15-13 计算得，$\lambda_{max}=4.11$，CI =0.04，RI =0.89，CR =0.04 <0.1，有满意的一致性。

对于水土保持林，各造林树种排序结果为：刺槐($E_3=0.5507$)，麻栎($E_7=0.2798$)，黑松($E_1=0.1080$)，赤松($E_5=0.0614$)。

表 15-13 D_3-E 层判断矩阵

D_3	E_1	E_3	E_5	E_7	优先级
E_1	1	1/2	1	1/3	0.1080
E_3	2	1	3	1/2	0.5507
E_5	1	1/3	1	1/3	0.0614
E_7	3	2	3	1	0.2798

15.2.3 体系结构优化结果与分析

15.2.3.1 林种结构优化

利用层次分析法对胶南沿海防护林体系的林种进行优化的面积和比例(表 15-14)。优化后的林种面积比例，防护林、用材林、经济林、薪炭林、特用林面积比例分别为 51.93%、19.32%、16.81%、4.26%和 7.69%。用材林和经济林的面积比优化前有所下降，而防护林面积有所增加，已达到林业用地面积的一半以上，其中的防风固沙林又占到了防护林的 40.32%，这符合发展生态防护型防护林体系的主导思想。而特用林基本上是从无到有，上升幅度较大，这符合人们对生态环境建设的特殊需求，即，人们生活水平逐步提高的今天，大力发展包括风景林在内的特用林，能够满足人们旅游娱乐、追求高质量生活的需要，并将可能成为胶南市经济发展的新的增长点。随着人们对木材燃料需求的减弱，薪炭林应逐渐降低，但表 15-14 反映出在结构优化后，其面积和比例反而有所增长，其原因主要是它包括了灌木林在内。研究表明，有灌木伴生的乔木林极易形成较大的草本盖度，形成稳定的乔灌草复层结构，涵养水源、保持水土的功能大大增强，所以要适当增加灌木的比例。

这样的一种优化结构，充分反映了胶南市自然、社会和经济条件，既能够较好的改善和保护生态环境，抵御自然灾害的威胁，维护国土生态安全，又实现了美化人居环境的目标，充分发挥了沿海防护林的生态屏障作用，从而提高区域防护林的整体质量和效益，实现胶南沿海地区社会经济可持续发展。

表 15-14 优化前后各林种面积

林种		优化前		优化后	
		面积(hm^2)	比例(%)	面积(hm^2)	比例(%)
防护林	防风固沙林	1179.90	5.07	13066.05	40.32
	水源涵养林	1361.60	5.85	7330.21	22.62
	水土保持林	20204.60	86.84	6756.63	20.85
	护岸护路林	431.30	1.85	3230.87	9.97
	农田防护林	89.30	0.38	2022.13	6.24
	小 计	23266.70	37.28	32405.88	51.93
	用材林	24733.33	39.63	12056.26	19.32
	经济林	14000.00	22.43	10489.94	16.81
	薪炭林	380.40	0.61	2658.37	4.26
	特用林	22.60	0.04	4798.79	7.69

15.2.3.2 树种结构优化

为了便于指导生产，提高优化方案的可操作性，本研究对防护林中的防风固沙林、水源涵养林和水土保持林这 3 个类型进行了树种结构的优化。利用层次分析法对胶南沿海防护林体系的林种进行优化的面积和比例(表 15-15)。

防风固沙林主要由黑松、刺槐、柽柳和新树种组成。优化后，黑松占到了 58.95%。柽柳的面积有所降低，是由于沿海堤坝的修建，阻挡了部分海风海潮的侵害，改善了近海区的小气候，使许多乔木树种能够在近海生存，灌草带防风固沙的优势被弱化，其面积逐渐降低，正处于退化或者更新的状态。火炬松是在南方沿海比较适应的外来引进种，从 20 世纪 80 年代末开始在胶南沿海引种，试验证明火炬松幼树适应性较好，与其他针叶树种相比较生长较快。但是根据 2005 年的调查，春旱使大部分火炬松出现枯梢或者部分死亡的现象，这表明火炬松对胶南沿海的适应性还不稳定，还有待于进一步研究。因此在优化时，火炬松的面积有所降低。此外，在防风固沙林中，增加了新树种的比例，这些新树种主要是指在沿海其他地区适应性好的，例如，刚松，以及正在试验中，具有较大发展潜力的树种，新树种的增加将会进一步改善树种单一的局面，提高物种多样性。

表 15-15 优化后防护林的主要造林树种面积

林 种	项 目	黑 松	刺 槐	麻 栎	柽 柳	赤 松	侧 柏	新树种	合计
防 风	面积(hm^2)	7702.44	1379.77	—	604.96	—	—	3378.88	13066.05
固沙林	比例(%)	58.95	10.56	—	4.63	—	—	25.86	48.12
水 源	面积(hm^2)	54.90	3456.19	2690.19	—	251.43	377.51	—	7330.22
涵养林	比例(%)	7.57	47.15	36.70	—	3.43	5.15	—	27.00
水 土	面积(hm^2)	729.72	3720.87	1890.50	—	415.54	—	—	6756.63
保持林	比例(%)	10.80	55.07	27.98	—	6.15	—	—	24.88

水源涵养林主要功能是使地表径流转变为地下径流，提高天然降水利用率。因此，在优

化中，深根性的阔叶树种占到了很大比例。刺槐的比例最大，占到47.15%，麻栎次之，针叶树种中，黑松最多，占到7.57%，侧柏和赤松都较少。灌木林在增强林分涵养水源功能上起到非常重要的作用，研究证明，黑松紫穗槐混交林极易形成乔灌草覆层结构，其水源涵养功能强于其他胶南沿海混交林(齐清等，2006)。尽管在进行优化时，为了便于操作，未将灌木林作为待选树种，但是在实际建设中，应大力营造水源涵养能力较强的乔灌混交林。

水土保持林主要由黑松、刺槐、麻栎、赤松组成。阔叶树种刺槐和麻栎的比例分别达到55.08%和27.98%。

总之，优化后黑松占防护林树种的面积由原来的62.85%下降到33.10%，阔叶树由原来的27%左右上升到50%左右，针叶化、纯林化的局面有所改善。

15.3 小　结

本文以山东胶南市为对象，应用层次分析方法进行了沿海防护林体系森林结构优化的研究。结果表明：防护林、用材林、经济林、薪炭林、特用林五大林种优化后的理想比例分别为：51.93%、19.32%、16.81%、4.26%和7.69%。防护林面积占到林业用地的一半以上，其中的防风固沙林又占到了防护林的40.32%。树种结构优化后，防风固沙林主要由黑松、刺槐、柽柳和新树种组成。黑松仍为主体树种，占58.95%，柽柳和火炬松的面积较优化前有所降低，另有一些在沿海其他地区适应性好的，具有较大发展潜力的新树种比例有所增加。水源涵养林中刺槐、麻栎、黑松、侧柏和赤松的理想比例分别为：47.15%、36.70%、7.57%、5.15%和3.43%。在实际建设中，还应大力营造水源涵养能力强的乔灌混交林。水土保持林主要由刺槐、麻栎、黑松、赤松组成，分别占55.08%、27.98%、10.80%和6.14%。总之，优化后的防护林中黑松占防护林树种的面积由原来的62.85%下降到33.10%，阔叶树由原来的27%左右上升到50%左右，针叶树和阔叶树比例基本达到平衡。该优化结果为政府决策提供依据。

对沿海防护林体系进行林种和树种结构优化决策，本研究尚属首次，能够克服以往主观分析方法进行政府决策时，无法考虑海防林资源系统多因素之间的复杂关系的弊端。但是不足之处是在树种结构优化时仅进行了防护林的树种优化决策。这主要考虑两方面原因：一是由于防护林种在建设沿海防护林体系中具有主体的地位和作用，二是因为受到社会条件的限制，难以将对其他林种树种的优化结果付诸于实践。为了改善胶南市沿海防护林树种单一的局面，本书也尝试将一些正在引种试验，或在其他地区已经引种成功的、具有较大发展潜力的新树种进入优化后的树种结构中。但这方面的工作还不是很深入，仍需进一步加强乡土树种开发和引进树种筛选研究工作。

参考文献

[1] 查同刚，孙向阳，于卫平，等. 宁夏段黄河护岸林体系结构的研究. 北京林业大学学报，2004，26(3)：93~96

[2] 刘启慎，赵北林，谭浩亮. 太行山石灰岩低山区水土保持防护林高效空间配置研究. 河南林业科技，2000，20(1)：1~9

[3] 宋西德，罗伟祥，侯琳. AHP法在防护林体系优化结构研究中的应用. 西北林学院学报，1997，12(4)：

41 ~ 47
[4] 孙枫，李生宝，蒋齐．宁夏盐池沙区生态经济型防护林体系林种树种优化比例研究．林业科学研究，2003，16(4)：459 ~ 464
[5] 唐德瑞，何景峰，李根前．陕南低山丘陵区防护林体系林种树种功能优化研究．陕西林业科技，1994，(3)：32 ~ 42
[6] 许景伟，李传荣，齐清，等．胶南沿海防护林体系结构优化的研究．//全国沿海防护林体系建设学术研讨会．北京：海洋出版社，2007
[7] 袁正科，周刚．黄塘小集水区生态经济型防护林林种布局研究．生态学杂志，1998，17(6)：7 ~ 13
[8] 张纪林，康立新，季永华．沿海防护林体系的结构与功能及发展趋向．世界林业研究，1998，1：50 ~ 55
[9] 钟承贝，高智慧，陈顺伟，等．沿海岩质海岸防护林体系树种配置设计．浙江林业科技，2004，24(1)：29 ~ 32
[10] 周冰冰，李忠魁．北京市森林资源价值．北京：中国林业出版社，2000
[11] 朱教君，姜凤岐，范志平，等．林带空间配置与布局优化研究．应用生态学报，2003，14(8)：1205 ~ 1212
[12] 庄晨辉，赖学舜．应用 AHP 法调整沿海防护林森林结构．//沈国舫．造林论文集．北京：中国林业出版社，1994，108 ~ 115
[13] Pielou E C. 数学生态学引论．卢泽愚，译．北京：科学出版社，1978
[14] Robert J Naiman, et al. Riparian ecology and management in the pacific coastal rain forest. BioScience/American Institute of Biological Sciences, 2000, 50(11): 996 ~ 1011
[15] Acker, Steven A, et al. Biomass accumulation over the first 150 years in coastal Oregon *Picea-Tsuga* forest. Journal of Vegetation Science, 2000, 11(5): 725 ~ 738
[16] Alatalo R V. Problems in the measurement of evenness in ecology. Oikos, 1981, 37: 199 ~ 204
[17] Baldwin V C Jr. Green and dry-weight equations for above-ground components of planted loblolly pine trees in the West Gulf region. Southern Journal of Applied Foretry, 1987, 11(4): 212 ~ 218
[18] Kvalseth T O. Note on biological diversity, evenness, and homogeneity measures. Oikos, 1991, 62(1): 123 ~ 127
[19] Mailly D, et al. Forest floor and mineral soil development in *casuarinas equisetifolia* plantations on the coastal sand dunes of Senegal. Forest Ecology and Management, 1992, 55(1/4): 259 ~ 278
[20] Michael D Cain, Michael G Shelton. Secondary forest succession following reproduction cutting on the upper coastal plain of southeastern Arkansas. Forest Ecology and Management, 2001, 146(1 ~ 3): 223 ~ 238
[21] White Alan S, et al. Relationship between plant species richness and biomass in a coastal Maine *Quercus-Pinus* forest. Journal of Vegetation Science, 1999, 10(5): 755 ~ 762
[22] Воронков НМ. Дыхание листьев древесных растений юга приморского края. Ботанизески журнал, 1988, 73(7): 1011 ~ 1016

16 胶南市沿海防护林资源管理信息系统研制

管理信息系统(Management information system，简称 MIS)是一个能及时为管理者提供所需信息的系统。森林资源管理(Forest resources management)是指综合运用生态学、环境学、经济学、林学、系统科学、社会学、美学等理论和技术，以充分发挥森林资源的生态、社会和经济效益实现森林资源的可持续经营为目标，而对森林资源进行区划、调查、规划、组织、控制、调整与监督等一系列工作的总称。它强调的是系统化管理、协调性发展，不仅是多学科的交叉综合，更重要的是跨学科的发展。在林学中没有一门学科能完整地、系统地、综合地去实现森林经营管理工作，承担林业所赋予的任务。把管理信息系统运用于森林资源经营管理中，就形成了森林资源管理信息系统(Forest resources management information system，简称 FRMIS)，其目标是运用林学、系统论、管理学、计算机等科学技术，为各级管理部门和相关部门的计划、决策、组织、控制和协调等提供有效的森林资源信息，以实现森林生态系统的动态管理，最大限度地发挥森林的多种效益。国家林业局提出了全国森林资源管理信息系统建设与推广意见，要求制定相关标准、规范，指导各地开展信息系统建设，并要求各地将森林资源基础数据库作为信息系统建设的先行建设内容①。可见森林资源管理信息系统的开发对科学经营森林资源具有重要的意义。

16.1 目的与任务

沿海防护林建设工程取得了显著的生态、经济、社会效益，社会影响很大。但多年来工程管理长期处于传统的手工操作管理，手段落后，管理技术性、系统性不强，严重影响了工程管理水平，甚至影响了工程建设的质量，与林业快速发展的形势极不适应。如何利用现代技术提升沿海防护林体系建设工程管理手段，确保工程建设成就已成为生产和科研部门必须解决的问题。为此，本研究全面引入遥感、地理信息系统、专家信息系统等高新技术手段，集中科研、教学单位和社会力量合作开发，研建胶南市沿海防护林资源管理信息系统(Jiaonan coastal protective forest resources management information system，简称 JNCPF-RMIS)，可以为沿海防护林体系建设工程提供决策指导工具。

16.1.1 系统研建的目的

为胶南市防护林体系建设工程管理提供规范、科学的管理模式和思路，提高工程信息收集、处理和分析的能力。对防护林体系建设工程的现状、动态、发展趋势及其生态效益进行综合分析和评价，为各级工程管理部门推进工程进度、控制工程质量、评价工程效益、调控工程布局和投资结构提供依据，实现信息内容、信息存储和信息传递的数字化、规范化和系

① 《国家林业局关于进一步加强森林资源管理促进和保障集体林权制度改革的通知》(林资发[2007]252 号)。

统化，同时，也为其他同类地区提供参考。

16.1.2 系统研建的任务

(1)建立以林场(乡)、林班(村)为单位，以及以小班为信息载体的与工程管理有关的数据库系统。存储基础空间地理信息、工程管理过程中所需的各种信息。提供反映工程动态变化的统计汇总报表、统计图(如直方图、圆饼图等)和各种专题图。

(2)辅助作业设计。利用以 GIS 为核心的“3S”技术，制定落实到胶南市不同地点(小班)的沿海防护林点、线、面的网络体系的树种选择、整地、造林技术、管理技术等作业实施方案。

(3) 实现辅助工程评估的功能。为工程建设的生态、社会和经济效益进行评价分析，为工程的调控管理提供决策信息。

(4) 建立资金管理系统。对工程中的资金使用情况进行管理。

16.2 胶南市资源管理信息系统的建立

16.2.1 技术路线

(1)设计思想。本系统开发的主要思路是以胶南市森林资源二类调查小班和样地数据和生境条件为基础，首先建立森林资源和立地因子数据库，结合胶南是沿海防护林多年的研究与实践、森林经营的经验与教训，建立胶南是森林生态网络体系建设的专家知识库，然后将森林资源数据结合各项业务进行相应处理，如进行数据统计和产生各式报表、资源预测更新、立地评价和资产评估、采伐限额计算以及造林设计等，并且使资料数据通过业务化管理后，具有连续性、直观性和可靠性，为生产实践部门提供宏观规划和防护林营建技术指导。

(2)设计方案。基于上述思想，后台采用数据库系统按要求建立了森林资源信息总库，内含小班因子数据表、样地立地因子数据表、小班因子更新数据表、各种代码表和各种统计数据表等多个数据表。前端采用 MAPGIS 作为开发平台，分模块建立数据库管理和分析各个子系统。开发过程采用快速原型法，首先建立一个能反映用户主要需求的原型系统(即样品)，让用户在计算机上运行、试用这个原型系统，通过试用，收集用户反馈信息，然后快速修改原型系统。通过“试用—反馈—修改”的多次反复，最终开发出真正符合用户需要的应用系统。设计流程图见图 16-1。

16.2.2 JNCPF-RMIS 的结构组成

16.2.2.1 系统运行环境

(1)软件平台选择：根据系统总体结构设计，防护林体系建设工程管理信息系统采用平台如下：

操作系统：Windows 2000 以上版本，Windows XP(推荐使用)；数据库：ACCESS；GIS 平台：MapINFO 6.0。

(2)系统硬件要求：内存最低 128M，推荐使用 256M 或更大。硬盘要求 40G 以上。CPU 推荐 PIII1.0G 以上。

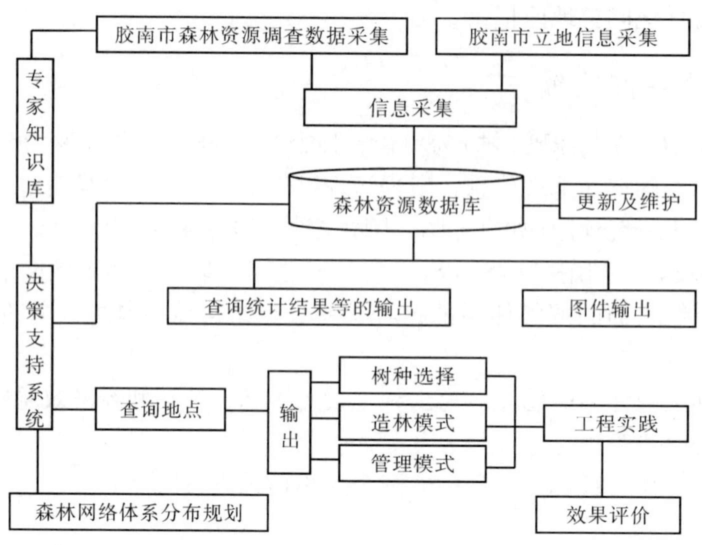

图 16-1 胶南市沿海防护林资源管理信息系统的设计流程

16.2.2.2 组成与功能

系统具有图形制作、信息查询、数据统计、动态更新、综合分析等功能，能够鲜明、快速、准确地查询森林资源信息，输出相应的统计资料，实现各种专题图的制作，进行多种综合分析。其主要功能如图 16-2 所示。

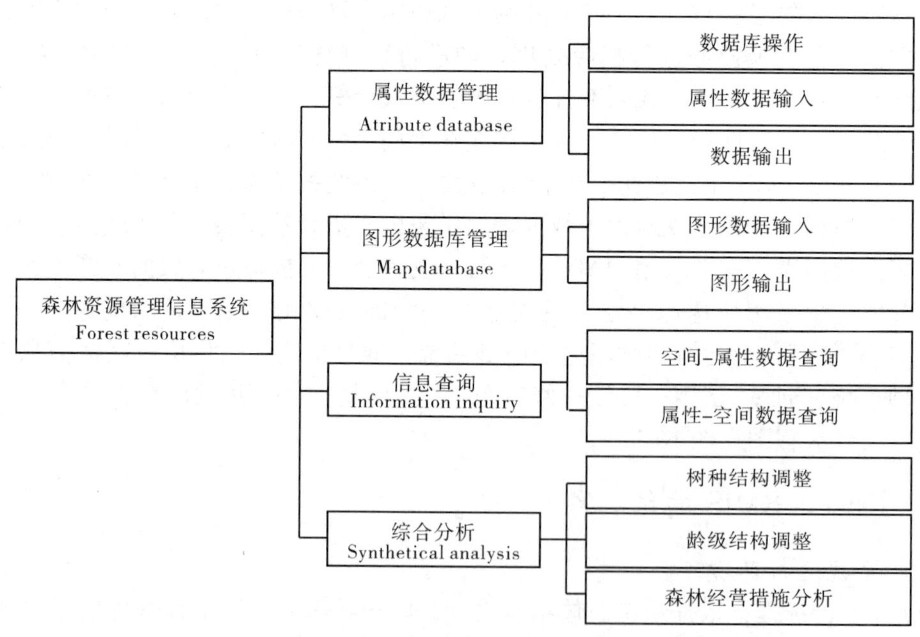

图 16-2 胶南市沿海防护林资源管理信息系统的结构和功能

(1)属性数据库管理。对森林资源的各类属性数据进行管理利用本模块可以完成数据库操作(数据库排序、拼接、结构修改、建立新库等)、属性数据的输入(数据追加、修改、输入等)、属性数据的查询、统计报表输出等功能。

(2)图形数据库管理。对森林资源的各类图形数据进行管理，可完成地形图、小班区划图等图形数据的输入、修改；根据空间数据库制作专题图以及各种图形叠加后的图形，并可在打印机上输出。

(3)信息查询。空间数据库与属性数据库的有机连接实现了双向查询，可通过对林班、小班图形(图元)的查询，获得所要求的调查或统计数据(属性数据)，也可以通过属性数据查询相应的图元，查询结果以图形方式表现。

(4)海防林营建决策分析。①林种结构调整。根据森林资源分布状况和自然、社会经济分布特点以及社会经济需求进行空间属性分析可以确定不同林种(如用材林、经济林、防护林、风景林等)的布局。②龄组结构调整。可根据森林资源可持续发展的需要，利用地形地貌、立地条件分布、林木生长各个阶段的经济和生态效益特点、GIS 和相关的技术确定合理的龄组、结构：也可指定相应的森林时序结构的调整方案并落实到具体的山头地块，在造林绿化的同时，按照龄级法调整龄组结构，使各龄组比重逐步趋向合理，充分发挥林地的生产潜力。③森林经营措施分析。利用 GIS 强大的数据库功能，可以制定详细的采伐计划，制作采伐图表和更新设计：检索提取符合抚育间伐的小班，制作抚育间伐图：通过分析提供森林立地类型图表、宜林地数据图表、适生树种资料，结合立地类型选择造林树种，进行造林规划。

16.2.3 数据库的建立

16.2.3.1 数据库的建立过程

应用景观生态学原理，运用 GPS 和 MAPGIS6.1 技术，进行胶南市沿海防护林体系建设与布局的调查。首先在胶南市域范围，从沿海至内陆的梯度布设 5 条样线，利用 GPS 对沿海灌草带、基干林带、丘陵水土保持林带、经济林带和农田林网等造林模式和主要地面标示物进行定位测定标记，同时对各模式的实际状况进行现场调查，并应用卫星影像对胶南市 2000 年的沿海森林资源现状进行数字化处理，数字化 1∶100000 的胶南市地形图，结合主要气候因子的定位观测数据及其空间插值的办法，构建了胶南市沿海防护林资源管理信息数据库(表 16-1)，包括海拔、坡向、坡位、土壤类型、土地利用类型等立地因子，温度、湿度、风速、降水等气候因子，林种、树种等资源状况因子，以及植树造林、抚育管理、更新改造等经营管理措施建议等。

表 16-1 胶南市沿海防护林资源管理信息系统数据库设计

数据类型和数据库	数据项
1. 林班	林班面积、树种组成、活立木蓄积、土壤、小班个数、权属等
2. 小班	小班面积、树种组成、经营类型、下木组成、地被物组成、蓄积等
3. 河流	河流长度
4. 道路	道路长度、道路性质(如:公路、集材道等)
5. 地形	高程
6. 山脊	山脊长、山脊海拔
7. 区域自然环境状况	区域面积、海拔、坡向、坡度、土壤等

16.2.3.2 数据库的输入过程

建立的主要过程：

(1)森林资源数据输入与编辑：包括属性数据的输入与编辑和图形数据的输入与编辑(图16-3和16-4)。

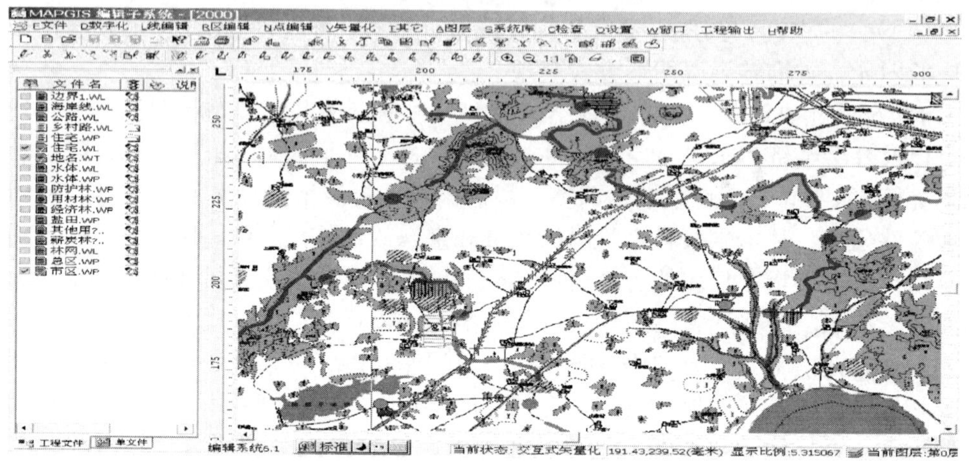

图16-3 胶南市地形图数字化过程(1)

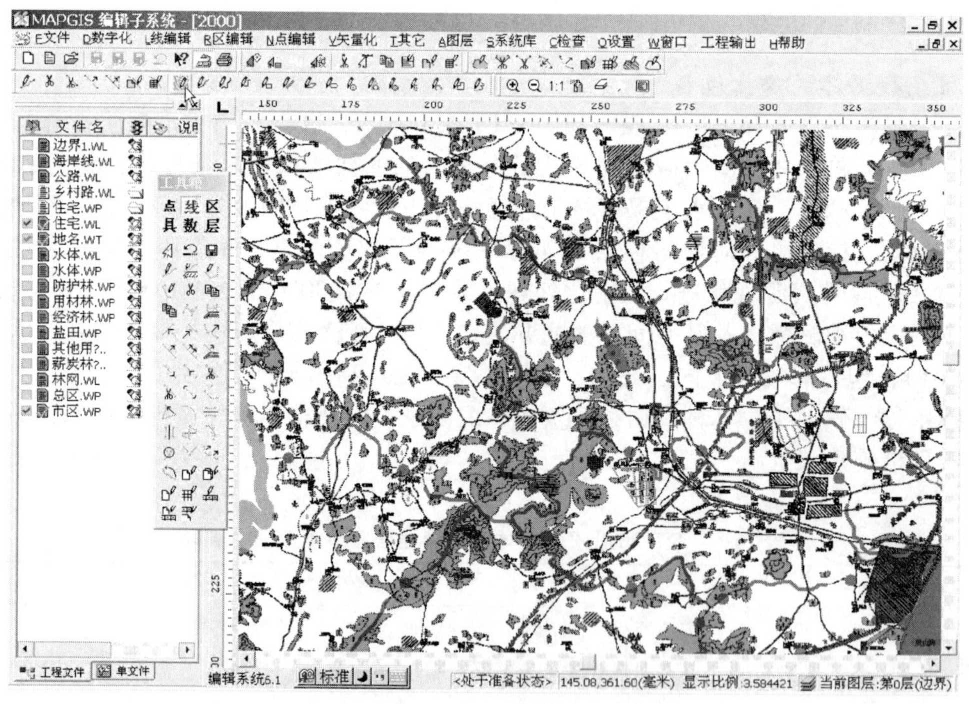

图16-4 胶南市地形图数字化过程(2)

(2)空间信息分析：包括矢量转栅格、缓冲区分析、空间数据的复合分析、网络分析等，它们是进行地学分析的基础。

(3)地形分析：利用资源管理信息系统可生成DEM和DTM模型，可进行三维分析和查询，以便更详细地了解火地塘林场地形的起伏状况，从而可进一步实现地学分析。

(4)空间信息查询与检索：它包括属性查图、图查属性、统计分析、DEM 查询等。

(5)属性数据和图形数据输出功能：可输出林相图、等高线复合图、DEM 图和三维立体图等。如图 16-5 所示：

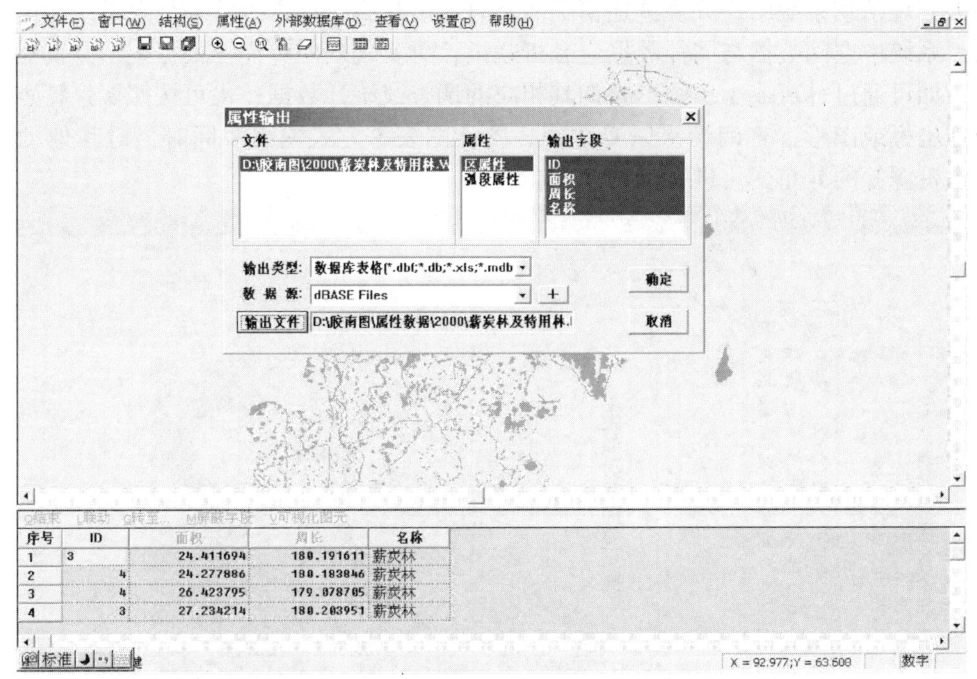

图 16-5 胶南市沿海防护林资源属性数据输出

16.2.3.3 数据库的建设内容

(1)森林资源信息库：主要包括二类资源调查区划小班及卡片、森林分类经营区划及相关图表资料、森林植被类型及分布、林地土壤分布、植物资源、动物资源、昆虫资源、菌类资源、药材资源、森林旅游资源、林副产品资源等。其数据的存储应该是连续的，与时间相关的，在数据更新时，以前的数据应该能够保留。这将要求使用数据仓库技术和数据挖掘技术来解决海量数据存储和知识获取问题。

(2)生长模型库：利用森林资源连续清查数据，提取胸径、树高、单株材积、进阶木、采伐木和枯损木的样木对比数据，建立主要林木的生长模型库，用以预测不同立地条件下各种林木的生长量。

(3)专家知识库：根据胶南市沿海防护林多年的建设经验和教训，结合胶南市森林生态网络体系建设的研究成果，收集林业政策、规程、林业标准、研究成果、论文、相关专家知识、规则等资料，并通过专家咨询的办法，构建胶南市沿海防护林建设的专家知识库，以辅助解决半结构化和非结构化的海防林资源管理决策问题。

(4)单位成本核算库：主要用来计算各种营林方式的单位成本，包括木材价格、林副产品价格、苗木价格、农药化肥价格、人员开支、地租、保险、火灾损失等。

(5)代码描述库：有规律的字符统一编码，每种代码都有相应的文字说明，并符合国家标准和部门标准。

(6)图形库：包括遥感及航测图片、地形图、林相图及各类专题图的矢量图形和栅格图形等。采用国家统一的数据代码和林业行业规范代码建立起以基础地理信息、森林资源信息、林业行政机构及管理信息等为基础的森林资源综合信息数据库，并能与现有的信息系统数据库兼容，提供统一的接口，实现与其他信息系统的数据交流与数据的实时同步更新。如森林防火管理信息系统中，火烧迹地情况能及时地反映到森林资源管理信息系统中的小班数据中来。系统中空间数据与属性数据应有机联结，可实现双向查询。根据图形查询相应的属性数据，如可通过林班或小班图形查询其相应的调查或统计数据；也可按照属性特点查找对应的地理坐标或图形。查询结果以专题图、统计图表等方式输出。同时，对其他动植物资源、昆虫资源等的分布变化进行动态掌握。

图 16-6 胶南市沿海防护林体系生态功能区的生成

16.2.4 胶南沿海防护林资源管理决策支持系统的建立

收集整理了胶南市沿海主要栽培植物材料的生态适应范围，在 MAPGIS 支持下，初步开发了 GIS 技术辅助的胶南市沿海防护林资源管理决策支持系统(Jiaonan coastal protective forest resource management decision system，简称 JNCPF-RMDS)。建立胶南市沿海防护林资源管理信息支持系统的主要过程如下：首先借助 MAPGSI 技术，结合胶南市的实际环境条件，进行了沿海防护林建设的功能区划分(图 16-6)；建立沿海防护林营建专家系统，建立海防林营造林决策支持系统，用以指导生产单位的海防林营建。通过该系统可以对胶南市沿海防护林资源进行信息化管理。即在市区范围内任意找一点，就可提供与该点相应的资源信息资料，其主要功能是为经营决策者提供物种选择、结构模式和空间配置选择，以及带、区、岛的经营模式(图 16-7)。该系统具有较强的操作性，进一步加以完善，可为沿海防护林的可持续经营提供决策依据。

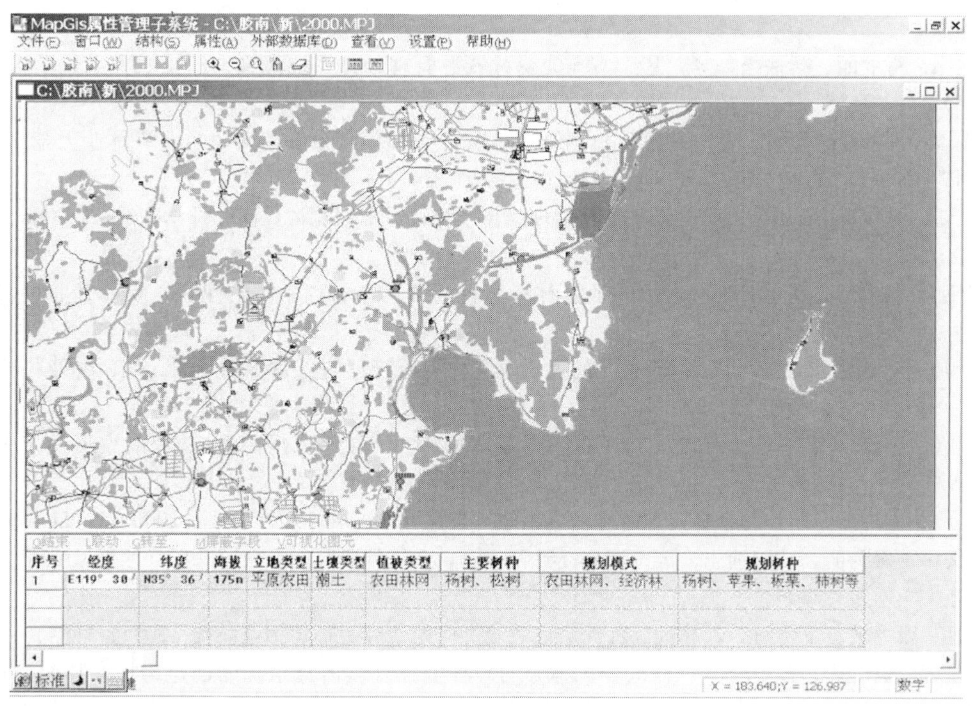

图 16-7 胶南市沿海防护林资源管理信息支持系统演示

16.3 小 结

系统以专家知识库、模型库为基础，利用内容丰富的图表和数据，操作简单明了、实用，可以免除以往规划设计中繁琐的求积、计算等工作，并可任意修改规划设计，而且可以利用 GIS 进行造林效果模拟显示及造林设计的效果预测等，使森林资源管理决策工作更加快捷、准确、科学化和合理化。

在 MAPGIS 支持下，初步开发了 GIS 技术辅助的胶南市沿海防护林资源管理信息(JNCDF-RMIS)和资源管理决策支持系统(JNCPF-RMDS)。可提供与该点相应的资源信息资料，其主要功能是为经营决策者提供物种选择、结构模式和空间配置选择，以及带、区、岛的经营模式。该系统具有较强的操作性，进一步加以完善，可为沿海防护林的可持续经营提供决策依据。

本系统目前只是实现了胶南市海防林资源管理信息的大部分功能，下一步系统开发，可以根据林业部门的工作流程和工作需求，进一步增加系统的功能。可以添加图的地理信息系统，以便更直观地管理森林资源；可以添加历年统计结果的图表分析，即引入柱状图、饼图等对历年统计结果进行分析，以便更好的进行决策支持；还可以添加卫星监控模块，以便提供火警预测，地图实时更新等。

参考文献

[1] 古邦雄，陈启传. 林业资源管理信息系统的设计与实现. 广西科学院学报，2007，23(3)：197～199

[2] 洪玲霞，陆元昌，雷相东，等. 县级森林资源信息管理系统设计. 林业科学研究，2005，18(3)：

284～291

[3] 李立伟，肖亚丽，梁保松，等. 基于 GIS 的森林资源管理信息系统研究. 河南农业大学学报，2006，40(5)：503～505

[4] 马俊吉，冯仲科，樊辉，等. 甘肃省林场级森林资源管理信息系统的研建. 北京林业大学学报，29，增刊2：12～17

[5] 文东新，胡月明，石军南，等. 森林资源管理信息系统设计方案探讨. 西北林学院学报，2006，21(3)：167～169

[6] 吴晓刚，燕爱玲. 基于 GIS 的秦岭火地塘林场森林资源信息管理系统的建立. 陕西林业科技，2005(1)：13～16

[7] 徐干君，李党辉，刘勇，等. 基于 GIS 的陕西省森林资源管理信息系统的建立. 陕西林业科技，2006(1)：74～77

[8] 许恒喜，苏顺. 地理信息系统支持下的森林资源信息管理系统的研究. 林业勘察设计，2005，1：92～93

[9] 杨雪清，白降丽. 防护林森林资源管理信息系统开发与实现. 林业资源管理，2006，1：71～74

[10] 于义科，廖为明，欧阳勋志，等. 森林资源管理信息系统的研究和开发——以江西铜鼓县为例. 江西农业大学学报，2004，26(6)：792～795

[11] 张远，殷鸣放，王术海. 森林资源管理信息系统的应用研究. 福建林业科技，2004，31(4)：36～39

[12] 周祝芳，杨为民，蓝增全. 一种适合多林分的森林资源管理信息系统的创建构想. 林业调查规划，2006，31(6)：28～32

17 胶南市沿海防护林体系结构与布局研究

本研究采用景观生态学原理，应用GPS和MAPGIS6.1技术进行海防林建设布局与规划。从沿海至内陆，先后布设5条样线，利用GPS对沿线的防护林进行定位标记，对2000年的森林资源现状图数字化，获得胶南市的海防林背景资料。规划中结合立地质量评价和土壤类型，利用ArcMAP的空间分析功能生成胶南市的生态功能区图。在此基础上，对严重破碎化的森林景观重新规划，根据不同功能区的防护要求，进行总体布局，构建以农田防护林网为基质，以沿海基干林带、高速公路、海滨观光大路和河流为廊道，围城林、围村林和山区、丘陵区防护林为斑块的景观格局，形成沿海防护林生态网络体系，建立海防林数据库和沿海防护林资源管理信息支持系统。

17.1 胶南市沿海防护林现状及问题

17.1.1 防护林发展过程

新中国建立后，从20世纪50年代开始进行封山育林和成片造林，胶南市政府组织召开了林业积极分子会议，采用了典型示范和表彰先进的方法，鼓励农民开展封山育林和山滩绿化工作，先后封护山滩2万多hm^2，促进了山滩绿化。但由于受1958~1962年大炼钢铁和自然灾害的影响，林业遭受了严重的破坏。60年代中期，林木折价入社后，全市开展了大规模植树造林活动，共完成荒山荒滩造林21000 hm^2，四旁树木700万株，发展紫穗槐3000多万墩，栽植各种果树200多万株，使全市的造林绿化工作跃上了一个新台阶。70年代，结合农田水利基本建设，胶南市委做出了“改造次生林、重新绿化胶南山河”的决定，制定了“山顶松、山腰槐、山脚花果树，河滩植用材，平原洼地建林网，沟沟阡阡种棉槐”的林业发展规划，在全市开展了大规模的植树造林活动。新建农田林园8000 hm^2，70%以上的村庄实现了绿化，完成了次生林改建2600hm^2。党的十一届三中全会以来，全市林业发展的重点转向了用材林、经济林生产基地建设，全市在吉利河、白马河等主要河流两岸建起了以欧美杨为主的速生丰产林2000多hm^2；新建了苹果、山楂为主的经济林基地6000hm^2。进入90年代，全市的林业重点转到了沿海基干林带、绿化通道工程、围村林建设和板栗经济林生产基地上。全市在138km长的海岸线上，营造沿海基干林带2000hm^2；在国道、省道、市道和乡道及适宜绿化路段建起了由3~4行树木组成的道路绿化林带；在全市的800个村庄建起了围村林；建设板栗经济林生产基地3500hm^2，使胶南市的林业生产发展到了一个的阶段。

17.1.2 防护林资源现状及问题分析

胶南市植被区系属暖温带落叶阔叶林区。因受暖湿季风气候影响，植被种类较多。但由于长期人类经济活动的原因，天然植被破坏殆尽，现主要为人工植被。主要乔木树种有赤松、黑松、黑杨类等。据2000年山东省森林资源统计，在有林地面积中，针叶林1.30万 hm^2，占有林地面积的37.7%；阔叶林1.83万 hm^2，占有林地面积的52.8%；针阔混交林0.13万 hm^2，占有林地面积的3.6%；灌木林地0.20万 hm^2，占有林地面积的5.9%。按林种分：用材林0.54万 hm^2，占有林地面积的15.5%，其中一般用材0.52万 hm^2，速生丰产林0.02万 hm^2；防护林1.79万 hm^2，占有林地总面积的51.7%，其中水土保持林1.52万 hm^2，水源涵养林0.14万 hm^2，防风固沙林0.12万 hm^2，护路林49.1 hm^2，护岸林82.2 hm^2，农田防护林3.5 hm^2；经济林1.09万 hm^2，占有林地面积的31.6%；特用林22.6 hm^2，占有林地面积的0.1%；薪炭林0.04万 hm^2，占有林地面积的1.1%(图17-1)。全市活立木蓄积总量为82.54万 m^3，其中：森林蓄积占71.3%，疏林地蓄积占0.1%，林网蓄积占10.9%，村镇蓄积占16.1%、其他占1.6%。在有林地的蓄积量中按林种分：用材林37.66万 m^3，占有林地蓄积的64.0%，防护林21.12万 m^3，占有林地蓄积的35.9%，特用林44.6 m^3，占有林地蓄积的0.1%。全市林木覆盖率为25.2%。其中：有林地覆盖率为19.5%，农田林网覆盖率为2.8%，地堰开发覆盖率为0.3%，村镇树木覆盖率为2.6%。总体上看，仍存在以下几方面问题：

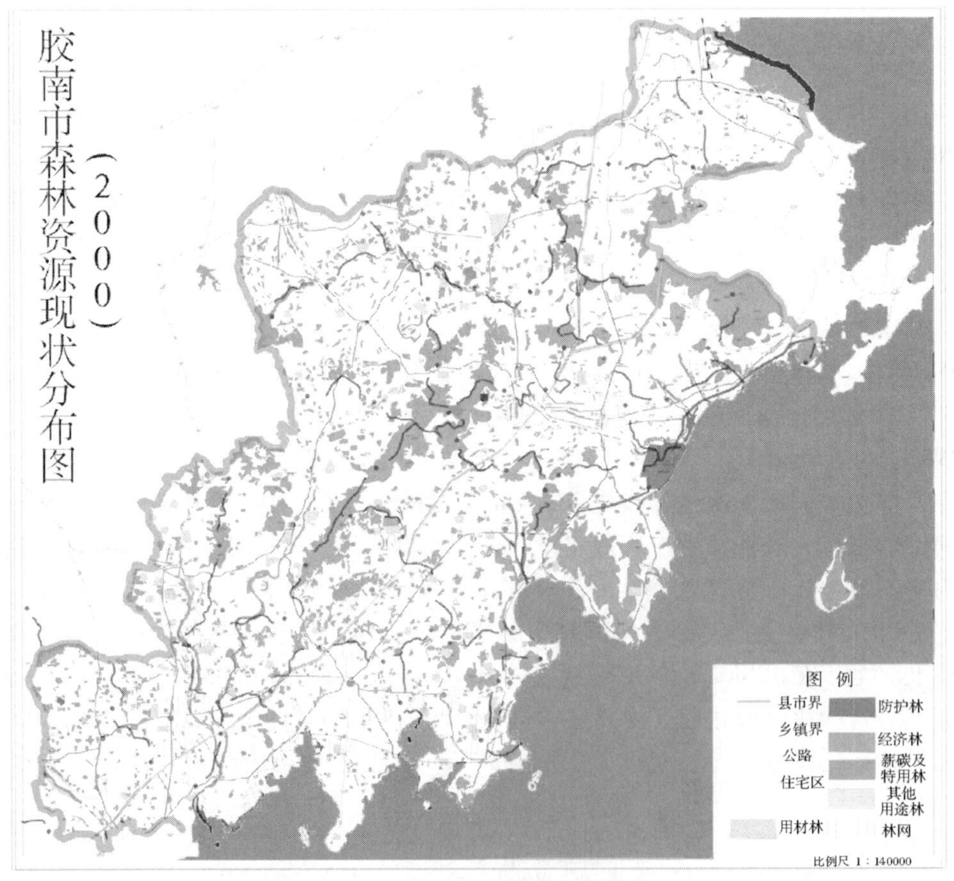

图17-1 胶南市森林资源现状分布图(2000)

(1)缺乏科学、统一规划，林种、树种布局不尽合理，因而防护效能低，经济和生态效益没能得到充分发挥。在总森林资源中，防护林和经济林面积占 51.7%，防护林所占比例基本符合要求；但在防护作用为主的条件下，经济林比例明显偏高，比例占 31.6%；而用材林只占 15.5%，所占比例明显偏低；特种用材林和薪炭林则更低。

(2)树种单一，经营管理粗放，部分林分质量低劣，病虫害较重，林分生物多样性差。胶南市沿海防护林在树种选育上是选用的乔木树种较多，灌木树种少，且在防护林体系结构配置上大部分是采用大片纯林形式而进行配置的，配置形式较单一，群落多样性差，进而造成其抗逆性和抗病虫害能力较差。尤其琅琊台、齐长城、大珠山、小珠山等自然景观旅游胜地，以及人文景观旅游胜地如古城邑、石窟石窑、寺庙等，这些地点的景观树种配置较单一，主要为黑松、刺槐、麻栎林等树种，形不成多层次、多季相的林分，生态效益低，景观效果差。

(3) 防护林体系的总体布局不合理，体系结构不完善，生态效益低，景观效果差。胶南市的沿海防护林体系大体上是按其地貌类型来配置的。该市虽然在距海较近的车轮山、牛蹄山、黄道山、库山以及大珠山等地配置了沿海防护林，在离海较远的铁镢山和藏马山主要配置了水土保持林、水源涵养林及部分特种林，在较为平坦的地方配置了农田防护林、护路林及部分用材林，但总的来看，防护林体系配置缺乏统一规划，体系结构不完善，林种布局不尽合理，配置模式较为分散和单一；没有从整体上进行统筹考虑、分门别类地配置。沿海基干防护林、山丘区防护林及农田防护林各自为营互不相关，尚未形成一个完整、有效的沿海综合防护体系。

(4) 沟道侵蚀面积加大，防护形势相当严峻。胶南市的地貌类型中，裸岩地面积 6553.3hm^2，占全市总面积的 3.62%；低山丘陵地面积最大，占全市总面积的 65.98%；平原地面积占总面积的 25.17%；沿海低地面积占总面积的 5.23%。裸岩地和低山丘陵地占全市总面积的 69.6%，这些地段大部分没有形成完整的防护林体系结构，山丘周围沟道发育比较突出，出现了明显的沟道侵蚀现象，特别是在铁镢山和藏马山尤其严重，沟道侵蚀区的面积已占胶南市总土地面积的 30% 以上，严重影响了当地人的生产和生活，已成为该区可持续发展的潜在威胁。

(5)该区农田林网面积过低，林网建设标准和水平不高，需完善林网和未林网化面积较大，规模效应不明显。一些地方缺边、断带、网破现象比较普遍，且存在树种品种单一，良种化程度低，经营管理粗放等问题，导致农田防护林防护效能低，稳定性差，病虫危害严重。

(6) 林业的经济效益较低。特别是占全市有林地面积 51.7% 的各类防护林，直接经济效益更低，群众不愿投资，况且山区及贫困地区缺乏资金，林业建设投资有困难，这也是全市林业发展还不适应形势要求和质量标准不高的重要因素。

17.2 体系建设的指导思想、原则和目标

在总结分析的基础上，根据新时期林业发展形势和社会对林业的新要求，从建立林业生态网络体系的角度，分析其布局、功能区区划、森林结构；从建立林业产业体系的角度，分析商品林的林种、林产品结构等，找出体系建设存在的主要问题，在建设规划中予以完善、解决。

17.2.1 指导思想

以国家生态环境建设总体规划和山东生态省建设的宏观战略为依据，以现代森林生态系统经营和可持续发展理论为指导，以增强抵御海啸和风暴潮等自然灾害能力为核心，根据森林分类经营要求，实施分区突破战略，以沿海基干林带的营造、宜林荒山荒地的绿化和低效生态公益林的改造为建设重点，以大力增加和恢复林草植被为核心，通过“封、退、管、造”等综合措施，实施“点、线、面”相结合，“带、网、片”相结合，建立起以人工森林植被为主体和比较完备的多林种、多树种、多功能、多效益的沿海防护林生态网络体系，彻底改善胶南市的生态环境和投资环境，促进地区社会经济可持续发展和人民生活水平的提高。

17.2.2 基本原则

(1)坚持多功能结合的原则。沿海地区立地条件复杂，自然灾害多样，因而要求防护林体系应具有防风固沙，减轻海潮、盐碱为害，防止水土流失，涵养水源，保护堤岸，绿化美化环境等多种功能作用，以改善生态环境，保障人民生命财产安全和经济建设快速发展。所以，防护林体系建设应从实际出发，因地制宜，因害设防，山、水、田、林、路综合治理，生态绿化、环境美化和经济开发等多功能结合。

(2)坚持多林种结合的原则。在防护林体系建设总体布局上，应当因地制宜，坚持以防护林建设为主体。做到防护林、经济林、用材林、生态景观林等多林种结合，充分发挥其多种作用，进一步调动广大群众的积极性。即在基干林带内侧条件适宜的地方，可种植果树和经济作物；在立地条件适合、用材缺乏的地方，应结合市场需求发展用材林；在旅游风景区点应结合观光旅游的需要发展生态景观林等。

(3)坚持生态型与经济型、社会型结合的原则。沿海植被稀少，生态环境较差，严重影响了人们生活和经济发展。所以建设沿海防护林体系除了增加沿海森林植被、改善生态环境外，还应进一步提高农民经济收入，这是保障沿海防护林体系健康发展的前提。即在注重生态效益的同时，还应切实注重经济效益和社会效益，做到以短养长，长短结合。

(4)坚持“点、线、面”结合的原则。点，就是城镇绿化、村庄绿化、森林公园、自然保护区和工程造林基地等；线，就是海岸基干林带，高速公路、铁路、大型公路等通道绿化和河流绿化等；面，就是山地、台地、沙滩、围垦和水产养殖外的滩涂等荒地片林，以及农田林网等。通过防护林体系中的“点、线、面”、“带、网、片”建设和有机组合，建成一个多树种、多林种、多层次、多功能的综合防护林工程体系。

(5)坚持以乡土树种为主、引进树种为辅的原则。黑松、麻栎、刺槐等乡土树种，它们已经适应胶南沿海的气候环境条件，具有较强的抗逆性和生态适应性，防护作用。同时为尽快发挥生态环境建设的效益，优良的外来植物材料也应引起重视，但要经过风险评价，保护当地的生物多样性资源。

17.2.3 总体目标

胶南沿海防护林生态网络体系建设的总体目标是，以海岸为主线、生态功能区为单元，以增加森林植被和提高防护效能为中心，区别不同的灾害类型，建立一个“点”、“线”、“面”结合的、多林种、多树种、多层次、多功能的综合防护林体系，为生态省建设提供强有力的环境支撑体系(表 17-1)。

表 17-1 胶南市沿海防护林规划数据表

林种类型		2000		2005		2015	
		面积(hm²)	比例(%)	面积(hm²)	比例(%)	面积(hm²)	比例(%)
防护林	水土保持林	15200	8.58	15560	9.08	16514	9.64
	水源涵养林	1400	0.79	5500	3.21	11102	6.48
	防风固沙林	1200	0.68	1500	0.88	2509	1.46
	护路林	49.1	0.03	270	0.16	491	0.29
	护岸林	82.2	0.05	150	0.09	295	0.17
	农田防护林	350	0.2	530	0.31	1103	0.64
用材林	一般用材林	5158	2.91	8500	4.96	9995	5.83
	速生丰产林	196	0.11	1500	0.88	1795	1.05
	经济林	10917	6.16	11000	6.42	11150	6.51
	特用林	22.6	0.01	150	0.09	199	0.12
	薪炭林	400	0.23	350	0.20	350	0.20
	合　计	34974.9	19.75	45010	26.31	55503	32.76

(1)短期目标(2000~2005):根据功能分区,利用现有的科研成果,以治理风沙、海潮和水土流失为主要目的,筛选和培育适宜的防护植物材料;“点”上加强中心城市和主要乡镇城市绿化建设;“线”上建立两道滨海防护林带,主要公路和河流两侧建成高效防护林带;“面”上以沙质海岸为主的丘陵区封山育林和退耕还林;完善农田防护林网,国营林场初步完成残次林分改造。护路林和农田林网由占现有森林面积的 0.23% 提高到 0.47%。和 2000 年相比,整体上森林覆盖率由 19.75% 提高到 26.3%,实现森林生态网络体系初具规模(图 17-2)。

(2)中远期目标(2006~2015):继续加强点线面生态网络体系建设,进一步完善体系结构,完成林种、树种、布局调整;护路林和农田林网由占现有森林面积的 0.47% 提高到 0.9%,基本消灭宜林荒山荒地、疏林地,退耕还林地全部完成绿化。与 2005 年相比,整体上森林覆盖率由 26.31% 提高到 32.76%,形成比较完备的多层次和多功能的森林生态网络体系和林业产业体系,沿海防护林的生态系统服务功能最佳,生态环境进入良性循环,社会步入可持续发展轨道(图 17-3)。

17.3 总体布局及生态功能区划分

沿海防护林生态网络体系结构与布局,是以实现森林资源空间布局上的合理配置,最大限度地发挥沿海防护林多种生态服务功能,形成比较完备的生态林业产业体系为主旨。基于山东沿海特点,以可持续发展理论、景观生态学等理论为基础,以中国森林生态网络体系点、线、面布局理念和现代林业发展规划布局为指导,建立以基干林带、旅游观光绿化带、“同三”通道绿化带“三带”为防护屏障;以山前平原农田防护、滨海景观旅游、丘陵经济林

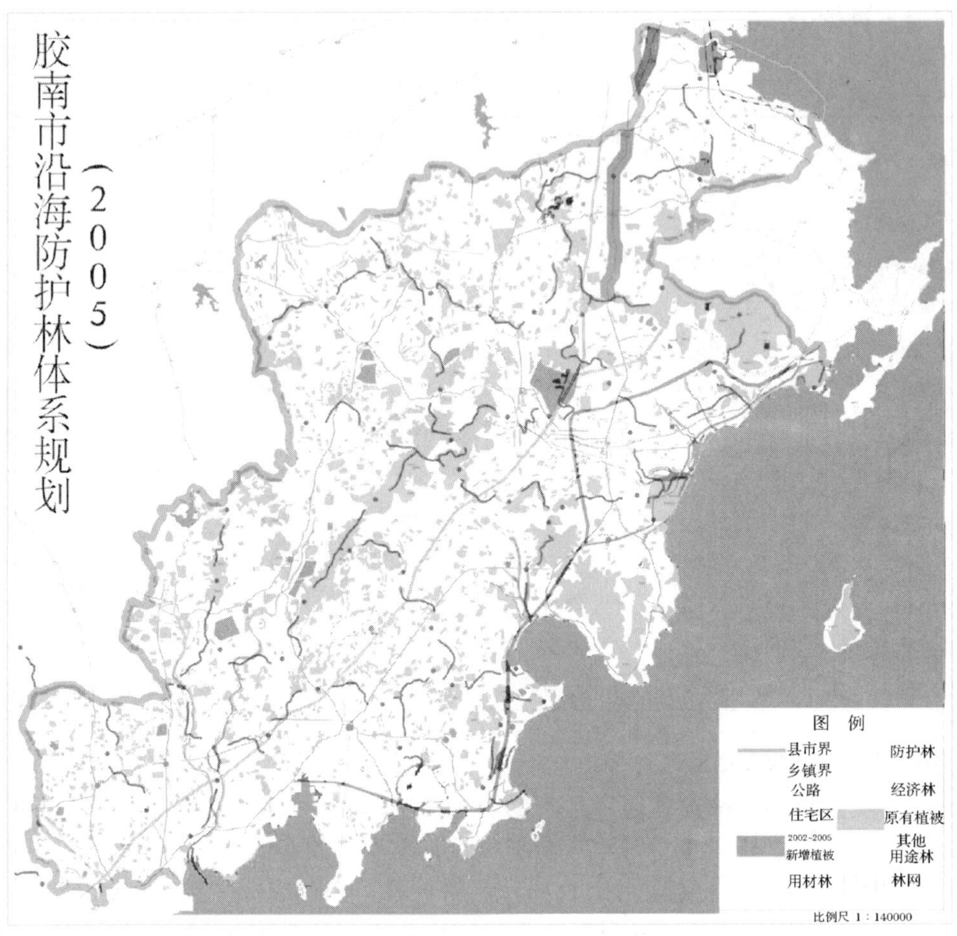

图 17-2 胶南市沿海防护林体系建设规划图(2005)

种植、河谷平原用材林培育、山地水源涵养五个生态功能区为主体；以城市绿岛、乡镇围村林、森林公园、库区绿化为绿岛。其中，带中有面(森林公园等)、点(观光点等)，区中有线(省级以下公路、河流等)、点(村)，点中有线(行道树、护河林等)、区(公园等)，形成“三带、五区、多岛”为一体的“点、线、面”结合的多林种、多树种、多层次、多功能的沿海防护林生态网络体系布局模式，并利用 GIS 技术对胶南市沿海防护林生态网络体系进行规划，生成生态功能区，形成了“3 带 5 区多岛”的沿海防护林多维调控体系(图 17-4)。

17.3.1 三带

(1)沿海基干防护林带：海堤基干林带是沿海防护林体系的主体，其目的是固土护堤、防潮抗灾，同时兼有防风、防飞盐、防雾、护鱼、避灾功能。林带宽度多为 80～150m。目前胶南市从岛耳河到甲滩共 156km 海岸线上，综合考虑各种防护功能、土地利用状况和林带更新，基干林带宽度以 150～200m。建成以基干防护林带为主，用材林、风景林和经济林相结合的基干防护林体系，使海堤基干林带合拢。树种以黑松、麻栎、刺槐、黑杨类、柽柳、紫穗槐等树种为主。

(2)旅游观光绿化带：为迎接 2008 年北京奥运会，青岛市政府规划建成“‘迎奥运’大环

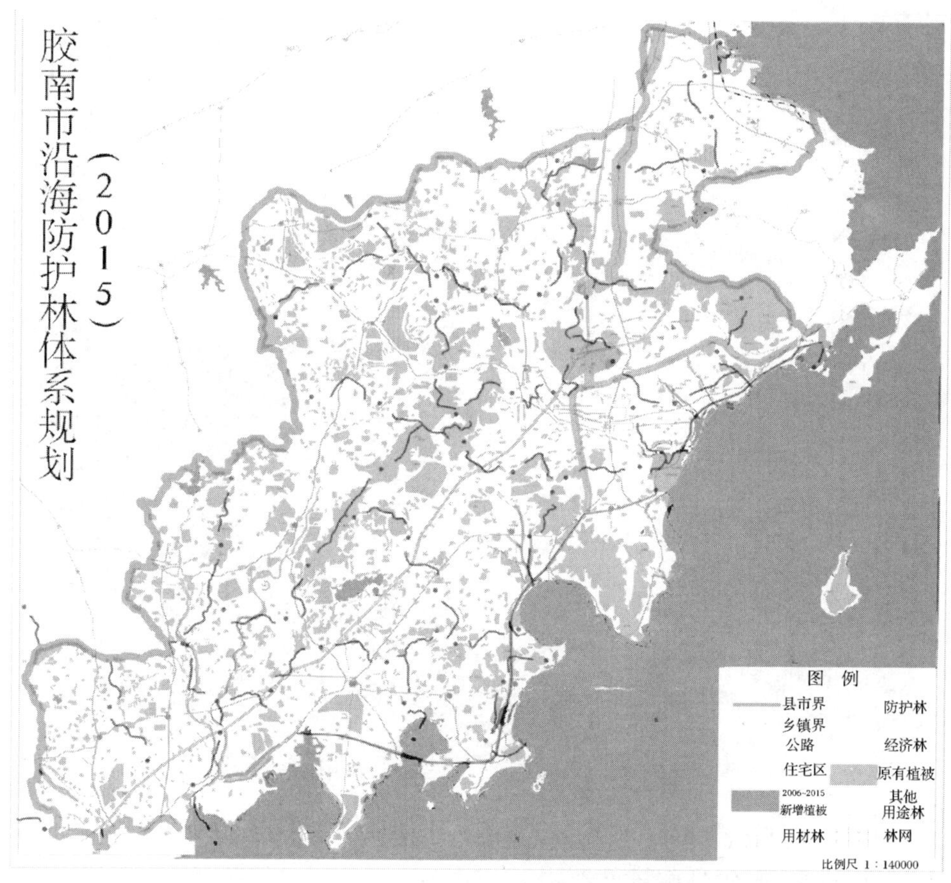

图 17-3 胶南市沿海防护林体系建设规划图(2015)

城林带(胶南段)”总长度 13.6km，本带与胶南市海滨大道相连，共 71km，构成建旅游观光、防护合一的第二道大型防护林带。形成以旅游观光防护林带为主，与村镇绿化、经济林结合的旅游观光防护林体系。

(3)“同三”通道绿化带：从王台镇至海青镇共 83km，建设高标准绿色通道。沿途地貌类型有低山、丘陵、平原和洼地，主选黑杨类、黑松、柿、桃、板栗等，建成以用材林为主，兼顾防护林、经济林的绿化体系，发挥绿化、美化、净化效果，加快农业产业结构调整，提升胶南市城市形象和展现生态环境建设水平。

17.3.2 五区

(1)山前平原农田防护林生态功能区：分布范围在王台镇和红崖镇的一部分村庄。总面积 1.07 万 hm^2。本区为平原农区，主要是防风护田，抗潮护堤，治理旱、涝、盐碱为目的。以发展农田防护林为主，在提高和完善现有防护林带、林网的基础上，充分利用现有的沟、渠、路营造高效的林网，网格面积以 13 ~ 20hm^2 为宜，形成完善的农田防护林体系。主要构建模式有农田林网、农林间作等立体经营模式。

(2)岩岸滨海景观林生态功能区：分布北起大珠山、南至董家口的泊里、琅琊、寨里乡(镇)和大珠山、张家楼、藏南、小场乡(镇)的部分村庄，面积 3.26 万 hm^2。其中林业用地

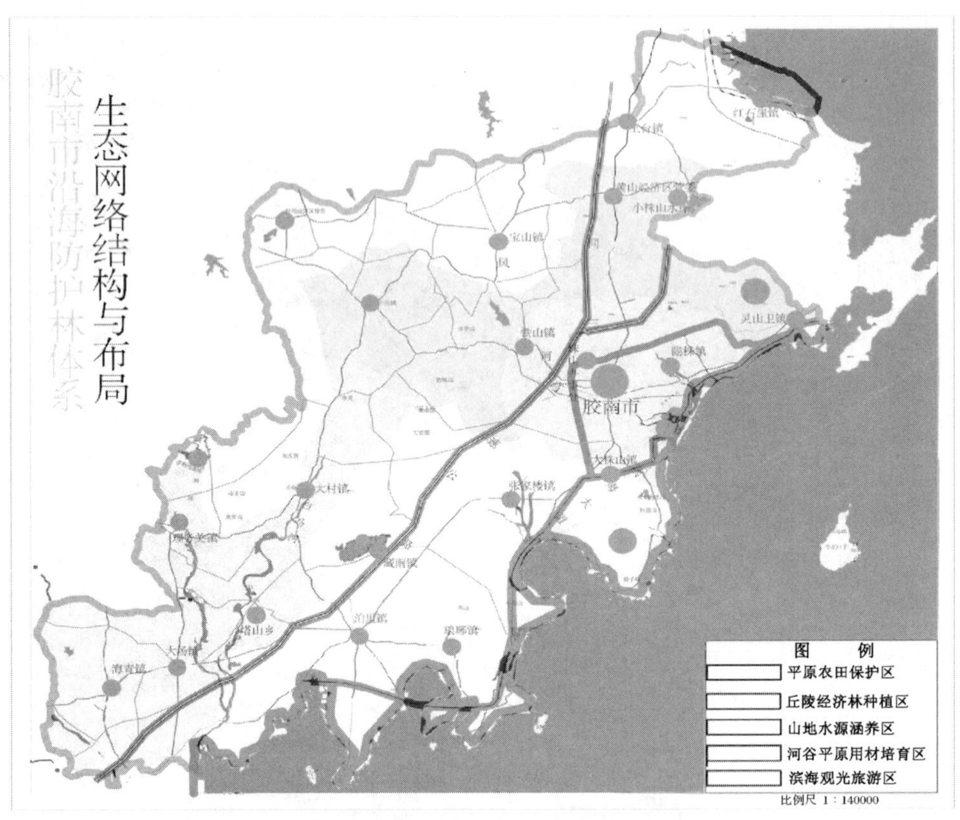

"三带"：①"同三"通道绿化带；②旅游观光绿化带；③沿海基干防护林带。"五区"：①山前平原农田防护林生态功能区；②岩岸滨海景观林生态功能区；③丘陵水保经济林生态功能区；④河谷平原用材林生态功能区；⑤山丘水源涵养林生态功能区。"多岛"：主要"点"包括城市、村镇、库区、园区、公园等。

图 17-4 胶南市沿海防护林体系结构与布局

面积 0.34 万 hm^2，本区多为基岩海岸，以开展琅琊台、大珠山、斋堂岛、鸭岛等名胜古迹的风景林建设为主，强化海岸防护和水土保持效能。采用近自然经营技术，保护生物多样性资源，建成以生态旅游和自然保护相依的景观林体系。主要模式有风景林、水土保持林、水源涵养林、经济林、用材林等。

(3)丘陵水保经济林生态功能区：分布在宝山、胶河两乡及六汪、市美、大村、理务关、薛家庄乡(镇)的一部分村庄，总面积 3.97 万 hm^2。该区植被较差、水土流失较重，主要目的是发展水土保持林、水源涵养林，同时充分利用地堰、沟头、崖旁等资源优势，加速植被建设，发展林农间作型经济林。形成以名、优、特、稀、奇果品为主的生态产业体系。主要模式有经济林、水土保持林、水源涵养林等模式。

(4)河谷平原用材林生态功能区：主要分布在吉利河、白马河、潮河等流域的大场、海青、塔山乡(镇)及理务关、大村乡(镇)的部分村庄，总面积 3.01 万 hm^2。其中林业用地面积 0.39 万 hm^2。该区立地条件较好，土壤较肥沃，水热资源丰富，应以发展用材林、适度发展经济林为主要目的，加强集约经营，提高营林水平，增加木材和果品产量，缓解木材供需矛盾和提高出口创汇能力。建成生态经济型林业产业体系。主要模式有速生丰产用材林、经济林、村庄绿化等。

(5)山丘水源涵养林生态功能区：分布在胶南市四大山区的范围内，总面积5.32万hm^2。本区地势高峻陡峭，立地条件较差，是全市主要河流发源地，又是中型水库的分布区，降水径流量大，水土流失较重。该区林业用地，以营造水源涵养林和水土保持林为主，对无林地应采用人工造林与封山育林相结合的方式，对现有林进行疏林补植、更新改造，提高森林覆盖率。沟头、崖坡以发展爬山虎、葛藤等植被为主，提高绿化率；农梯田堰边采用立体种植的方式，发展农林间作型的经济林，以增加经济收入。形成以水土保持和水源涵养为主的生态安全保障体系。主要模式有水土保持林、水源涵养林、经济林等模式。

17.3.3 多岛

主要"点"包括城市、村镇、库区、园区、公园等，它们与人的日常生活、休闲旅游、身心健康等关系最为密切，通过加强这些地方的造林绿化建设，改善人居生态环境、体现人与自然协调发展和丰富森林文化内涵，构建以人为本的"生境岛"。是建设小康社会的重要内容，也是新世纪林业发展需要加强的重点领域。主要模式有风景林、城镇绿化、"四旁"绿化、园(库)区绿化等。

17.4 建设重点及主要模式

根据胶南市沿海区域的地貌类型和土壤特点，沿海防护林体系建设是以基干林带、农田林网、纵深防护林(平原的防风固沙林，山丘地的水土保持林、水源涵养林等)为重点，并与风景林、经济林、国防林及村镇绿化等结合的综合防护林体系。沿海防护林体系构建的主要模式有12种。

(1)海岸基干林带绿化。在巩固原有海岸防护林带的基础上，因地制宜地建成有一定宽度的永久性防护林带，同时对老林带进行更新改造。在沙地外沿封育培育固沙草本带或灌草带，在沙地内沿选择根系发达、抗风力强树种发展基干防护林带，以达到防风固沙、改良土壤的目的。

在潮上带和潮间带上营造耐盐、耐湿、耐瘠薄的先锋植物，目的是为了消浪、促淤、造陆、保堤。典型设计是自海堤向海营造2条以上、宽50~150m的柽柳林带，林带间距100~200m，带间分布白茅、芦苇、结缕草等自生群落。

海堤基干林带是沿海防护林体系的主体，其目的是固土护堤、防潮抗灾，同时兼有防风、防飞盐、防雾、护鱼、避灾功能。目前胶南市156km海岸线上已绿化52.7km，海堤基干林带已基本合拢；林带宽度多为80~150m。综合考虑各种防护功能、土地利用状况和林带更新，基干林带宽度以150~200m。一般宽度在100m左右，有条件的可加宽到200m以上。

(2)通道绿化。公路是个线污染源，因而也是绿化防护林体系一个重要组成部分。为减少噪音和汽车尾气污染，以及增加景观效果的需要，一级公路两侧50m，二级公路两侧30m，三级公路两侧20m范围内营建高标准的防护林。

以公路干线和6条市乡公路为重点，依次以绿化带、丰产林带、经济林带按照从内到外、由近及远的要求，实行大组团、大色块、多层次的绿化美化标准，建成高标准的绿化线、风景线、致富线。

在条件适宜的区域，应合理配置主副林带，主林带以高大乔木为主，副林带树种应选择常绿和观赏型的乔木或灌木树种。实行针阔带(块)状混交，常绿与落叶搭配的模式，形成立体复层结构的绿化美化林带。河渠、堤坝、水库沿线的绿化应建设以保持水土、固坡护岸、涵养水源为主要功能的防护林带。通道绿化要因地制宜，应根据防护、绿化、美化的要求选择树种，增加乔灌混交比重。有条件的地方可以栽植一定比例经济林带、用材林带和风景林带。绿色通道建成后，将形成纵横交织的绿色风景线、致富线(绿色经济通道)。实现“人在车中坐，车在绿中行”，使交通、河流沿线的绿化提高到一个较高档次。林带建设全部按高速公路、国道和铁路林带绿化宽度每侧50m，省道以及重点旅游线路林带的绿化宽度每侧30m。全市规划通道绿化建设总面积0.69万hm^2。

(3)高标准农田林网。对网格过大、林带残缺的林网，通过补植完善，提高林网化标准，把网格面积控制在20hm^2以内；对尚未达到林网化的空地，实行沟渠路林田统一规划，建成田成方、林成网的格局。其规划要坚持高标准，按照农田所处的位置不同，可分为两种类型：一是靠近城区或风景区的农田，其林网建设应适当增加观赏型和经济型树种比例，在发挥林网防护效益同时，提高林网的生态功能和经济价值；二是距城区较远的乡村农田，在沟、渠、路配套绿化的基础上，因地制宜地选择优良树种或品种造林，农田林网建设标准，实现宽林带、小网格、疏透结构，充分发挥林网的防护功能和经济效益。沿海地区一般采用窄林带小网格，以利于抗强劲台风。一般主带距150m，副带距250～400m，每个网格面积4～8hm^2。农田林网利用沟、渠、路造林，网格大小4～15hm^2，主林带间距10～30倍树高，林带宽度3～20m。最佳的经营模式是大苗小网窄林带，即用大苗在网框四周营造4～6m宽的窄林带，形成10～20倍树高的小网格，保护农作物，达到极早防护、重复利用土地、收获多种产品、高产优质高效复合经营的目的。

(4)村镇绿化。四旁绿化是沿海防护林体系的重要组成部分，要达到绿化、美化和净化的目的，同时要有较好的经济效益。村镇绿化覆盖率要求达50%以上，树种选择以经济、观赏、用材树种为主，实现“村在林中，林在村中”的乡村自然景观。

(5)防风固沙林。树种选择应贯彻“一林多用”，乔灌草结合，应选择根系发达、抗风、耐沙压、耐瘠薄、改良土壤的树种。其营造模式应实行田、路、河、渠、堤、林配套，构成带、网、片为主体综合防护林体系。在海岸线上造林应选择耐水浸、耐盐碱、抗风、耐旱树种。为防止流沙危害，若营造成单条林带，宽度一般要求在200m以上。若营造成两条以上林带，防护效果更佳，第一条林带宽度要求在50m以上，第二、三条林带宽10～20m，带间距100～150m较适宜。根据此区的现实情况和防护任务，建造两条以上的林带较为适宜。

林带方向以垂直于主要害风风向为宜。但考虑到海岸线蜿蜒曲折，也可与附近农区的农田林网、村镇绿化林带的方向一致。其结构采用疏透结构，对保护果园和农田为主的防护林带可采用紧密结构。基干林带宽度视沿海地区的地形和风沙危害程度而定。一般农田区林带宽50m左右，海滩沙地林带宽度100～200m，低湿地或盐碱地林带宽度200m左右。

(6)水土保持林。含护坡林、侵蚀沟防护林、林缘缓冲林、山脊林等。主要分布在土层较薄、坡度较大的低山或丘陵。凡坡度在20°以上的丘陵坡地或土层薄而贫瘠、甚至岩石裸露区域，应营造水土保护林(针阔混交)。对坡度较大，土壤比较干燥、水土流失比较严重的地段，提倡营造混交林模式，以充分利用水土资源，减轻森林病虫害，提高造林效益，起到较好的水土保持作用，采封山育林与人工造林结合。

树种选择：选择适应性强，生长旺盛、根系发达、固土能力强，具有穿入深层土壤根系，能以根蘖和压条繁殖以及匍匐茎保护土壤，且耐瘠薄、耐干旱，又能增加土壤养分，恢复土壤肥力，易形成疏松柔软、具有较大容水量和透水性死地被物的树种。营造模式采用混交造林模式。优先采用针阔树种混交、深根浅根、阴性阳性树种混交、乔灌树种搭配(块状、株间混交)。在立地条件差的地段，混交比应大些，应以灌木树种为主，水土流失严重的地区，加大灌木树种、草本植物的比重。

分水岭防护林配置于山顶，此处水肥气热条件均相当恶劣，岩石风化程度不高，土壤肥力低，但光照强，气温高，配置以耐干旱瘠薄的树种，如黑松、刺槐、赤松、杉木、麻栎及其他乔木和野蔷薇、紫穗槐、胡枝子等灌木为主的防护林。

沟道采用乔木树种主要有毛白杨、旱柳、枫杨柳、绒毛白蜡、桑树、乌桕等。灌木树种主要有紫穗槐、白蜡等。在坡度崩塌土较厚的部位可栽植经济树种如板栗、核桃、柿树、杏树等。较陡的沟坡，采用根系发达、适应性强的树种，如刺槐、麻栎、栓皮栎、黑松、油松、紫穗槐、胡枝子等。在沟岸上方的陡峭部位可采用藤本植物护坡，如葛藤、紫藤、南蛇藤、杠柳、山葡萄等。

沟头防护林应采取生物措施与工程措施相结合的方法，具体做法是在距沟头3~6m的地方筑埂高1.0~1.5m，设置0.5~0.7m高的围堰，围堰外密植灌木。

沟道的中段采用工程措施与生物措施相结合，工程保生物，生物护工程。在水流较缓，来水面不大的沟道，可全面造林。选择耐水湿、生长快的树种如欧美杨、旱柳、坪柳、白蜡条、紫穗槐等。如沟道中游集水过多，流量大、流速急，则不宜修筑谷坊，应以疏水为主，中间留出水路，两旁可栽植杨树、柳树、紫穗槐等耐水湿的深根性树种。

沟道下游为防止洪水冲淘两岸农田，应在梯田的内侧修筑窄条梯田，栽植深根性耐水湿的树种，如欧美杨、旱柳等，或灌木如白蜡条、紫穗槐等，也可栽植杨树速生丰产林。

(7)水源涵养林。含水源地保护林、河流和源头保护林、湖库保护林、绿洲水源涵养林等，采取封山育林、育草逐步实现生态环境正常演替。主要在河的源头、水库周围、山顶或嵴，水热条件较好，原则上采用封山育林或飞播造林，条件许可地方可进行人工造林种草，营造混交林或垂直郁闭好的复层群落，以利于蓄水缓洪，凋节地表径流量，保持水土，改善水质，涵养水源。

树种选择：树体高大、冠幅大，林内枯枝落叶丰富和枯落物易于分解，具有深根系、根量多和根域广的树种；长寿、生长稳定且抗性强的树种。营造模式以营造混交林且垂直郁闭好的复层群落结构模式为主。尽可能增加阔叶树种的比例。注意乔灌结合、针阔混交，以形成混交复层林为主的群落结构。

(8)用材林。在基干林带后沿，河滩、及堤坝宽度不等地段，但水分条件较好，土壤肥力较高，宜培育速生丰产林；或小面积低丘陵，坡度较缓、土层较厚的地块，也可规划为用材林基地，同时发挥林地的保持水土等防护作用。

用材林建设不可强求连片，应在充分考虑水土保持和水源涵养的需要前提下，根据培育、目标的要求，适当规划用材林和竹林。一般坡度较缓地方营造用材林和竹林。

(9)经济林。搞好沿海地区经济林发展，对发展“高产、优质、高效”林业和加快综合型高效沿海防护林体系建设均有重要意义。经济林发展的规模，要根据各地实际情况而定，对气候、土壤条件适宜，产品优、效益好、加工和销售量大的品种，可大力发展，并向基地化、专业化方向发展。

应发展当地的优势品种，同时也要适当发展其他品种，以满足社会需要，也可引种一些外来的优良品种。选择树种：苹果、梨、栗、桃、杏、茶、桑树为主。

经济林建设的规划，要根据各地实际情况而定。也应根据各地地形、土壤等条件特点，以及经济和社会发展的要求而定。一般在基干林带后沿200～300m宽的退耕还林地，发展大约1.33万hm^2的经济林。经济林品种的选择要因地制宜，适地、适技术、适发展，不但要有产量上的优势，而且更需要有品质上的优势和经济上的优势。即达到高产、优质、高效。

(10)地堰开发。山丘农区的水土流失主要在农田，因此，搞好梯田地堰绿化，对山丘农区本身的防护林体系建设，及至整地农区的生态环境建设都有重要意义。地堰开发增加绿化覆盖，特别是在涵养水源、保持水土，固坡护堤的作用最为明显。既不与农作物争地，还可以实现"立体种植"相互促进，相得益彰。

在规划设计时，应强调因地制宜、适地适树积极地把地堰绿化美化与生态观光旅游结合起来，为实现可持续发展，提高综合效益，促进向现代林业转变，成为新的经济增长点发挥了重要作用。

(11)低效林改造。低效林改造是为了提高森林的复层郁闭水平，增加林下植被盖度，诱导形成群落层次结构复杂，功能多样的森林植被，从而减轻水土流失，提高其涵养水源能力和功能特性增强森林的主导功能。

补植改造适用于稀疏、残次林。在林分中清理造林地环境，割除影响整地和幼苗生长的杂灌丛，进行穴状整地，补植阔叶树，改造后形成针阔混交群落。

疏伐改造主要适用于林分密度过大或病虫害危害严重的林带，进行隔株或隔带疏伐，伐除过密林木和受害木。补植改造对缺株断带严重的林带。综合改造适用于结构不良，没有成林希望，缺水少肥的"小老树"林带，伐除非目的林木，补植适宜树种，并通过加强管理，促进林木生长。

对林木生长明显衰退；林带缺株断带严重，难以发挥防护作用的；胁地严重，影响农作物生长发育的；树种结构或层次结构不良的；病虫危害严重，病腐木超过20%的都应进行改造。对于密度过大或病虫害危害严重的林带，采取进行隔株或隔带择伐，伐除过密林木和受害木。对缺株断带严重的林带，用大苗进行补植，促进郁闭。

(12)生态风景林。沿海风景名胜区的绿化，要根据各景区、景点的特点，建设具有不同特色的风景林，创造出丰富多彩的自然景观。在树种配置上，要以乔木树种为主体，不同景点和不同功能区要以茂密树林相隔，给游人造成一种变幻莫测的感觉。同时也要注意搭配一些彩叶观赏型树种，体现色彩和季节变化，乔灌草花相结合，绿化、美化、香化相结合，给人们以步移景异的享受。

17.5 小　结

针对山东省胶南市沿海资源与环境特点，基于"GPS-GIS"技术，对沿海区域进行综合系统规划，以基干林带、旅游观光绿化带、"同三"通道绿化带即"三线"为防护屏障；以山前平原农田防护林、岩岸滨海景观林、丘陵水保经济林、河谷平原用材林、低山水源涵养林五个生态功能区为主体；以城市绿岛、乡镇围村林、森林公园、库区绿化为岛。构建了“三带、五区、多岛”为一体的沿海防护林多林种、多树种、多层次、多功能的生态网络多维调控体系的布局模式，并提出了沿海防护林体系建设的主要模式。

通过加强“三带”、“五区”、“多岛”等重点区域造林绿化建设，到2005年可使胶南市森林覆盖率由2000年的19.75%提高到26.3%，森林生态网络体系初具规模；到2015年全市整体上森林覆盖率提高到32.76%，基本形成比较完备的多层次和多功能的森林生态网络体系和林业产业体系。一方面使胶南市沿海防护林生态系统服务功能最佳，生态环境进入良性循环，社会步入可持续发展轨道；另一方面也体现人与自然协调发展和丰富森林文化内涵，是构建以人为本的绿色“生态山东”和建设小康社会的重要内容。

参考文献

[1]仇才楼，梁珍海．苏北沿海防护林对土壤渗透性的影响．生态学杂志，1997，16(2)：13~16

[2]高智慧，康志雄，蒋妙定，等．浙江省沿海基岩海岸宜林地立地类型的划分．防护林科技，1997，33(4)：7~10

[3]侯平，马金明．新疆高标准防护林体系建设的理论和技术取向．干旱区资源与环境，2001，15(1)：84~90

[4]胡海波，康立新．国外沿海防护林生态及其效益研究进展．世界林业研究，1998，11(2)：18~25

[5]姜凤歧．现有防护林合理经营与改造技术研究．北京：中国林业出版社，1996

[6]蒋丽娟．国内外防护林研究综述．湖南林业科技，2000，27(3)：21~27

[7]康立新，王述礼．沿海防护林体系功能及其效益．北京：科学技术文献出版社，1994

[8]李荣锦，仇才楼．沿海防护林体系对农业环境的保护功能及效益．江苏林业科技，2000，27(6)：44~47

[9]林文棣．中国海岸带林业．北京：海洋出版社，1993

[10]林武星，张水松，徐俊林，等．沿海木麻黄基干防护林多树种配置改造试验．防护林科技，2000(1)：9~11

[11]刘世荣，温远光，等．中国森林生态系统水文生态功能规律．北京：中国林业出版社，1996

[12]罗伟祥．黄土高原渭北生态经济型防护林体系建设模式研究．北京：中国林业出版社，1995

[13]慕长龙．长江中上游防护林体系综合效益评价．北京林业大学学报，1999，21 (6) 12~16

[14]倪淑平，等．沿海防护林体系工程二期建设县级规划探讨．华东森林经理，2001，1：19~22

[15]彭镇华，江泽慧．中国森林生态网络系统工程．应用生态学报，1999，10(1)：102

[16]任用，高志义．关于生态经济型防护林体系基本理论框架的探索．北京林业大学学报，1996，8 (增2)：1~7

[17]山东省科学技术委员会．山东海岸带和海涂资源综合调查报告．北京：中国科学技术出版社，1990

[18]石川政幸．森林的防雾、防潮、防止飞沙的机能．赵萍舒，等，译．海口：南海出版公司，1992

[19]宋兆民．黄淮海平原综合防护林体系配套技术研究．北京：气象出版社，1991

[20]邬建国．景观生态学——格局、过程、尺度与等级．北京：高等教育出版社，2000

[21]徐国祯．生态问题与森林生态系统管理．中南林业调查规划，2004，23(1)：15

[22]徐孝庆．森林综合效益计量评价．北京：中国林业出版社，1992

[23]袁正科，周刚．黄塘小集水区生态经济型防护林林种布局研究．生态学杂志，1998(6)：26~28

[24]郑景明，潘文利，李绍忠．北方沿海地区生态林业工程建设现状及展望．防护林科技，1998(2)：32~34

[25]周重光．浙江沿海防护林生态系统及其发展中的若干技术路线问题．浙江林业科技，1987，7(6)：1~

5

[26] Bradley B Walters. Local management of mangrove forests in the Philip pines: successful conservation or efficient resource exploitation? Human Ecology, 2004, 32(2): 177~195

[27] Deanna H, McCay. Effects of chronic human activities on invasion of longleaf Pine forests by sand Pine. Ecosystems, 2000, 3: 283~29

[28] Draaijers G R J. Atmospheric deposition in complex forest landscapes. Boundary Layer Meteorology, 1994, 69: 343~366

[29] Elba Maria Nogueira Ferraz, Elcida de Lima Ara jo, Suzene Iz dio da Silva. Floristic similarities between lowland and montane areas of atlantic coastal forest in Northeastern Brazil. Plant Ecology, 2004, 174: 59~70

[30] Elijah W, Ramsey, Gene A Nelson, Sijan K Sapkota. Classifying coastal resources by integrating optical and radar imagery and color infrared photography. Mangroves and Salt Marshes, 1998, 2: 109~119

[31] Erin Stewart Lindquist C Ronald Carroll. Differential seed and seedling predation by crabs: impacts on tropical coastal forest composition. Oecologia, 2004, 141: 661~671

[32] F Blasco, M Aizpuru, C Gers. Depletion of the mangroves of continental Asia. Wetlands Ecology and Management, 2001, 9: 245~256